新编 电脑入门 完全学习手册

王诚君 寇连山 编著

清华大学出版社

北京

内 容 简 介

本书由具有丰富教学与实践经验的培训专家精心编写。全书针对初学者的需求，从零开始，讲述了当前最新、最流行的操作系统与应用软件的使用方法，让用户在最短的时间内轻松学会如何使用电脑。全书共23章，内容包括电脑操作入门，Windows 7操作系统的使用，文件与文件夹的管理，中文输入法的设置与五笔字型、搜狗等流行输入法的使用，Word 2010入门与应用，Excel 2010入门与应用，PowerPoint 2010入门与应用，体验影视和音乐等多媒体丰富生活，网上冲浪与资源下载，收发电子邮件，网上银行，网上购物，电脑维护与杀毒等。

本书内容翔实、通俗易懂、实例丰富，通过"步骤引导+图解操作"的方式进行讲解，真正做到以图析文，一步一解地教读者学会电脑入门的操作与应用技巧。本书定位于广大电脑初、中级用户和家庭用户，既适合无基础又想快速掌握电脑入门操作与应用技巧的读者，也可作为高职高专相关专业和电脑培训班的教学用书。

图书在版编目（CIP）数据

新编电脑入门完全学习手册 / 王诚君，寇连山编著. —北京：清华大学出版社，2011.11
ISBN 978-7-302-26371-5

I. ①新… II. ①王… ②寇… III. ①电子计算机—基本知识 IV. ①TP3

中国版本图书馆CIP数据核字（2011）第157286号

责任编辑：张　楠
装帧设计：图格新知
责任校对：闫秀华
责任印制：杨　艳

出版发行：清华大学出版社　　　　　　地　　址：北京清华大学学研大厦 A 座
　　　　　http://www.tup.com.cn　　　邮　　编：100084
　　社　总　机：010-62770175　　　　邮　　购：010-62786544
　　投稿与读者服务：010-62776969，c-service@tup.tsinghua.edu.cn
　　质　量　反　馈：010-62772015，zhiliang@tup.tsinghua.edu.cn
印　装　者：北京艺辉印刷有限公司
经　　销：全国新华书店
开　　本：190×260　印　张：24.75　字　数：634 千字
　　　　　附光盘 1 张
版　　次：2011 年 11 月第 1 版　　　印　　次：2011 年 11 月第 1 次印刷
印　　数：1～4000
定　　价：49.00 元

产品编号：042600-01

多媒体教学光盘 使用说明

精品课程，全程讲解

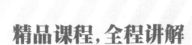

| 540 分钟DVD讲解 | 108 个视频教学文件 | 41 个练习用源文件 | 36 个结果对照文件 |

本光盘与书配套使用，读者只需将光盘放入光驱中，就可以在Windows操作系统环境下直接播放。如果光盘不能自行启动，则从光盘根目录下找到pc.exe文件，双击该文件即可启动教学光盘。

一、光盘操作界面

光盘启动后，可以看到一个操作界面（图1），在该界面中，包括了三个选项：内容说明、浏览光盘和视频教程。分别单击相关按钮即可查看指定内容。如果单击视频教程按钮，则打开章节视频选择菜单（图2），在此选择章节，之后进入到课程选择界面，在该界面中选择要学习的课程，即可开始播放（图3）。

1 单击可查看光盘说明
2 单击可浏览光盘内容
3 单击可打开视频教程主菜单
4 单击可退出光盘主界面
5 视频教程主菜单（单击可显示下一级菜单）
6 下一级菜单（单击可打开相对应的播放文件）

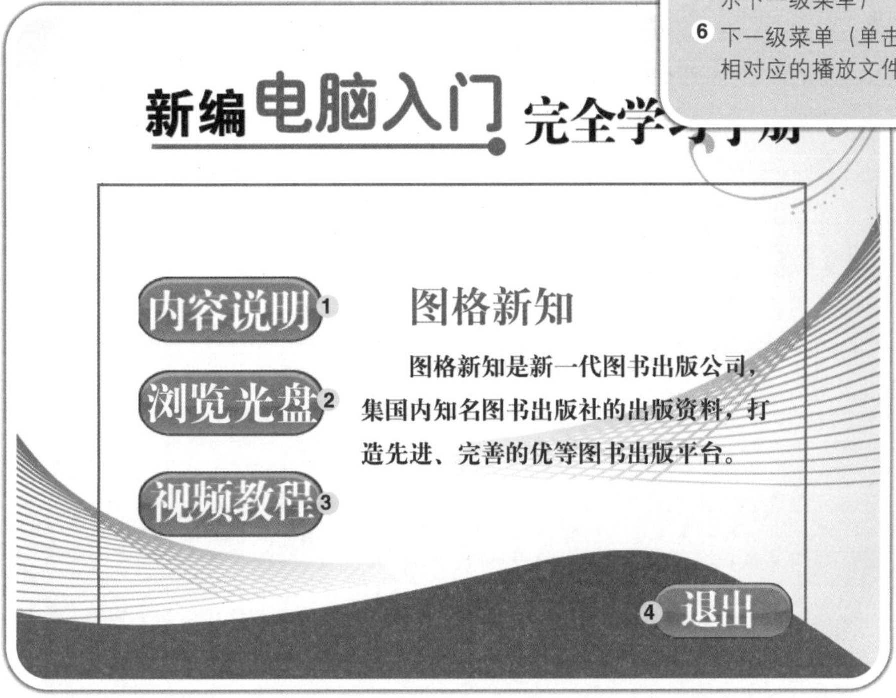

新编电脑入门 完全学习手册

内容说明①

浏览光盘②

视频教程③

图格新知

图格新知是新一代图书出版公司，集国内知名图书出版社的出版资料，打造先进、完善的优等图书出版平台。

④ 退出

图 1

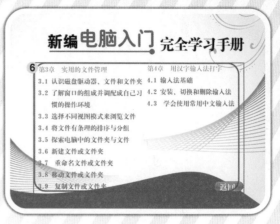

图 2 图 3

二、光盘文件夹内容

本光盘包括以下文件夹，可以从相应的文件夹中选择需要的文件。

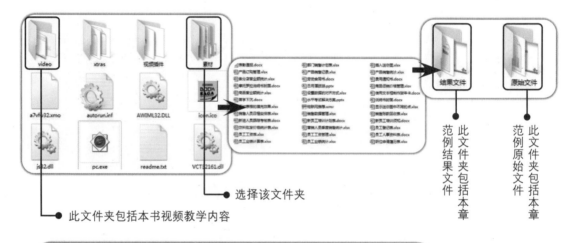

选择该文件夹

此文件夹包括本书视频教学内容

此文件夹包括本章范例结果文件

此文件夹包括本章范例原始文件

三、部分视频教学演示画面

制作标准格式公文

创建动态的演示文稿

前 言 | Preface

今天，电脑在各行各业的应用已经越来越普及，并且日渐成为人们工作、学习、生活中不可缺少的必需品。笔者以反映当前电脑最新机型的硬件和最流行、最普及的应用软件为出发点，经过精心选材加工，并且根据多年的培训经验编写了这本书，帮助"电脑盲"扫除障碍、轻松学习、便捷掌握，使其变成熟练使用电脑的行家里手。

1. 本书主要特色

- 求人不如求己：包含日常应用最需要的知识和操作，每天只要花1个小时学习本书的内容，就能轻松学会使用电脑。即使读者对电脑一窍不通或者一知半解，跟随本书一起学习，也能让你底气十足。

- 入门与提高的完美结合：整合了"入门类"图书的优势，汲取了"从入门到精通类"图书的精华，借鉴了"案例类"图书的特点，让读者学以致用，提高工作效率，并提升职场竞争力。

- 精挑细选的实用技巧：文中随处穿插技巧或提示性说明文字，每页底部设计一个小知识或小技巧，帮读者提高应用水平，学到更多捷径，掌握更多故障的排除方法。

- 图文对照，轻松学习：让读者直接从图中快速获取重要信息，易学易懂，对照操作步骤上机操作，有效降低学习难度。

- DVD多媒体教学：随书赠送一张大容量DVD多媒体语音教学光盘，与图书章节安排完全一致，读者不但可以看书，还可以通过观看光盘，像看电影一样学电脑。另外，还提供了书中案例的素材文件。

2. 本书主要内容

本书是专为广大电脑初学者精心设计的入门与提高教材，每章的内容与结构安排合理，易学易懂，使用户快速入门，达到灵活利用电脑提高日常工作与学习效率等目的。全书分为5个部分，共23章，具体内容如下。

第1部分（第1章～第4章）介绍电脑的入门操作与应用技巧。第1章介绍了电脑的软、硬件系统以及如何连接电脑；第2章介绍Windows 7的基本操作；第3章介绍文件与文件夹的管理；第4章介绍中文输入法的使用方法，重点讲述了当前最流行的搜狗输入法与五笔字型输入法的使用技巧。

第2部分（第5章～第10章）介绍利用中文Word 2010制作图文并茂的文档。Word 2010是功能强大的文字处理软件，它既支持普通的商务办公和个人文档，又可以供专业印刷、排版人员制作具有复杂版式的文档。

第3部分（第11章～第15章）介绍利用中文Excel 2010制作表格以及图表。Excel 2010是功能强大的电子表格处理软件，能够帮助用户制作各种复杂的电子表格，以及进行复杂的数据计算。

第4部分（第16章～第19章）介绍利用中文PowerPoint 2010创建与发表一份极具影响力的演示文稿。PowerPoint 2010是演示文稿制作软件，可以制作出图文并茂、感染力强的讲演稿、投影胶片和幻灯片等，常用于教学、演讲和展览等场合。

第5部分（第20章～第23章）是综合应用。第20章介绍使用电脑听音乐、看电影、观看网络电视等；第21章是畅游因特网，介绍常见的上网方式、使用Internet Explorer 8浏览器上网冲浪以及采用多种方式下载网络资源等；第22章介绍网上新生活，如收发电子邮件、使用QQ和Windows Live Messenger即时交流、写博客、网上银行和网上购物等；第23章介绍电脑的日常维护与安全知识，使电脑能够正常工作。

3. 本书适合的读者

本书专为广大电脑初、中级和家庭用户编写，适合以下读者学习使用：

- 欲学习电脑操作应用的办公文员、公务员，以及对电脑有兴趣的爱好者；
- 对Windows、Office 2010、Internet Explorer等软件感兴趣的读者；
- 大、中专院校相关专业学生。

4. 本书答疑方式

如果读者在学习过程中遇到无法解决的问题，或对本书持有意见和建议者，可以通过以下方式直接与作者联系：

电子邮箱：bcj_tx@126.com

公司网站：http://www.booksaga.com

由于编者水平有限，错误和疏漏之处在所难免，恳请广大读者批评指正。

编者

2011年9月

C o n t e n t s

目 录

第1章　快速认识你的电脑

第2章　使用Windows 7

第3章　实用的文件管理

第4章　用汉字输入法打字

第5章 使用Word 2010创建办公文档

第6章 编辑"新员工培训须知"文档

第7章 初级排版——表彰通报

第8章 打印文档——劳动合同书

第9章 制作表格——新员工培训计划表和员工人事资料表

第10章 制作图文并茂的说明书和海报

第11章 Excel 2010基础——创建"员工登记表"

第12章 编辑工作表——员工工资表

第13章　编排与设计工作表

第14章　使用公式与函数

第15章　使用图表分析数据

第16章 PowerPoint 2010的基本操作

第17章 为幻灯片添加对象

第18章 演示文稿的高级美化方法

第19章 放映演示文稿

第20章 走进数码视听时代

第21章　畅游Internet

第22章　网络新生活

第23章 电脑维护与杀毒

第1章

快速认识你的电脑

　　随着电脑技术的普及以及人们使用电脑进行商务、学习与工作等需求的增长，电脑已经成为人们工作和学习不可缺少的工具。虽然很多家庭都拥有了自己的电脑，但是大多数用户依然徘徊在电脑知识殿堂的"门口"，对电脑知识一知半解，还有很多人完全不会使用电脑。

　　本章将讲解电脑的一些基本知识，包括认识台式电脑和笔记本电脑的外观、熟悉电脑常用的软件、快速连接台式电脑的外设以及正确开关电脑等。

1.1 认识台式电脑的外观

　　台式电脑分为主机和外设两大部分。主机由机箱、主板、CPU、内存、显卡、声卡、网卡、硬盘和光驱等设备组成；外设由显示器、鼠标和键盘等设备组成。通过主机和外设组成一台如图1.1所示的电脑。

图1.1 电脑的硬件

1. 显示器

　　显示器的作用是把电脑处理后的结果显示出来，它是电脑显示、输出信息的主要设备。常用的显示器有阴极射线管显示器（CRT）和液晶显示器（LCD）2种，如图1.2所示。目前液晶显示器的价格已被大众接受，越来越多的人开始购买液晶显示器。

图1.2 显示器

CPU

Central Processing Unit，中央处理单元，又叫中央处理器或微处理器，被喻为电脑的心脏。

2. 机箱

机箱是电脑主机的外衣，电脑大多数的设备都固定在机箱内部，机箱能保护这些设备不受到碰撞、减少灰尘吸附以及减小电磁辐射干扰。如图1.3所示是一款机箱的面板构成。

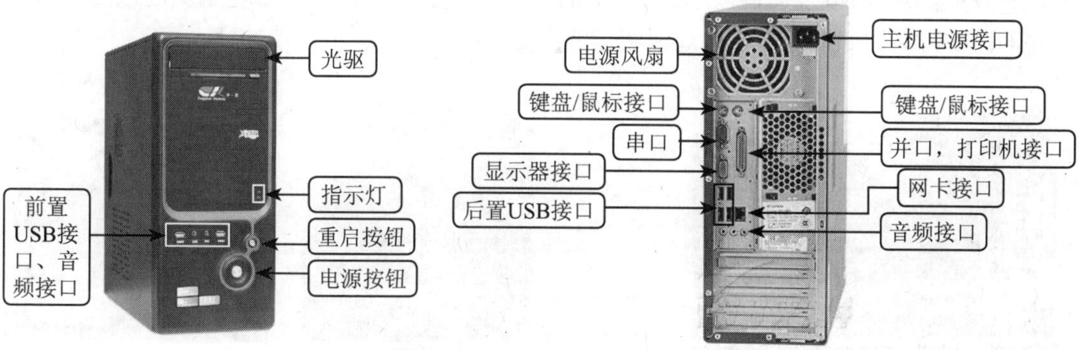

图1.3 机箱的前后面板

打开机箱盖，就可以看到如图1.4所示的机箱的内部结构。

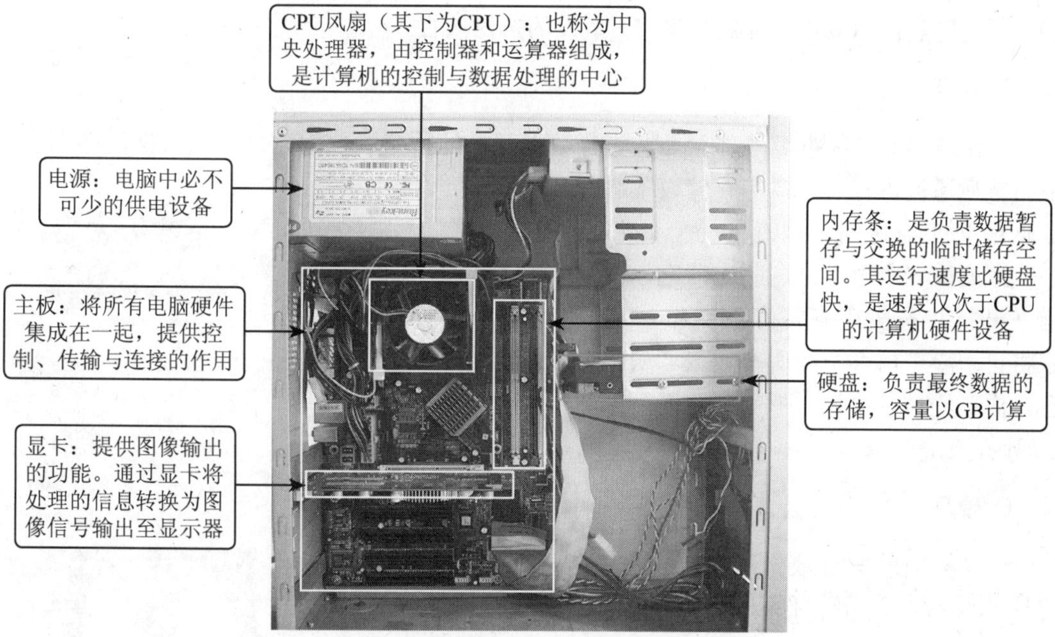

图1.4 机箱的内部结构

3. 主板

主板是电脑中各个部件工作的一个平台，各个硬件设备通过主板相互连接在一起，并进行数据传输。从外观上看，主板上分布着各种电容、电阻、芯片和扩展槽等元器件，包括BIOS芯片、I/O控制芯片、键盘接口、面板控制开关接口、各种扩充插槽、直流电源的

密技偷偷报

计算机的四个基本功能是什么？

计算机的四个基本功能是输入、输出、处理和数据存储。

供电插座以及CPU插座等，如图1.5所示。有的主板上还集成了音效芯片和显示芯片等。

4. CPU

CPU（中央处理器）也称为微处理器。它可以将上亿个晶体管集成到一块集成电路中，计算机的运行速度和性能主要由CPU的性能来决定，可以说CPU是电脑的核心。目前主流的CPU为多核处理器，其外观如图1.6所示。

图1.5 主板　　　　　　　　　　　图1.6 Intel酷睿四核CPU Core I7系列

由于CPU在工作时会散发很多热量，使CPU温度很高，因此需要在CPU上加装散热风扇，通过散热片和散热风扇及时将CPU散发的热量散去。

5. 内存

内存是CPU与硬盘等外部存储器进行数据交换的桥梁。CPU先将部分数据保存到内存中，然后通过内存与硬盘等存储设备进行数据的交换与访问。内存的特点是体积小、速度快、有电存储、断电清空，即电脑在开机状态时内存可存储数据，关机后将自动清空内存中的所有数据。从外观看，内存就是一块长方形的电路板，如图1.7所示。

图1.7 内存

6. 硬盘

计算机中的所有数据都放在硬盘中进行保存，例如安装的操作系统、应用软件以及各种文件、图片、视频和音乐等。硬盘属于外部存储器，由于硬盘的存储介质为金属磁片，所以存储到硬盘中的数据，无论开机还是关机，都不会丢失。常见的硬盘接口有IDE、SCSI和SATA。由于SATA接口的硬盘传输速度快并且具有支持热插拔等功能，因此目前主流的硬盘是3.5英寸的160GB的SATA接口硬盘。如图1.8所示是一款硬盘的外观。

图1.8 硬盘

RAM

Random Access Memory，随机存储器，即人们常说的"内存"。

有些用户可能还听到或者在其他书中看到"软驱",它是用来读取软盘中的数据设备。软盘为可读写的外部存储设备,需要将软盘插入软驱中读取数据,其容量很小(通常只有1.44MB),已经基本被淘汰,取而代之的是携带方便、存储容量大的U盘。

7. 光驱

光驱是用来读取光盘的设备,光盘为只读的外部存储设备。目前各种音乐和电影都以光盘的形式提供,因此光驱已成为电脑必备的设备。通常一张CD光盘的容量为650MB,一张DVD光盘的容量为4.7GB左右。目前主流的光驱为DVD光驱(可以读取CD与DVD光盘)、DVD刻录机和高清蓝光刻录机。刻录机的外形和光驱一样,只是它比光驱多了一个可以向光盘输入数据的功能,如图1.9所示。

图1.9 光驱

8. 显卡

显卡在工作时与显示器配合输出图形、文字等信息,其作用是负责将CPU送来的数字信号转换为显示器识别的信号,传送到显示器上显示出来。因此,没有显卡就无法正常显示任何信息。高档显卡无论对于玩游戏、听音乐还是看电影,都能显示逼真的画面和场景,如图1.10所示。

图1.10 显卡

9. 声卡

当用户需要使用电脑听音乐、看电影时,声卡是必不可少的。声卡主要有2.1声道、5.1声道、6.1声道和7.1声道等,声卡的接口一般为PCI接口。目前电脑的声卡一般都集成在主板上。如果想增强声音的效果,则需要购买一块独立声卡,安装到主板的插槽中。

10. 网卡

当用户需要使用ADSL拨号上网,或者公司内部联网时,网卡是必不可少的。由于宽带上网的普及,网卡已经成为普通电脑用户的必要配置,因此很多主板都有集成网卡。

 电子硬件设备运行需要具备哪三个条件?

硬件设备不仅需要与CPU通信的方法,还需要软件的控制以及电源供电。

11. 键盘

键盘是主要的输入设备，用于把文字、数字等输入到电脑中。常见的键盘类型有普通键盘、多媒体键盘、手写键盘和无线键盘等，如图1.11所示。

图1.11 键盘

12. 鼠标

鼠标是另一种主要的输入设备，通过它可以很方便地对电脑进行操作。目前主流的鼠标是光电鼠标。另外，鼠标的接口主要包括PS/2接口、USB接口和无线鼠标等，如图1.12所示。

图1.12 鼠标

13. 其他外部设备

除了键盘、鼠标和显示器外，还有打印机、音箱、耳麦、扫描仪与摄像头等外部设备。其中，摄像头可以把电脑外部的视频捕捉到电脑中，常用在视频聊天或视频电话方面。

1.2 认识笔记本电脑的外观

前面已经介绍了台式电脑的相关知识，本节将会介绍个人电脑的另一主角——笔记本电脑。

笔记本电脑又称为手提电脑（Notebook Computer），是一种小型的、携带方便的个人电脑，如图1.13所示。随着价格的不断下降，笔记本有取代台式电脑成为个人电脑主流的趋势。

 菜鸟充电站

EDO（Extended Data Output，扩充数据输出）

因为发送下一个存储器地址之前消除了延迟，所以比传统的RAM快大约10%~20%的RAM。

外出旅游时带上笔记本，随时记录旅游心得。旅店有上网条件的话，还可以即时上网交流

图1.13 笔记本电脑的外观

为了减少体积，笔记本通常采用触摸板来代替鼠标作为定位装备，由于触摸板使用起来比较不方便，因此许多用户还是习惯接上鼠标使用。

笔记本电脑采用折叠式设计以方便携带，使用的时候，只需把顶盖掀起即可露出屏幕和键盘。需要注意的是：少数笔记本电脑带有扣具，需要先打开扣具才能掀起屏幕，如图1.14所示。

扣具

打开或合上屏幕时，要小心轻放

图1.14 打开笔记本顶盖

笔记本电脑本身带有电池，在没有外接电源的情况下仍然可以正常工作。接上外接电源后，笔记本电脑会自动使用外接电源；拔掉外接电源后，则自动使用内置的电池供电，如图1.15所示。

平时可以接上电源使用和充电，在火车上还可以采用内置的电池供电，继续使用笔记本

图1.15 笔记本的电源

通常情况下，笔记本电脑的电池并不需要单独取下进行充电，只需把专用的电源线（带有变压装置）连接到笔记本电脑的充电接口上，就会自动为电池充电。

密技偷偷报 一个字节中有多少位？

由于数字系统经常采用8位一组的方式组织数据，所以8位称为一个字节。

笔记本电脑通常提供多个USB接口，用户只需将USB接口的鼠标插上即可使用，如图1.16所示。此外，还可以安装手写笔、打印机等其他USB外部设备。

图1.16 接上USB接口的设备

1.3 准备一些电脑常用的软件

电脑除了硬件设备之外，还包括软件系统。用户通过软件系统对电脑进行控制并与电脑系统进行信息交换，使电脑按照用户的意愿完成预定的任务。软件系统一般分为系统软件和应用软件。

1.3.1 系统软件

要想让电脑完成相关的工作，必须有一个翻译把人类的语言翻译给电脑。系统软件就是这里的"翻译官"，负责把人的意思"翻译"给电脑，由电脑完成人想做的工作。系统软件用来管理、控制和维护电脑中的各种软、硬件资源，使电脑可以正常、高效地运行和工作。常用的操作系统有Windows XP/7、Linux与UNIX等。本书主要介绍Windows 7操作系统的使用方法。

1.3.2 应用软件

应用软件是为了解决各种实际问题而编写的计算机应用程序及其相关资料。目前，市场上有成千上万种商品化的应用软件，能够满足用户的各种需求。对于一般电脑用户而言，只要选择合适的应用软件并学会使用该软件，就可以完成自己的工作任务。常用的应用软件有Office办公软件、图像处理软件、网页制作软件、游戏软件和杀毒软件等。

1.4 轻松连接台式电脑的主机与外设

当用户将电脑购买回家或者需要搬到另一个房间时，就需要连接电脑设备。下面详细介绍如何轻松连接台式电脑的主机与外设。

Cache

高速缓冲存储器，是位于CPU和主存储器之间，规模较小，但速度很高的存储器。

1.4.1 连接显示器

连接显示器的线有两条：一条是用于连接电源插座的电源线，为显示器供电；另一条用于连接主机，以接收主机输出的信号。

目前，显示器信号输出接口有15孔D-SUB（传统VGA模拟）接口、DVI（数字视频）接口、HDMI（高清晰度多媒体）接口和DP（高清晰的音频视频传输）接口等，如图1.17所示。

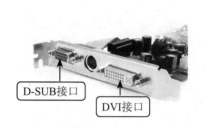 

图1.17 各种显示接口

这几种接口的连接方式基本相同，只要顺着方向插入即可。下面以DVI接口为例进行介绍，将显示器的DVI接头对准主机的DVI接口，垂直用力插入；然后拧紧接头两侧的螺丝，以固定接头，如图1.18所示。由于DVI和VGA接口均呈梯形，若插反了将无法插入，这样的设计可以避免用户安装错误。

接上显示器的接头，并拧紧两侧的螺丝

图1.18 连接显示器接头

1.4.2 连接键盘和鼠标

如果键盘和鼠标使用的是圆形接口，需要将其连接线插入主机箱背面对应的插孔中。通常键盘的插孔显示为紫色，鼠标的插孔为绿色。

01 在主板上找到与键盘接口颜色一致的圆形插孔，将键盘接口插入键盘插孔中。

02 在键盘接口的旁边就是鼠标接口，将鼠标接口插入鼠标插孔中，如图1.19所示。

主板上的扩展插槽的作用是什么？

插入主板扩展槽上的电路板可提供主板与外围设备之间的接口，或者本身就是一个外围设备。

9

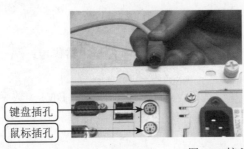

插圆形鼠标和键盘插头时，可以轻轻的旋转方向，直到能够顺利插入

键盘插孔

鼠标插孔

图1.19 接入键盘和鼠标

> **提示** 如果键盘和鼠标使用的是USB接口，则直接将键盘和鼠标接口连接到主机箱USB接口即可完成连接，如图1.20所示。

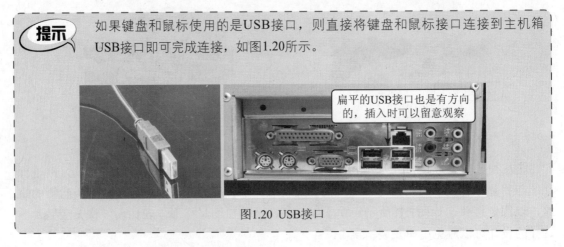

扁平的USB接口也是有方向的，插入时可以留意观察

图1.20 USB接口

1.4.3 连接音箱、麦克风和摄像头

音箱、麦克风和摄像头等的安装非常简单，其中音箱和麦克风只需对照主板说明书来安装即可，而摄像头的连接线通常都是USB接口的，具体操作步骤如下：

01 找到音箱青绿色的连接线，并在主机箱背面找到对应的标志与颜色一致的插孔插入即可。

02 找到麦克风连接线，并在主机箱背面找到对应的标志与颜色一致的插孔插入即可，如图1.21所示。

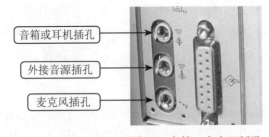

音箱或耳机插孔

外接音源插孔

麦克风插孔

图1.21 音箱、麦克风插孔

03 将摄像头的连接线插入USB接口中。

菜鸟充电站 CMOS（Complementary Metal Oxide Semiconductor的缩写，互补金属氧化物半导体）

CMOS是确定系统的硬件配置，优化微机整体性能，进行系统维护的重要工具。

1.4.4 连接数码相机和打印机等外设

数码相机、打印机等是常用到的外部设备。连接电脑一端的一般都是USB接口，只需插入主机箱正面或背面的USB接口即可。

1.4.5 连接网线

如果电脑连接网络，要将网线连接到电脑上，就像电话线连接到电话机上一样方便，只需将网线水晶头的一端连接到电脑主机箱背面的网卡插孔中，如图1.22所示。

插入网线的水晶头，听到了"咔"的一声说明插好了

一般笔记本电脑除了提供网线接口外，还内置无线上网卡

图1.22 连接网线

1.4.6 连接电源

电脑的硬件连接完成后，就可以连接电源了。先将电源线的一端插入主机箱背面的电源插孔中；然后将另一端插入电源插座即可，如图1.23所示。

如果从国外带回来一台电脑，要留意电压情况

图1.23 连接电源

1.5 如何开关电脑

与我们日常生活中所使用的各种电器一样，一台电脑只有在接通电源后才能工作，但电脑要较为复杂得多，从电脑接通电源到它做好各种准备工作需要经过各种测试及一系列的初始化，这个过程就被称为启动。

 主板上的哪个部件主要用于数据处理？

计算机中最重要的CPU。

1.5.1　正确启动电脑的方法

　　台式电脑主要由显示器、主机和外设组成，而电脑的启动需要打开显示器和主机的电源，如图1.24所示。

主机电源按钮

显示器电源按钮

图1.24　打开主机和显示器电源

　　仔细观察显示器和主机，将会发现显示器屏幕的边框（或屏幕下边、侧边）和主机前面板上都有一个⏻按钮，这个按钮就是电源按钮了。启动电脑时，先按下显示器上的电源按钮，然后按下主机上的电源按钮即可。

1.5.2　重启电脑

　　重启电脑（也称热启动）是电脑在已加电的情况下的启动。使用Windows时，许多软件和设置都需要重新启动电脑后才能生效。此外，当电脑出现一些小问题，如系统因长时间未关闭导致运行速度变得缓慢时，建议重新启动电脑。

　　以Windows 7操作系统为例，重新启动电脑的方法如下：单击屏幕左下角的 按钮，展开菜单后，把鼠标移至菜单右下角"关机"的小三角按钮上，然后在展开的菜单中选择"重新启动"命令即可，如图1.25所示。

　　如果操作系统处于死机或蓝屏状态，按下主机箱前面板的电源按钮附近的重启小按钮即可强制重新启动电脑，如图1.26所示。

菜鸟充电站

CD－ROM

Compact Disc-Read Only Memory，压缩光盘－只读记忆（存储），又叫"只读光盘"。

图1.25 重新启动系统

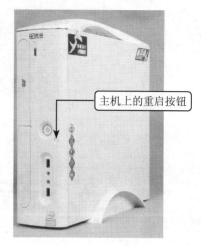

图1.26 重新启动电脑

1.5.3　正确关闭电脑及外部设备

许多初学者都习惯直接关闭电脑的电源来关闭计算机，这种错误的关机方法容易令硬盘中的数据丢失，甚至导致系统损坏。正确关闭电脑的顺序是：

单击屏幕左下角的 按钮，展开菜单后，单击"关机"按钮即可，如图1.27所示。

按照上述操作后，等候一两分钟主机就会自动关闭，此时才可以按下显示器、打印机等电源按钮，关闭这些外部设备。

图1.27 关闭操作系统

密技偷偷报　**请说出几个CPU制造商。**

目前CPU大多数由Intel和AMD制造商制造。

第2章

使用Windows 7

　　俗话说："磨刀不误砍柴工"，不论你想用电脑来完成日常事务还是创建丰功伟业，首先就是要熟练掌握操作系统的使用方法，这是学习电脑的第一步。本章将详细介绍Windows 7操作系统的使用方法。

2.1 启动你的Windows 7

本节将探索微软推出的最新一代操作系统——Windows 7，相信能给广大用户带来更多、更美好的使用经验。

2.1.1 拥抱Windows 7的理由

Windows 7不强调炫目的视觉效果，而更专注于系统的优化，用户会明显感觉到Windows 7的开、关机速度变快了，系统使用的空间也变小了。

Windows XP的稳定性不错，让许多用户不忍割舍；也有用户对特效抢眼的Windows Vista念念不忘；但Windows 7可以说是集Windows XP与Windows Vista优点于一身的产品，它不仅强调系统的稳定性，而且Vista的软、硬件也都能与Windows 7兼容；再加上组合照片、音乐等多媒体和简单容易的家庭网络等，全新的操作方式让用户一用就上手，如图2.1所示。

图2.1 提供流畅、直观的工作环境

2.1.2 启动Windows 7

在使用电脑进行各种操作时，首先需要启动Windows 7。具体操作步骤如下：

01 开启电脑电源后，Windows 7开始启动，此时可以看到Windows 7的启动画面（一条反复滚动的白色长条），在这个过程中电脑会加载Windows 7运行时所需的相应系统的文件与设备驱动等程序。

 密技偷偷报　　如何在"开始"菜单中显示"运行"命令？

右击"开始"按钮→属性→开始菜单→自定义→选中"运行命令"复选框。

02 启动过程结束后，经过短暂的黑屏就可以看到Windows 7的登录界面。如果系统设置了多个用户，则需要选取其中一个作为登录用户；选择用户后系统会要求输入密码，输入正确的密码后按Enter键确认，即可登录Windows 7操作系统，如图2.2所示。

图2.2 登录界面

启动Windows 7系统后，其操作界面呈现出焕然一新的面貌，如图2.3所示。

图2.3 Windows 7桌面

2.1.3 探索桌面

Windows 7将整个屏幕比拟成桌面，鼠标指针就像用户的手，只要操控鼠标就能进行各项工作。本节先了解Windows 7桌面上的各个组件。

1. 桌面背景图片

Windows将整个屏幕画面比拟成我们平常读书、写字的桌面，意思就是处理工作的地方。桌面背景图片则相当于桌布的意思，可以随我们的喜好来更改。

DVD（digital video disc或digital versatile disk，数字化视频光盘或数字通用磁盘）
以MPEG-2为标准，拥有4.7G的大容量，可存储高分辨率全动态影视节目。

2. 桌面图标

Windows标榜图形化的窗口，所有的对象，包括各种程序、文档、硬件设备等，都是用"图案"来表示，即所谓的图标，让人一看就懂。而放在桌面上的图标统称为桌面图标，如"回收站"图标就是一个桌面图标，它负责存放被删除的数据。

3. "开始"按钮

图2.4 "开始"菜单

按钮是Windows的中心枢纽，发号施令的所在。单击按钮会弹出"开始"菜单（再单击一次即可关闭），从这里可以"开始"执行Windows所有的功能、程序以及系统设置等，如图2.4所示。

4. 任务栏

默认会显示Internet Explorer、Windows资源管理器和Windows Media Player 3个按钮，方便我们快速启动程序或打开文件夹，如图2.5所示。

单击按钮即可启动程序或打开文件夹

图2.5 任务栏

5. 通知区域

通知区域的小时钟会显示目前的日期和时间，在小时钟的左侧还会显示音量、网络等图标，方便进行相关的查看与设置，如图2.6所示。

小时钟会显示目前的日期和时间

图2.6 通知区域

桌面上"计算机"图标消失了，如何恢复？

桌面右击→个性化→更改桌面图标→选中"计算机"复选框。

17

6. 语言栏

语言栏是切换输入法的工具，让我们可以在中/英文输入法之间切换。第4章将详细介绍Windows 7语言栏的使用方法。

2.1.4　在桌面上创建快捷方式图标

如果用户经常使用某些文件或程序，可以在桌面上创建一个快捷方式以便快速打开文件。例如用户经常用到E盘下的BOOK文件夹，就可以在桌面上创建一个BOOK的快捷方式。具体步骤如下：

01 右击桌面空白处，在弹出的快捷菜单中单击"新建"选项下的"快捷方式"命令（见图2.7）。

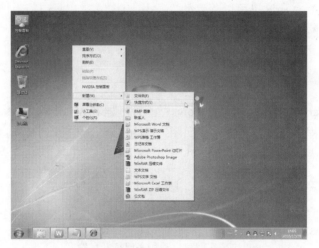

图2.7　选择"快捷方式"命令

02 弹出如图2.8所示的"创建快捷方式"对话框，单击"浏览"按钮，打开如图2.9所示的"浏览文件或文件夹"对话框，选择E盘下的BOOK文件夹，单击"确定"按钮。

图2.8　"创建快捷方式"对话框　　　　图2.9　"浏览文件或文件夹"对话框

Modem（调制解调器）

它是调制器与解调器的缩写形式。Modem是实现计算机通信的一种必不可少的外部设备。

03 返回到"创建快捷方式"对话框，单击"下一步"按钮，在"键入该快捷键方式的名称"下，输入该快捷方式的名称，如图2.10所示，再单击"完成"按钮。BOOK文件夹的快捷方式图标就出现在桌面上，如图2.11所示。

图2.10 输入快捷键方式的名称　　　　　　图2.11 快捷方式图标

用同样的方法还可以创建其他的程序、文档、文件夹的快捷方式。

 如果用户想把"计算机"图标显示在桌面上，则单击"开始"按钮弹出"开始"菜单，右击"计算机"选项，在弹出的快捷菜单中选择"在桌面上显示"命令即可。

2.1.5　调整桌面图标大小

Windows 7默认将桌面上的图标设成中等图标大小，用户也可以根据自己的喜好调整图标的大小。右击桌面空白处，单击快捷菜单中的"查看"命令，其级联菜单中有"大图标"、"中等图标"和"小图标"3种选择。单击其中一种，就会看到桌面图标调整大小后的效果，如图2.12所示。

大图标　　　　　　　　　　中等图标　　　　　　　　　　小图标

图2.12 不同的图标样式

 如何快速显示桌面？

显示桌面的功能在任务栏的右下角，单击此竖条，即可快速显示桌面。

2.1.6 快速排列图标

当用户的电脑使用时间长了，安装的软件就会越来越多，桌面上的图标也会越来越多，为了方便查看，可以排列图标。右击桌面空白处，单击快捷菜单中的"排列方式"命令，然后选择要排列的方式，就会看到桌面图标重新排列后的效果，如图2.13所示。

图2.13 排列图标

2.1.7 关机选项说明

对Windows 7有初步的认识后，接着学习如何结束Windows 7。别以为结束Windows 7就是把电源关掉就成功了，因为Windows在运行时会将许多资料暂时存储在内存中。如果关机前不事先通知Windows把这些资料存入硬盘，就有可能会造成这些资料的丢失或残缺不全。

如果长时间不用电脑，建议单击"开始"按钮，弹出"开始"菜单，在弹出的菜单中单击"关机"命令，如图2.14所示。选择"关机"命令后，Windows 7会关闭所有正在运行的程序并保存系统设置，然后自动断开电脑的电源。

单击"关机"按钮右侧的向下箭头弹出"关机"菜单，还可以选择切换用户、注销、锁定、重新启动和睡眠等方式，如图2.15所示。

图2.14 关机

图2.15 其他关机方式

UPS（Uninterruptible Power Supply，不间断电源）。

UPS是一种含有储能装置，用以保护电脑在突然断电时不会丢失重要的数据。

"睡眠"是加速开/关机速度的关机法。其实，"睡眠"是一种省电状态，当执行"睡眠"命令时，Windows会将目前打开的文档及程序保存到"内存"中，然后停止运行并关闭屏幕和硬盘，只剩下主机的电源指示灯仍不停闪烁。只要按一下鼠标键、任意一个键盘按键或者主机的电源按钮，就可迅速启动电脑，屏幕还会恢复到睡眠之前的工作状态。

2.2 更换布景主题和桌面背景

桌面是我们工作的场所，但是老看着一成不变的图片实在很枯燥，所以体贴的Windows内置了一些精美的图片让你随时更换。当然，也可以换上自己得意的照片来当桌布。仅是换桌布还不过瘾，还可以变换不同的布景主题来打造个性化的工作环境。

2.2.1 套用现成的布景主题

Windows提供多组现成的布景主题，有风景、动漫人物、建筑和自然等，它是一组桌面背景（俗称桌布），窗口颜色和声音。

右击桌面的空白处，选择"个性化"命令，打开如图2.16所示的"个性化"窗口。单击主题缩略图即可套用，例如选择"风景"这个主题。此时，桌面图案立即进行更换。

图2.16 套用布景主题

套用主题后，单击"个性化"窗口右上角的"关闭"按钮关闭窗口。

2.2.2 将自己的照片设置成桌面背景

虽然Windows提供的图片都很精美，但有时我们也想将自己收藏的照片设置为桌面。

密技偷偷报 "开始"菜单电源按钮默认设置为"关机"，如何更改为"锁定"？

右击"开始"按钮→属性→开始菜单→电源按钮操作→选择"锁定"。

例如，喜欢拍照的人就会想将自己的得意之作展示在桌面上；有宝贝儿女的父母，也想将桌面换成小孩子的生活照等。

01 单击"个性化"窗口中的"桌面背景"按钮，打开如图2.17所示的"桌面背景"窗口。

02 如果要使用自己喜欢的图片作为背景，可以单击"图片位置"右侧的"浏览"按钮，打开"浏览文件夹"对话框，然后找到要作为桌面图片文件的存储位置，并选择该文件夹，然后单击"确定"按钮返回"桌面背景"窗口，如图2.18所示。

图2.17 "桌面背景"窗口　　　　　图2.18 选择背景图片

03 该文件夹的图片文件已经显示在列表中，并且显选中状态。用户可以单击"全部清除"按钮，然后直接在照片缩略图左上角逐一挑选要播放的照片。

04 在"图片位置"列表框中可以设置图片的位置以及每张照片轮播的时间。

05 单击"保存修改"按钮，结果如图2.19所示。

图2.19 改变了桌面背景

DOS（Disk Operating System，磁盘操作系统）

DOS的主要功能是管理电脑的硬件和软件资源，方便用户对电脑进行操作。

2.3 巧用Windows 7的"开始"菜单

桌面左下角的 按钮是Windows 7的总枢纽，也是发号施令的所在，绝大部分程序的启动都需要通过"开始"菜单来实现。

2.3.1 "开始"菜单的组成

Windows 7放弃了沿用多年的标有"开始"字样的按钮，而改用一个圆形的玻璃状按钮，默认情况下该按钮位于屏幕的左下角。单击后即可打开"开始"菜单，如图2.20所示。从表面上看，Windows 7的"开始"菜单和Windows XP没有太大区别，但是使用起来会更加方便。

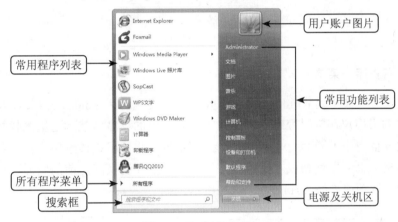

图2.20 "开始"菜单

打开"开始"菜单后，若不执行任何命令，请再单击 按钮或按Esc键，即可将"开始"菜单收起来。

2.3.2 "开始"菜单的操作

"开始"菜单分成左右两栏：左栏包含一些程序列表和搜索框；右栏包括用户账户图标、常用功能列表和电源与关机区。从这些选项可以访问到所有安装在电脑中的程序、文档以及各项系统功能，因此 按钮是整个系统的总枢纽。下面浏览一下各区块的功能。

1. 常用程序列表

常用程序列表会根据用户的操作习惯，将最常用的前10个程序放在此处。这样只要打开"开始"菜单就能够直接取用。例如，用户经常玩"空当接龙"游戏，那么常用程序列表中就会出现"空当接龙"，好让你更快捷地打开游戏，所以看到的程序选项也经常发生变化，如图2.21所示。

如何快速复制文件、文件夹路径？

按住Shift键，右击需要复制路径的文件、文件夹等，在弹出的快捷菜单中选择"复制为路径"。

此列表会根据使用软件的频率经常更新

图2.21 常用程序列表

2. "所有程序"菜单

"所有程序"菜单是Windows的程序大本营，其中包括Windows内置以及用户自行安装的程序。如果用户在常用程序列表中找不到要使用的程序，就到这里来找找。"所有程序"选项的前面有个▶符号，表示它是个"菜单"，将鼠标在该选项上停一会儿或者直接单击，左窗格就会立即切换成"所有程序"菜单；若要切换回之前的画面，请单击菜单下方的"返回"选项或者按Esc键，如图2.22所示。

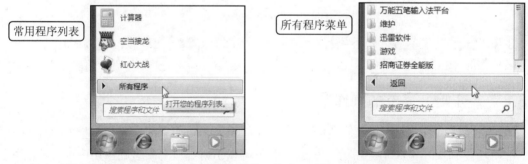

常用程序列表

所有程序菜单

单击"所有程序"选项，切换到所有程序菜单 单击"返回"选项或按Esc键，切换回常用程序列表

图2.22 所有程序菜单

"所有程序"菜单中，若选项前面显示的是 📂 图标，例如"附件"，表示该选项也是一个"菜单"，在选项名称上单击即可展开菜单，显示其中的程序选项或子菜单，再单击一次子菜单的选项名称则可折叠菜单，如图2.23所示。

菜鸟充电站

Windows（在英文字典中查到的意思为"窗户"，微软公司的"视窗操作系统"）
它通过图标、窗口和菜单等的选择来实现对计算机的控制，极大地方便了用户。

图2.23 展开菜单

展开"附件"菜单后，还可以继续单击其中的程序或工具进行相关的操作，例如，单击"计算器"选项，则会打开计算器窗口让你做运算。

3. 用户账户图片

这里平常会显示当前用户的账户图片，单击此图片，可以进行用户账户的相关设置。如果将指针移到常用功能菜单的选项上，则此区会显示该选项的代表图标，帮助你理解这个选项的功能，如图2.24所示。

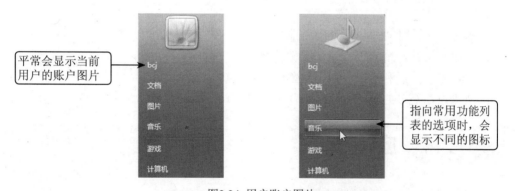

图2.24 用户账户图片

4. 常用功能列表

在"开始"菜单的右侧，会列出一些常用的个人文件夹、媒体库与系统文件夹的链接，方便各位取用数据文件或进行系统的设置。

密技偷偷报

文件反向选择的快捷键是什么？

按Alt＋E快捷键，弹出菜单后按I键。

5. 搜索框

当用户想找某个文件、图片、音乐或者电子邮件等，都可以在搜索框中输入搜索的条件，Windows会快速帮你找到所需的文件。

6. 电源及关机区

单击"关机"按钮右侧的箭头打开"关机"菜单，可以选择切换用户、注册、锁定、重新启动与睡眠等。

2.3.3 在"开始"菜单中进行搜索

如果用户不知道"画图"程序存储的位置，通过"开始"菜单中的"搜索"进行查找，具体操作步骤如下：

01 单击"开始"菜单中的"搜索程序和文件"文本框。

02 输入要搜索的文字，例如，输入"画图"，"开始"菜单的左侧就会显示所有名称中包含"画图"字样的程序，如图2.25所示。

03 随着字符的输入，系统就会显示与关键字相匹配的结果，输入的关键字越长，搜索结果越精确。

当电脑使用一段时间后，系统中可能会保存大量应用程序和文件，用户只需记得文件的名称或其中的几个字，然后利用"开始"菜单的"搜索"功能就可以在众多的应用程序和文件中找到自己需要的目标了。

图2.25 利用"开始"菜单搜索内容

📺 2.4 应用技巧

技巧1：控制Windows 7"开始"菜单中最近显示的程序

在Windows 7的"开始"菜单左侧有一个"常用程序区"，存储最近使用过的程序链接，便于用户再次使用这些程序。

如果要删除常用程序区中的某一个程序，则右击该程序，在弹出的快捷菜单中选择"从列表中删除"命令即可。

此外，如果要清空最近使用的程序，或者想控制"常用程序区"中显示的程序数量，可以按照以下步骤进行操作。

Windows NT

微软公司的著名网络视窗操作系统。NT是New Technology（新技术）的缩写。

01 右击"开始"按钮，在弹出的快捷菜单中选择"属性"命令，打开"任务栏和「开始」菜单属性"对话框。

02 单击"「开始」菜单"选项卡，如图2.26所示。

图2.26 "「开始」菜单"选项卡

03 撤选"隐私"选项组中的"存储并显示最近在「开始」菜单中打开的程序"复选框，可以清除最近使用过的程序。

04 选中"「开始」菜单"选项卡，然后单击"自定义"按钮，打开如图2.27所示的"自定义「开始」菜单"对话框。

05 在"「开始」菜单大小"选项组中，指定在"开始"菜单中显示常用程序的数量。

06 单击"确定"按钮，最近使用的程序就被清除了，如图2.28所示。

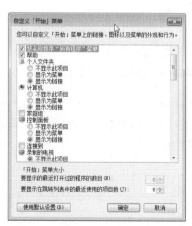

图2.27 "自定义「开始」菜单"对话框　　　　图2.28 清除最近使用的程序

　　如果要从"所有程序"菜单及其级联菜单中删除一个程序，则右击相应的菜单项目，在弹出的快捷菜单中选择"删除"命令即可。

如何更改桌面上的图标的大小？

按Ctrl＋鼠标滚轮；或者右击桌面→查看→选择不同的图标大小。

27

技巧2：向"开始"菜单的顶部添加常用的程序

如果用户经常用到"画图"程序，还可以将其添加到"菜单栏"的常用程序列表中，具体操作步骤如下：

|01| 右击"画图"程序，弹出快捷菜单。

|02| 在快捷菜单中选择"附到「开始」菜单"命令，该程序就显示在"开始"菜单的列表中，如图2.29所示。

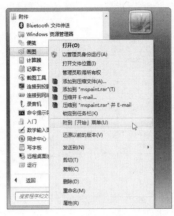

图2.29 向"开始"菜单的顶部添加常用的程序

用户还可以在"计算机"窗口中找到其他要在"开始"菜单列表中显示的程序，然后右击鼠标，在弹出的快捷菜单中选择"附到「开始」菜单"命令，将其添加到"开始"菜单的顶部。

要删除添加到"开始"菜单顶部的程序，右击"开始"菜单中的程序，从弹出的快捷菜单中选择"从「开始」菜单解锁"命令，即可从常用程序列表中删除该程序。

技巧3：在Windows 7 "开始"菜单中查看与清除最近使用过的文件

Windows7的"开始"菜单添加了一项新功能，就是可以查看所有程序最近打开过的文件，例如，用户要查看最近"画图"程序打开过的文件，只要将鼠标移动到"画图"程序上，或者单击右侧的小箭头就可以全部显示，如图2.30所示。

菜鸟充电站　　**UNIX**
一种多用户操作系统。

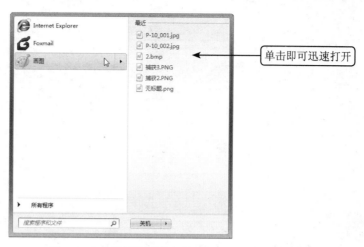

图2.30 查看最近使用的文件

当然，如果用户担心自己的隐私被人发现，也可以取消"菜单栏"的这项功能，具体操作步骤如下：

01 右击"开始"按钮，在弹出的快捷菜单中选择"属性"命令，打开"任务栏和「开始」菜单属性"对话框。

02 单击"「开始」菜单"选项卡，如图2.31所示。

03 撤选"隐私"选项组中的"存储并显示最近在「开始」菜单和任务栏中打开的项目"复选框，单击"确定"按钮。

此时，重新打开"开始"菜单，程序右侧的小箭头便消失了，如图2.32所示。

图2.31 "「开始」菜单"选项卡

图2.32 "画图"右侧没有小箭头

密技偷偷报 如何查看系统许可信息？

运行slmgr.vbs -dlv

第3章

实用的文件管理

　　在电脑中往往有各种各样的文件，如照片文件、MP3音乐文件、影片文件和软件程序等。当用户使用电脑一段时间后，不知不觉就会累积成千上万个文件。如果将文件到处乱放，待需要用时就很不容易找到，因此接下来学习如何做好文件的管理。

3.1 认识磁盘驱动器、文件和文件夹

3.1.1 磁盘驱动器

磁盘驱动器是计算机中能够长期存储数据的硬件设备，常见的磁盘驱动器包括软盘驱动器、光盘驱动器、硬盘驱动器和U盘等。对于软盘驱动器和光盘驱动器来说，由于存储介质（软盘和光盘）是可以移动的，所以只有当存储介质放入驱动器中时才能使用，用户可以更换不同的盘片来更换所存储的内容。软盘容量较小、读写速度较慢，基本上已经淘汰。目前大多数使用的光盘驱动器是只读式光盘驱动器，即所说的**CD-ROM**或**DVD-ROM**，使用它只能读取数据。要想能够输入数据，就得使用可刻录的光盘驱动器和光盘。

硬盘驱动器具有容量大、访问速度快的特点，是计算机中使用最多的存储数据设备。硬盘驱动器在使用前需要对它进行分区，一个硬盘驱动器可以分成一个或多个分区，每个分区为一个逻辑硬盘，如图3.1所示。

访问硬盘驱动器是通过磁盘驱动器的代号进行的。磁盘驱动器代号通常由大写英文字母加上"："构成。

图3.1 驱动器

3.1.2 文件

文件是计算机中较为重要的概念之一，它指被赋予了名称并存储在磁盘上的信息的集合，这种信息既可以是我们平常所说的文档，也可以是可执行的应用程序。为了对各式各样的文件加以归类，可以给文件加上不同的扩展名。例如，程序类文件的扩展名有.exe或.com等；文本类文件的扩展名有.doc或.txt等；图形类文件的扩展名有.bmp或.jpg等。为了便于用户识别，Windows将上述各种文件类型用不同的图标来表示，如图3.2所示。

 **如何取消开机按Ctrl+Alt+Del登录？**

控制面板→管理工具→本地安全策略→本地策略→安全选项→交互式登录：无须按Ctrl+Alt+Del→已启用。

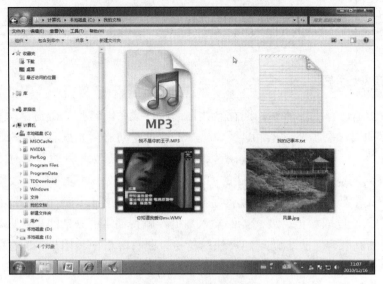

图3.2 文件以不同的图标表示

3.1.3 文件夹

　　文件夹就如同现实生活中的公文袋，通过把不同类别的文件存储在各自的文件夹中，这样就便于用户查找和管理，如图3.3所示。文件夹在文件管理中发挥着非常重要的作用，正因为文件是在文件夹中分类放置的，才使文件的管理变得易常轻松。

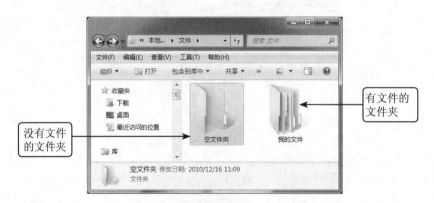

图3.3 文件夹

　　文件夹中还可以再创建文件夹，形成分层次的结构，我们把它叫做"树形结构"，如图3.4所示的学生管理体系。如果用计算机管理学生的档案，则可以先将各班级分层创建文件夹；再将每个学生的档案文件按班级分类放入相应的文件夹中，这样便于查找。

WPS（Word Processing System，文字处理系统）

金山公司开发的一套编辑、打印等功能为一体的文字处理系统。

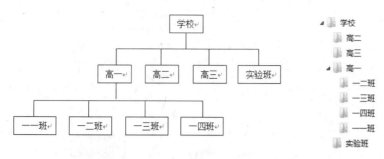

图3.4 文件夹的树形结构

 在早期的计算机专有名词中，将"文件夹"称为"目录"，现在仍有许多人沿用这个名词。不过，在Windows 7中，文件夹并不仅仅代表目录，它还代表驱动器、设备，甚至是通过网络连接的其他计算机等。

在Windows系统中，每个文件都有一个文件名，文件名由主文件名和扩展名组成。主文件名一般由用户自己定义，它最好与文件的内容相关，尽量做到"见名知义"。文件夹的命名也类似。

文件的命名规则如下：

文件名可用字符、数字或汉字命名，文件名的长度不能超过260个英文字符。

Windows保留用户指定名字的大小写和格式，但是不能利用大小写来区分文件名。例如，README.TXT和readme.txt被认为是同一个文件名。

 根据文件所含信息内容和格式的不同，可以将文件分成许多不同的类型。而扩展名通常是用于说明文件的类型。一般情况下，用一定的扩展名代表某一类型的文件，如.exe、.bmp、.mp3等。

3.2　了解窗口的组成并调配成自己习惯的操作环境

在学习如何管理文件之前，先认识窗口中的各部分功能，并学习调配成自己最习惯的操作环境，方便以后浏览和管理文件。

3.2.1　认识窗口的组成

Windows 7的窗口在外观上看起来和Windows XP很不一样，不过只要看了下面的说明，相信你很快就能上手了。单击"开始"按钮，选择"文档"命令，我们将借助此窗口来熟悉各项功能，如图3.5所示。

 如何关闭磁盘碎片整理计划？

右击驱动器→属性→工具→立即进行碎片整理→配置计划→取消选中的"按计划进行运行"复选框。

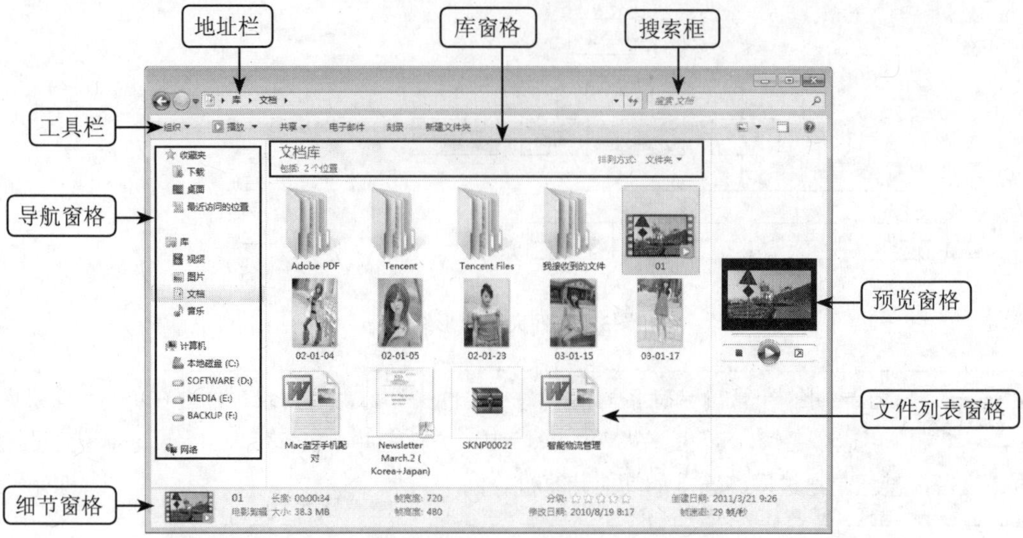

地址栏　　　　　　库窗格　　　　　搜索框

工具栏

导航窗格

预览窗格

文件列表窗格

细节窗格

图3.5　"文档"窗口

提示　为了方便稍后的说明与操作，我们事先在"文档"窗口中创建了多个文件，所以你看到的"文档"窗口会和我们的有所不同，请用自己的文件跟着练习就行了。

- 地址栏：让用户切换到不同的文件夹浏览文件。
- 搜索框：在此输入字符串，可以查找当前文件夹中的文件或子文件夹。例如，输入"蓝牙"，就会找到文件名中有"蓝牙"的文件或文件夹。
- 工具栏：会根据当前所在的文件夹以及所选择的文件类型，显示相关的功能按钮，方便我们执行任务。例如，选择的图片文件，工具栏中就会多出"预览"、"打印"等按钮；而选择影片、音乐文件，就会多出"播放"按钮，让你打开相关软件来播放影片或音乐。
- 导航窗格：包含了"收藏夹"、"库"、"计算机"和"网络"这几个项目，可以让用户从这几个项目来浏览文件夹和文件。
- 库窗格：当用户打开"文档"、"音乐"、"视频"和"图片"这4个库文件夹时，才会出现此窗格。此窗格会告诉你当前显示的文件分别来自哪些文件夹，也可以让你选择不同的排列方式来排列文件。
- 文件列表窗格：显示当前所在的文件夹内容，包括子文件夹和文件。
- 细节窗格：根据当前所选择的对象，例如，驱动器、文件或文件夹，显示相关的信息。以选择照片文件为例，可以在此窗格中得知照片的文件类型、拍摄日期、分级、尺寸和大小等。
- 预览窗格：可以在此窗格查看大部分的文件内容。例如，单击影片文件，不需要打开播放软件，就可以在此窗格中先预览影片的内容。

菜鸟充电站

Photoshop

美国Adobe公司出品的在苹果机和基于Windows的计算机上运行的最流行的图像编辑软件。

3.2.2　调成自己习惯的操作环境

通过上述的介绍，相信用户已经了解窗口中各个窗格的功能，接下来我们讲解调配符合自己习惯的窗口环境。例如，不常用"细节"窗格来查看文件信息，就可以将此窗格隐藏起来，让窗口空出底部的空间，以便显示更多的文件。此外，在窗口的各项操作都可以通过"工具栏"中的按钮来执行，如果你习惯用Windows XP的菜单栏来执行各项命令，也可以让它显示出来。

要调整成自己习惯的窗口布局，请单击"工具栏"的"组织"按钮，选择"布局"命令，从子菜单中单击要显示或隐藏的窗格名称即可，如图3.6所示。

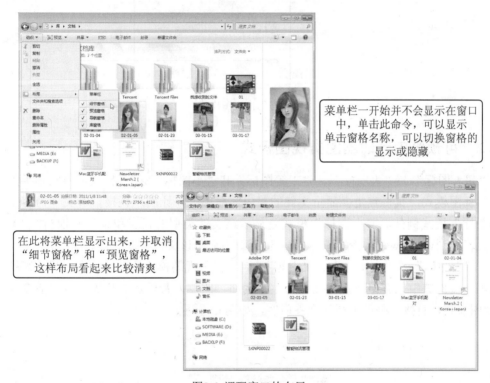

菜单栏一开始并不会显示在窗口中，单击此命令，可以显示单击窗格名称，可以切换窗格的显示或隐藏

在此将菜单栏显示出来，并取消"细节窗格"和"预览窗格"，这样布局看起来比较清爽

图3.6　调配窗口的布局

3.3　选择不同视图模式来浏览文件

当用户在电脑中浏览文件时，可以根据不同的使用目的来切换视图模式，以便更顺利完成工作。例如，在Windows XP下想查找照片，由于缩图很小不容易看清楚，现在Windows 7可以利用"超大图标"或者"大图标"模式来看清楚；另外，当你想根据照片的拍摄日期来排序，就很适合切换到"详细信息"模式。

密技偷偷报

如何更改用户文档默认存放位置？

"开始"菜单→用户→右击"我的文档"→属性→"位置"选项卡→"移动"→更改为自定义的路径。

3.3.1 切换文件视图模式

Windows提供了8种文件的视图模式,包括:超大图标、大图标、中等图标、小图标、列表、详细信息、平铺以及内容。接下来了解它们的特色以及适用的场合,单击窗口右上方的"更改视图"按钮,即可切换视图模式,如图3.7所示。

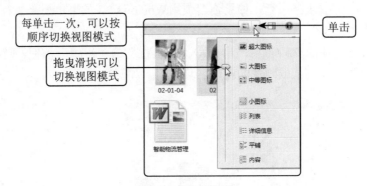

图3.7 切换视图模式

3.3.2 可预览内容的缩图类视图模式

"超大图标"、"大图标"、"中等图标"和"小图标"这4种模式,将它归类为"缩图类"视图模式,其特点是会显示文件的"内容缩图",让用户直接查看文件内容。不过"小图标"模式例外,"小图标"模式是显示该文件类型的代表图标(其他3种缩图类视图模式若遇到Windows无法解读的文件,也会改为显示该文件类型的代表图标)。

"超大图标"、"大图标"、"中等图标"这3种视图模式的差别仅在于显示缩图的大小而已。文件夹中以存储多媒体文件为主,例如,图片、音乐及影片等,就很适合选择这3种视图模式,直接从缩图中得知文件内容,如图3.8所示。

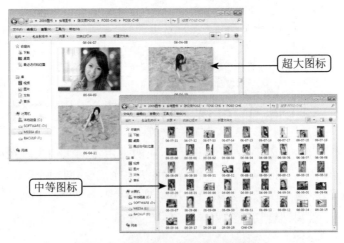

图3.8 超大图标和中等图标的视图方式

CorelDraw

功能强大的综合性绘画软件,许多专业电脑美术设计人员使用它制作各类图文并茂的桌面印刷品。

3.3.3 一目了然的文件列表和详细信息模式

当用户想要查看文件夹内有多少文件；或者想了解文件的详细信息；甚至要进行文件的复制、移动等操作，就很适合以列表、详细信息、平铺或内容这几个模式来查看文件。

1. 列表模式

仅显示文件图标及名称，它和小图标模式相似，不过列表模式会将文件接续排列在一起。想了解文件夹内到底有多少文件，切换到此模式最为方便直观，如图3.9所示。

图3.9 列表模式

2. 详细信息模式

除了显示文件图标、名称以外，还会显示其他相关信息，包括文件的大小、类型、日期、标记等。想要直接在文件列表窗格中查看文件的详细信息或者进行排序，就请切换到"详细信息"模式，如图3.10所示。

图3.10 详细信息模式

如何关闭操作中心？

控制面板→通知区域图标→操作中心对应行为→选择"隐藏图标和通知"。

提示 **将隐藏的文件信息显示出来**

目前"详细信息"模式，只显示了"名称"、"修改日期"、"类型"等列，想将隐藏的文件信息显示出来（如拍摄日期），或者将不常用的列隐藏起来，可以进行如下的操作：

01 右击列名称，在弹出的快捷菜单中选择要显示或隐藏的列名称（打勾表示显示，反之表示隐藏），如图3.11所示。

02 选择快捷菜单中的"其他"命令，弹出如图3.12所示的"选择详细信息"对话框，例如勾选"拍摄日期"复选框。

图3.11 选择要显示或隐藏的列名称　　　图3.12 "选择详细信息"对话框

03 单击"确定"按钮，即可在文件列表窗格中显示"拍摄日期"列，如图3.13所示。

图3.13 显示"拍摄日期"列

 Authorware

美国Macromedia公司开发的多媒体系统制作工具，使非专业人员能够快速开发多媒体软件。

3. 平铺模式

会显示中等缩图，让用户浏览文件内容。在缩图旁还会显示文件名、文件类型以及大小等信息。只要文件列表窗格的宽度足够，它会自动将文件排成多排，以显示更多的文件。因此，当要进行文件管理的相关操作时，就可以选择此模式来操作，如图3.14所示。

图3.14 平铺模式

4. 内容模式

会显示文件的缩图、名称、类型、尺寸、拍摄/修改日期等信息。这个模式和详细信息模式类似，能够让你了解文件的详细信息，不同的是此模式会以中等图标显示查看文件内容，而且文件之间的间隔也比较大，并以淡色线条来划分，在浏览文件时比较舒适，如图3.15所示。

图3.15 内容模式

了解各种视图模式的特点以及使用目的后，可以利用下一节将介绍的排序与分组功能来管理文件。

Windows 7中为什么无法自动登录用户？

在"运行"对话框中输入control userpasswords2后去掉复选框对勾，单击"应用"，输入密码并重启。

3.4 将文件有条理的排序与分组

当文件夹中包含各种各样的文件时，要查找某一类或某个文件，仅是切换到不同视图模式来浏览是不够的，此时搭配"排序"与"分组"功能，将文件夹内的文件进行整理，这样不论是浏览或者查找文件都会更加快捷。

3.4.1 根据文件名、类型、大小和日期来排序文件

排序就是按照设置的条件，如名称、大小、日期、标记、类型等，按递增（由小到大）或递减（由大到小）顺序来排列文件。例如，参加一个5天旅游行程，想必一定拍了不少好的照片，将文件全部复制到电脑后，可以先按拍摄日期进行排序，然后分别创建新文件夹，将同一天的照片归纳在一起。

现在就来进行文件的排序，先切换到"详细信息"视图模式，然后单击要排序的列名称，就可以快速排列文件，如图3.16所示。

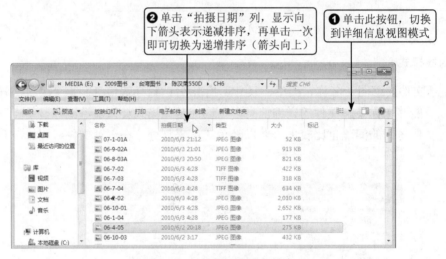

图3.16 对拍摄日期进行排序

将文件按照拍摄日期排序后，就可以根据日期来创建文件夹，然后将同一天拍摄的照片全部移到同一个文件夹中，以便管理。下面简单介绍其操作，本章稍后会详细介绍新建文件夹和移动文件的操作。

01 单击"新建文件夹"按钮，创建新文件夹，并自行输入文件夹名称，如图3.17所示。

Oracle

美国Oracle公司开发的大型高性能关系型数据库系统软件。

图3.17 新建文件夹

02 将同一天拍摄的照片全部移动到此文件夹中，如图3.18所示。

图3.18 移动文件夹

03 双击刚才新建的文件夹，这样同一天的照片就全部归纳在一起，如图3.19所示。

图3.19 存放同一天的照片

3.4.2 将文件分组排列

如果文件夹中包含了多个文档、图片、影片等文件，虽然可以利用上述所学的"排序"功能进行整理，不过排列过的文件仍然会紧邻地排放在一起，不太容易区分。现在可以改用更清晰的"分组排列"方式，让文件有明显的分隔。具体操作步骤如下：

01 在文件列表窗格中右击，在弹出的快捷菜单中选择"分组依据/类型"命令，如图3.20

任务栏和桌面上都不显示输入法

"运行"对话框中输入CTFMON.EXE尝试是否出现输入法图标？或者把CTFMON.EXE 加到启动项中。

所示。

图3.20 选择"分组依据/类型"命令

02 此时，会清楚标示文件类型和数量，并且每个文件类型之间还会用线条来分隔，如图 3.21所示。

图3.21 按类型进行分组

3.5 探索电脑中的文件夹与文件

要进行文件与文件夹的管理操作，除了通过导航窗格来切换到目的地，还有其他更快捷的方法，本节将告诉你浏览文件夹与文件的技巧，并带你深入到电脑的各个地方，探索电脑中的文件夹与文件。

VF（也写作VFP，Visual FoxPro的缩写）

由微软推出的功能强大、可视化、面向对象的数据库编程语言，还是强大的数据库管理系统。

3.5.1 浏览文件夹和文件

在介绍浏览技巧之前，我们要先说明Windows的阶层和路径概念。建立这些基本概念，日后在浏览电脑中的文件时，才不会混淆目前所在的位置。

Windows是以树状结构来显示计算机中所有的文件夹，借助一层层打开的文件夹的方式，就能浏览计算机内所有的文件夹和文件。在"导航窗格"中，当文件夹名称前显示 ▷ 标记，表示该文件夹内还有下一层文件夹，在 ▷ 标记上单击可以展开下一层文件夹，这样就能一直探究下去，直到文件夹中只显示文件为止，如图3.22所示。

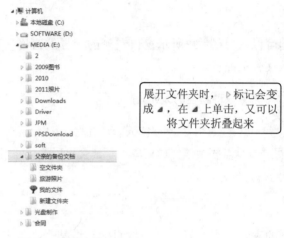

展开文件夹时，▷标记会变成 ◢，在 ◢ 上单击，又可以将文件夹折叠起来

图3.22 导航窗格

在导航窗格的文件夹名称上单击，表示切换到该文件夹中，此时右边的文件列表窗格就会显示该文件夹的内容，如图3.23所示。

这里会显示当前所在的文件夹

文件列表窗格会显示此文件夹的内容

单击

图3.23 切换文件夹

新装Windows 7，幻灯片放映小工具无法使用。

还原默认库即可。

3.5.2 文件与文件夹的路径

所谓路径是指文件或文件夹的地址。通过路径可以知道要到哪里去找所要的文件（或文件夹）。路径的表示法如下：

我们可以通过图3.23所示窗口左侧的"导航窗格"和"地址栏"上，看出当前所在的文件夹或文件的路径。

> **提示 另一种路径的表示法**
>
> 路径除了以文件夹来表示，也可以"E:\父亲的备份文档\旅游照片"来表示。只需将鼠标移到地址栏上的空白处单击，就会出现这样的路径表示。

这样的表示法有个好处，当你明确知道某个文件夹的名称以及所在的位置时，可以直接在地址栏输入路径来切换文件夹，而且当你在输入时，Windows会比较以前浏览过的路径。如果发现有重复，就会在地址栏下显示列表，让用户直接选择；如果列表中没有要切换的路径，请继续输入完整的路径。

另外，在地址栏中输入网址（如http://www.sina.com.cn），还可以立即打开Internet Explorer让你浏览网页。

3.5.3 快速切换文件夹

如果要切换到经常浏览的文件，请按下地址栏右边的 ▼ 按钮，可以从下拉列表中选择，如图3.24所示。

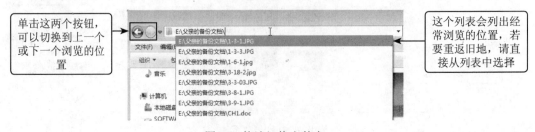

图3.24 快速切换文件夹

VC

Visual C++，微软公司高级可视化计算机程序开发语言。

在地址栏中单击▼按钮，也会出现同一层级的文件夹列表，让用户快速选择要切换的文件夹，如图3.25所示。

图3.25 切换到同一层级的文件夹

3.6　新建文件或文件夹

Windows提供了多种新建文件与文件夹的操作，其中最常用的是，右击资源管理器的文件列表空白区域，在弹出的快捷菜单中选择"新建"命令（见图3.26），从其子菜单中选择一个要新建的项目，然后为新文件或文件夹命名即可。

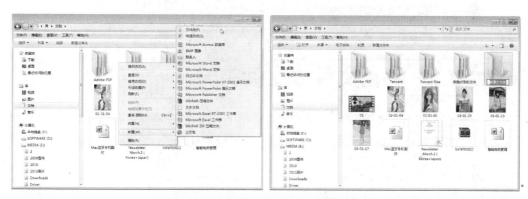

图3.26 新建文件或文件夹

3.7　重命名文件或文件夹

如果觉得文件或文件夹的名称不合适，还可以对其进行重命名。具体操作步骤如下：

01 在"资源管理器"窗口中，右击要重命名的文件或文件夹。

02 在弹出的快捷菜单中选择"重命名"命令，这时被选择的文件或文件夹的名称将高亮显示，并且在名称的末尾出现闪烁的插入点。

03 直接输入新的名字，或者按←、→键将插入点定位到需要修改的位置，按Backspace键删除插入点左边的字符，然后输入新的字符。

04 按Enter（回车）键确认，如图3.27所示。

Windows 7不兼容问题，快捷方式打不开？

使用Windows 7优化大师修复即可。

图3.27 重命名文件

另一种重命名文件或文件夹的方法如下：

01 选择要重命名的文件或文件夹。

02 单击文件或文件夹的名称（不要单击图标），这时被选中的文件或文件夹的名称将高亮显示，并且在名称的末尾出现闪烁的插入点。

03 直接输入新的名字，然后按Enter（回车）键确认。

3.8 移动文件或文件夹

如果前面已经创建（或下载）了很多文件，并且没有好好整理、分类，现在就用"移动"的方法来分类。下面将示范用鼠标拖曳的方法来移动文件，如果要移动的对象是文件夹也是同样的做法。

01 单击第一个图片文件，按住Shift键，再单击最后一个图片文件，将它们全部选中，如图3.28所示。

用鼠标拖曳的方法来移动文件，很适合在"可同时在屏幕上看到来源与目的地文件夹"时使用

图3.28 选中要移动的图片

VB

Visual Basic的缩写，微软公司高级可视化计算机程序开发语言。

02 在任意一个选中的文件上，按住鼠标左键不放，然后拖曳到"摄影"文件夹图标上。移到"摄影"文件夹时，会出现一个提示框，告诉用户文件将移动到此文件夹，如图3.29所示。

若突然改变心意，想要将文件复制到目的地，请在拖曳时按住Ctrl键，拖曳到目的地先放开鼠标，再放开Ctrl键

图3.29 移动文件

03 释放鼠标左键后，原本在"文档"文件夹中的几个图片文件就被移动到"摄影"文件夹中。接着双击"摄影"文件夹，即可看到刚才移进来的文件，如图3.30所示。

刚移进来的文件

单击此处，切换回"文档"文件夹

刚才的图片文件已经被移走了

图3.30 查看移动后的文件

Windows 7中的ISO刻录功能哪里去了？

右击iso文件→打开方式→Windows光盘映像刻录机。

> **提示** 当用户拖曳文件时，若是在同一个驱动器的不同文件夹之间拖曳，文件会进行"移动"的操作；但是将文件拖曳到不同的驱动器中，文件仍然会保留一份在原来的文件夹中，从而变成"复制"的操作。

用鼠标拖曳的方法来移动文件虽然方便，但有时手一滑不小心释放鼠标，文件就会被移动到别的地方，尤其是要将文件移到其他驱动器中的某个文件夹，这时建议在选中文件后，按下Ctrl+X快捷键来剪切文件，当切换到目的文件夹后，再按下Ctrl+V快捷键来粘贴文件。

> **提示** **选择文件的技巧**
> 不论要进行移动文件或者复制文件，都得先选择文件。下面将选择文件的技巧整理成表格，供你参考。

选择对象		方法	示范
选择单一文件（或文件夹）		在文件（或文件夹）上单击，就会出现蓝色的透明框，表示已选中	Tencent Files 工作 摄影
选择多个文件（或文件夹）	连续多个文件的位置正好排在一起	方法1：直接拖曳鼠标来框选 方法2：先选择第一个文件，然后按住Shift键，再选择最后一个文件	Tencent Files 工作 摄影
	要选择的文件其位置没有排在一起	先按住Ctrl键，再逐一单击想选择的文件	Tencent Files 工作 摄影
选择文件夹中的所有文件		方法1：单击窗口中的"组织"按钮，再选择"全选"命令 方法2：按Ctrl+A快捷键来选择	Tencent Files 工作 摄影

如果将某个文件移走后才发现不妥，先别着急把文件移回来，这里告诉用户一个小技巧，请在窗口的文件列表窗格中右击，执行"撤销移动"命令，即可撤销刚才的移动操作。

3.9　复制文件或文件夹

在操作过程中，为了防止原有的文件夹内容或文件内容被破坏或意外丢失，经常把原有的文件夹或文件复制到另一个地方进行备份。

PC

Personal Computer，个人计算机、个人电脑，又称微型计算机或微机。

3.9.1 快速复制文件

复制文件的方法很简单，下面举例说明如何将"文档"下的"A01.txt"文件（用户可以利用"记事本"程序创建一个文件，并且将其保存到"文档"文件夹中）复制到E盘的"BOOK"文件夹下。

|01| 在"资源管理器"窗口中，单击文件夹列表窗格中的"文档"文件夹，以便在右窗格中显示该文件夹中包含的子文件夹和文件。

|02| 单击"A01.txt"文件，将其选中。

|03| 右击该文件，在弹出的快捷菜单中选择"复制"命令，将选择的文件复制到Windows剪贴板中。用户可以在选择要复制的文件后，单击窗口工具栏中的"组织"按钮，在弹出的菜单中选择"复制"命令。

|04| 打开目标文件夹。例如，打开E盘的BOOK文件夹。

|05| 右击文件列表的空白处，在弹出的快捷菜单中选择"粘贴"命令，即可将"A01.txt"文件从"文档"文件夹复制到E盘的"BOOK"文件夹下，如图3.31所示。

图3.31 使用复制粘贴命令

可以在选择文件后按Ctrl+C快捷键来复制文件，切换到目标文件夹后，再按Ctrl+V快捷键将文件粘贴上。

为什么在Windows 7中不少类型文件按右键没有打开方式的选项？

控制面板→所有控制面板项→默认程序→设置关联。

另外，还可以同时打开两个窗口，选中要复制的一个或多个文件，用鼠标拖动到另一个指定的文件夹中，如图3.32所示。

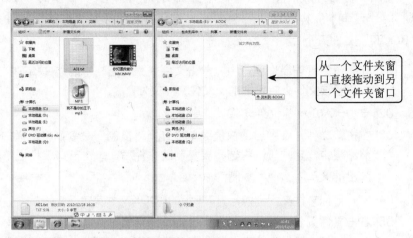

图3.32　鼠标拖动复制文件

复制文件夹的方法与复制文件的方法类似。不过，复制文件夹时，该文件夹中包含的子文件夹和文件也会被同时复制，读者可以自行练习。

3.9.2　快速将文件复制到指定的地方

Windows有个"发送到"功能，可以将文件或文件夹快速发送到指定的目的地，这个功能其实就是在进行文件的复制操作，不过一般的复制是可以将文件任意粘贴到想要的目的地；但"发送到"功能有个固定的目的地。在文件或文件夹上右击，就可以在快捷菜单的"发送到"命令中看到发送目的地，如图3.33所示。

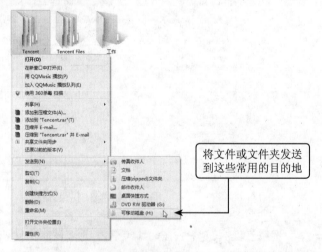

图3.33　发送到目的地

菜鸟充电站

NC

Network Computer，网络计算机。

　　Windows事先替用户创建的发送目的地有6个，但实际上文件发送的目的地不只这几个，它会根据计算机所安装的应用程序及硬件设备而有所不同。例如，你接上U盘或读卡器，就会出现"可移动磁盘"选项，让用户将文件复制一份到U盘中。

提示　　**复制时遇到同名文件，应该怎么办？**

如果要复制到的目的地文件夹中有同名文件，则会弹出如图3.34所示的"复制文件"对话框。如果选择"复制和替换"选项，则复制并覆盖当前文件夹中的文件；如果选择"不要复制"选项，则不复制当前的文件；如果选择"复制，但保留这两个文件"选项，则复制文件，但将其保存为其他名称。

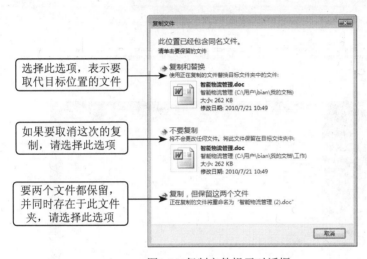

选择此选项，表示要取代目标位置的文件

如果要取消这次的复制，请选择此选项

要两个文件都保留，并同时存在于此文件夹，请选择此选项

图3.34　复制文件提示对话框

3.10　删除与恢复文件或文件夹

　　删除文件也是文件管理的一部分，一些过时或不需要的文件、文件夹，留着只是占用硬盘空间而已，将它们删除可以节省硬盘空间。

3.10.1　删除文件或文件夹

　　不管是文件还是文件夹，删除它们的操作步骤都是一样的，只是删除文件夹的时候，会连同其中的文件一起删除而已。

　　如果要删除文件或文件夹，可以按照下述步骤进行操作。

01　在"资源管理器"窗口中，选定要删除的一个或多个对象。

02　选择下列操作之一：

密技偷偷报　　**Win键相关的快捷键——Win + Home**

将所有使用中窗口以外的窗口最小化。

- 按Delete键将其删除。
- 右击要删除的对象,在弹出的快捷菜单中选择"删除"命令。

03 出现如图3.35所示的"删除文件"对话框时,单击"是"按钮。此时文件便被暂时存放在回收站中了,打开"回收站"可以看到被删除的文件。

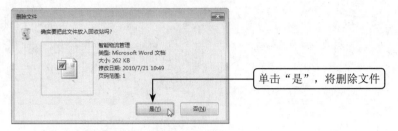

图3.35 打开"删除文件"对话框

另外,如果想快速删除这些文件,只要用鼠标选中要删除的文件将它们拖至回收站窗口中即可。如图3.36所示。

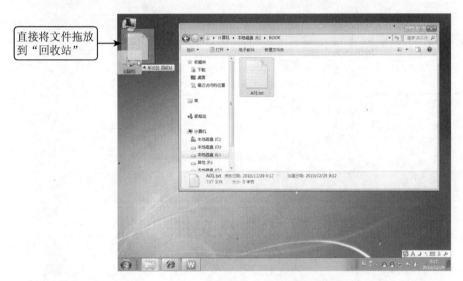

图3.36 将文件拖动到回收站

打开"回收站"文件夹,如果要彻底删除其中的某个文件,首先右击想要删除的项目,然后从弹出的快捷菜单中选择"删除"命令。如果要清除"回收站"中的所有内容时,则单击"回收站"工具栏中的"清空回收站"按钮。一旦清空"回收站",删除的文件或文件夹就无法恢复了。

3.10.2 恢复被删除的对象

如果要恢复被误删除的对象,可以按照下述步骤进行操作。

MPC

Multimedia Personal Computer,多媒体个人电脑。

[01] 双击桌面上的"回收站"图标,弹出"回收站"窗口。

[02] 在"回收站"窗口中选择要恢复的对象。

[03] 单击"回收站"工具栏上的"还原此项目"按钮,即可将文件还原到原来的位置。如图3.37所示。

图3.37 还原被删除的文件

 ## 3.11 应用技巧

技巧1:压缩文件以便发送与管理

当用户在管理文件时,可以将文件压缩成压缩包存放,文件压缩可以使多个文件捆绑在一起,易于管理、传送方便更节省空间。WinRAR就是一款流行好用功能强大的压缩解压缩工具,用户可以上网下载该软件并安装。

要对某个文件夹下所有的文件进行压缩打包时,我们不需要打开WinRAR的主程序窗口,只需选择要压缩的文件夹,单击鼠标右键,在弹出的快捷菜单中选择"添加到压缩文件"命令,弹出如图3.38所示的"压缩文件名和参数"对话框,默认文件名不变,默认扩展名为".rar"。用户也可以根据需要更改文件名。单击"确定"按钮后生成压缩文件。如果要对某个文件夹下的一个或多个文件进行压缩打包,则选择多个文件,然后再进行以上操作。

 **Win键相关的快捷键——Win + 空格键**

将所有桌面上的窗口透明化(和鼠标移到任务栏的最右下角一样意思)

图3.38 "压缩文件名和参数"对话框

在压缩文件夹的时候，如果要在当前路径创建同名压缩文件，方法则更简单，在该文件夹上单击鼠标右键，在弹出的快捷菜单中选择"添加到'***.rar'"，其中***为当前文件夹名称。

如果要解压缩文件，则右击压缩文件，在弹出的快捷菜单中包括了3个WinRAR提供的命令（见图3.39），其中"解压到当前文件夹"表示扩展压缩包文件到当前路径，"解压到XXX\"表示在当前路径下创建与压缩包名字相同的文件夹，然后将压缩包文件扩展到这个路径下。还可以选择"解压文件..."命令，在弹出如图3.40所示的"解压路径和选项"对话框中选择要扩展压缩包文件的路径，单击"确定"即可。

图3.39 解压文件　　　　　　图3.40 "解压路径和选项"对话框

技巧2：快速搜索所需的文件

"咦，刚刚用Word编辑的文件，存到哪里去了呢？"、"昨天从网络下载的游戏存在哪里，怎么找不到了？"、"前几天从U盘复制出来的文件放到哪里了呢？"，你是否偶尔会遇到这种情况呢？还好Windows内置了一个强大的搜索功能，可以帮你快速找到想要

OOP（Object Oriented Programming，面向对象的程序设计）

面向对象的程序设计大大地降低了软件开发的难度，使编程就像搭积木一样简单。

的文件。

　　打开计算机或任意一个文件夹，都可以在右上角看到搜索的栏目，在该栏目内输入要搜索的内容后，系统立即开始搜索，并在下方显示搜索结果。例如，输入"记录"文字，系统就会显示出包含"记录"命名的所有文件及文件夹，如图3.41所示。

图3.41 显示搜索文件的结果

> **提示** 通过这种搜索方式，Windows仅仅是在当前文件夹位置搜索，而不是在整个计算机中搜索。如果要搜索整个计算机，需要返回计算机资源管理器页面，然后才能执行搜索功能。

　　Windows的搜索功能支持使用"*"通配符来代替某些字符。如果要搜索计算机中含有"爱"字的图片文件，则可以通过在搜索栏中输入"*爱*.jpg"的方式来进行搜索，最后系统便会显示所有包含"爱"字的jpg文件，如图3.42所示。

图3.42 利用通配符搜索文件

Win键相关的快捷键——Win + ↑向上方向键
最大化使用中窗口（和将窗口用鼠标拖到屏幕上缘一样意思）

第4章

用汉字输入法打字

　　要利用电脑处理文字，必须先将要处理的文字输入到电脑中。目前有很多方法可以将文字输入电脑，其中以键盘录入为最主要的方法。除此之外，还有手写识别录入、语音识别录入和扫描识别录入等方法。但这些方法还存在着许多不足，需要进一步改进。

　　本章将介绍最常用的全拼输入法、搜狗输入法和五笔字型输入法的使用技巧。

4.1　输入法基础

英文字母和数字可以在键盘上直接找到，通过键盘向电脑中输入英文和数字比较容易。但在键盘上找不到一个汉字，而且与英文相比较，汉字的字型复杂、数量繁多，直接用一个键来代替一个汉字是不可能的，怎样向电脑中输入汉字呢？

汉字输入的基本原理就是利用键盘上的字母、数字或符号按一定规律组合编码来代表一个汉字。通过键盘输入编码，计算机就会根据编码在其内部的字库中把对应的汉字或符号找出来。目前已经研究出许多输入汉字的方法。表4.1简单介绍了常用输入法的特点。

表4.1　常用输入法的特点

输入法名称	特点
区位码	顺序码输入法，没有重码，很难记，通常用于各种信息卡的填写，普通用户很少用
五笔字型	字形输入法，重码少，记忆量较大，但经过专门训练后，输入速度快，通常用于专职文员
搜狗拼音输入法	拼音输入法，记忆量小，容易学习，通过提供非常丰富的词组及较多特殊功能，可以有较高的输入速度
手写输入	用特殊的笔在手写板上直接书写汉字，几乎会写汉字的人都会，因而易于学习，但存在要增加辅助设备、识别率不高以及速度有限等问题
语音识别输入	通过语音识别进行录入，是非常理想的事，目前有不少产品，虽然对普通语句的识别率较高，但离实用还有一段距离

4.1.1　语言栏的操作

在Windows 7的桌面上，我们会在右下角或者任务栏的右侧看到控制Windows输入法的语言栏，本节详细介绍语言栏上各个按钮的功能及其作用。

1. 调整语言栏的位置

首先在桌面上找到语言栏，通常语言栏悬浮在桌面上，可以通过鼠标将它拖动到桌面的任何位置，或者单击语言栏上的最小化按钮■，将它最小化到任务栏上，避免遮挡桌面上的窗口，如图4.1所示。

拖动把手

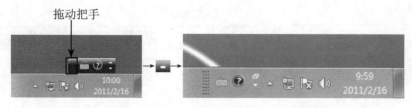

图4.1　最小化语言栏

Win键相关的快捷键——Shift + Win + ↑向上方向键

垂直最大化使用中窗口（但水平宽度不变）

提示 如果任务栏上只剩下![button]按钮，可以右击此按钮，在弹出的快捷菜单中选择"任务栏中的其他图标"命令，就可以将其他图标显示出来。

2. 找不到语言栏

如果桌面和任务栏上都不显示语言栏，可能是语言栏被隐藏了，可以执行以下操作将语言栏显示出来。

01 单击"开始"按钮并选择"控制面板"命令，单击"时钟、语言和区域"选项下的"更改键盘或其他输入法"命令。

02 打开"区域和语言"对话框，切换到"键盘和语言"选项卡，单击"更改键盘"按钮，如图4.2所示。

03 打开"文本服务和输入语言"对话框，选择"语言栏"选项卡，并在"语言栏"选项组下选择"悬浮于桌面上"单选按钮，单击"确定"按钮即可，如图4.3所示。

图4.2 "键盘和语言"选项卡　　　　　　图4.3 "语言栏"选项卡

4.1.2　切换中/英文输入模式

语言栏的默认设置为英文输入模式，要切换到中文输入模式，可以利用Ctrl+Space（空格）组合键进行中/英文的切换（先按住Ctrl键不放；再按一下Space键；然后再依次松开Space和Ctrl键），如图4.4所示。

目前是在英文输入模式　　　　　　　　　切换成中文输入模式

图4.4 切换中/英文输入模式

 FAT（Allocation Table，文件分配表）
它的作用是记录硬盘中有关文件如何被分散存储在不同扇区的信息。

如果是在编辑中文的过程中，临时输入几个英文字母，则可以在中文的输入模式下按Shift键切换到英文输入模式，如图4.5所示。另外，单击语言栏的"中"或者"五"按钮，当变成"英"字按钮时，表示已经切换到英文输入模式。

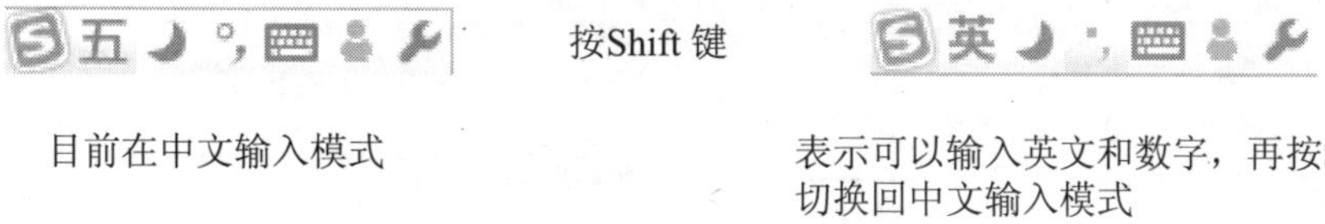

按Shift键

目前在中文输入模式

表示可以输入英文和数字，再按Shift键可以切换回中文输入模式

图4.5 临时切换中/英文

4.1.3 切换全角/半角输入模式

在中文输入模式下语言栏会显示一个全角/半角按钮 ，按下Shift+Space快捷键可以切换半角和全角的输入模式，如图4.6所示。

按Shift+Space键

图4.6 切换全角/半角

提示

半角与全角的差异对比

半角模式下输入的符号、英文、数字的宽度是中文汉字的一半，为了使文字对齐，可以切换到全角模式下输入，使符号、英文、数字的宽度和汉字一样。

下表分别是在半角和全角输入模式下的效果。

半角	ABCDabcd1234,:?
全角	ＡＢＣＤａｂｃｄ１２３４，：？

4.2 安装、切换和删除输入法

目前流行的中文输入法有搜狗、谷歌、紫光拼音、拼音加加、黑马神拼、智能五笔和万能五笔等，用户可以根据个人喜好选择合适的输入法。本节介绍安装、切换和删除输入法的基本方法。

4.2.1 安装Windows提供的中文输入法

Windows系统提供了几种常用的输入法，下面以添加简体中文全拼为例介绍如何安装Windows提供的中文输入法，具体操作步骤如下：

01 右击语言栏，在弹出的快捷菜单中选择"设置"命令，在打开的"文本服务和输入语

密技偷偷报 **Win键相关的快捷键——Win + ↓向下方向键**

最小化窗口／还原先前最大化的使用中窗口

言"对话框中单击"添加"按钮，如图4.7所示。

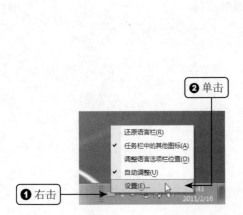

图4.7 "文本服务和输入语言"对话框

02 在"添加输入语言"对话框中勾选要添加的输入法，单击"确定"按钮，如图4.8所示。

03 回到"文本服务和输入语言"对话框，刚才添加的输入法则显示在其中，单击"确定"按钮即可，如图4.9所示。

图4.8 "添加输入语言"对话框   图4.9 显示刚添加的输入法

此时，单击任务栏的输入法图标，就可以看到刚刚安装好的简体中文全拼输入法了，如图4.10所示。

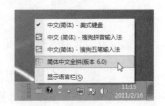

图4.10 添加的"简体中文全拼"输入法

ATX

一种电脑机箱、主板、电源的结构规范。

4.2.2　安装非Windows提供的中文输入法

如果Windows自带的输入法无法满足用户的需要，也可以根据自己的喜好下载并安装合适的输入法，我们以安装王码五笔为例，介绍如何安装非Windows提供的中文输入法。

首先上网下载王码五笔输入法，然后在计算机中找到下载的王码五笔输入法的安装程序。双击即可安装此输入法，如图4.11所示。

在安装的过程中，只需按照提示进行简单的设置即可。安装完毕后，单击任务栏的输入法图标，就可以看到安装好的输入法，如图4.12所示。

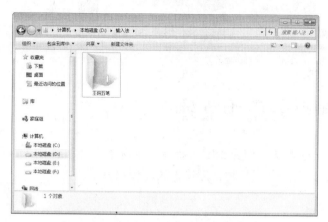

图4.11　找到下载输入法的文件夹

图4.12　新安装的输入法

4.2.3　切换不同的中文输入法

通常用户都会安装多种输入法，在使用时，必定会遇到多种输入法互相切换的问题，此时可以使用鼠标单击语言栏选择要使用的输入法，同时还可以利用Ctrl+Shift组合键快速切换，每按一次组合键，就会切换一种输入法，并循环显示。

4.2.4　删除输入法

当用户误装了某种输入法时，或者某种输入法不常用时，就可以将它删除。我们以删除搜狗五笔输入法为例来介绍如何删除输入法。打开"文本服务和输入语言"对话框，选中要删除的输入法，单击"删除"按钮，再单击"确定"按钮即可，如图4.13所示。

Win键相关的快捷键——Win + 左 / 右方向键

将窗口靠到屏幕的左右两侧（和将窗口用鼠标拖到左右边缘一样意思）

图4.13 删除输入法

4.3 学会使用常用中文输入法

目前，已经开发了上千种中文输入法，但无论哪一种输入法都离不开拼音输入、形码输入和音形输入这3种基本的模式。下面介绍几种常用输入法的使用方法。

4.3.1 使用全拼输入法

全拼输入法是通过汉字的拼音字母作为汉字代码，是一种音码输入法，按顺序输入汉字的汉语拼音字母即可。

1. 输入单个汉字

01 单击"开始"按钮，选择"所有程序"→"附件"→"记事本"命令，打开"记事本"窗口。

02 按Ctrl+Shift组合键，切换到全拼输入法。

03 用键盘输入拼音dian，弹出输入法候选框，如图4.14所示。

图4.14 输入法候选框

KB（Kilo Byte，KB表示千字节）

其中，B=Byte，意为"字节"，是电脑中最小存储单位。

04 在汉字候选框中，按汉字前面对应的数字键输入汉字。例如，按2键，即可输入"电"。

2. 输入词组

全拼输入法还具有词组输入功能，以提高录入的速度。词组的输入方法与单字输入很相似。

01 切换到全拼输入法。

02 用键盘输入词组的拼音 diannao，如图4.15所示。

03 此时，只有一个候选词，直接按Enter键输入。

图4.15 输入词组

4.3.2 使用微软拼音输入法

微软拼音输入法是一种汉语拼音语句输入法。在使用微软拼音输入法输入汉字时，可以连续输入汉语语句的拼音，系统会自动根据拼音选择最合理、最常用的汉字，免去逐字逐词挑选的麻烦。

例如，利用微软拼音输入法输入"北京图格新知技术发展有限公司"，具体操作步骤如下：

01 在记事本窗口中，将输入法切换为微软拼音输入法。

02 接顺序输入拼音字母"beijingtugexinzhijishufazhanyouxiangongsi"，在输入过程中自动显示内容搭配，如图4.16所示。

03 在整句确认前，如果发现句中有错误，可以使用方向键将光标移到错误处，在候选

图4.16 输入拼音

窗口中进行选择（单击该汉字或输入该汉字前面的数字），如图4.17所示。如果候选窗口中没有需要的词，可以单击翻页按钮或使用键盘上的 + 和 - 键翻页。

密技偷偷报

Win键相关的快捷键——Win + 1~9

打开任务栏上相对应的软件，从左到右依顺序为Win+1到Win+9

图4.17 选择候选词

04 当整句都正确无误后，可以按Enter键确认，也可以直接在标点符号后面输入下一句，这时前一句就会自动确认，句子下的虚线消失。

4.3.3 使用搜狗输入法

除了系统自带的输入法，用户还可以根据个人的情况安装其他的输入法，例如，打字工作人员都会安装、使用五笔字型输入法。下面介绍一种使用比较广泛、输入速度快、无需记忆且有智能组词的输入法——搜狗拼音输入法。到网上下载安装程序然后进行安装即可。

1. 全拼输入

全拼输入是拼音输入法中最基本的输入方式。只要用Ctrl+Shift快捷键切换到搜狗输入法，在输入窗口输入拼音，如图4.18所示。依次选择所需要的字或词即可。用户可以使用默认的翻页键"逗号（，）、句号（。）"进行翻页。

图4.18 全拼输入

 在输入中文的过程中，按Shift键就切换到英文输入状态，再按Shift键就会返回中文状态。另外，也可以在输入英文后，直接按Enter键。

2. 简拼输入

简拼是输入声母或声母的首字母进行输入的一种输入方法，有效地利用简拼，可以大

MB

Mega Byte，MB表示兆字节。M=Mega，构词成分，表示"兆；百万"。

大提高输入的效率。目前搜狗输入法支持的是声母简拼和声母的首字母简拼。例如，想输入"张靓颖"，只要输入"zhly"或者"zly"都可以输入"张靓颖"。

另外，搜狗输入法支持简拼全拼的混合输入，例如，输入"srf"、"sruf"、"shrfa"都可以得到"输入法"。

> **提示** 当遇到候选词过多时，可以采用简拼与全拼混用的模式，这样能够利用最少的输入字母达到最准确地输入效率。例如，要输入"指示精神"，输入拼音"zhishijs"、"zsjingshen"、"zsjingsh"或"zsjings"都是可以的。打字熟练的人会经常使用全拼和简拼混用的方式。

中文数字大写一般用在输入金额的时候，有一种自动转换的方法，而不必一一输入再忙着选字，该功能可以为金融工作者节省不少时间。例如，搜狗输入法提供 v 模式大写功能，输入" v 525798645"，就可以输出"伍亿贰仟伍佰柒拾玖万捌仟陆佰肆拾伍"。

3. 模糊音输入

模糊音是专为对某些音节容易混淆的人设计的。启用模糊音后，例如sh<-->s，输入"si"也可以出来"十"，输入"shi"也可以出来"四"。

搜狗支持的模糊音有：

声母模糊音：s <--> sh，c<-->ch，z <-->zh，l<-->n，f<-->h，r<-->l；

韵母模糊音：an<-->ang，en<-->eng，in<-->ing，ian<-->iang，uan<-->uang。

4. 使用自定义短语

在输入过程中，有很多短语（如单位名称、地址等）会反复出现，如果能用几个简单的字母就能轻松地输入这些短语，一定可以提高输入速度。搜狗输入法提供了自定义短语的功能，具体操作步骤如下：

> 01 单击搜狗状态栏右侧的 按钮，在弹出的快捷菜单中选择"设置属性"命令，打开如图4.19所示的"搜狗拼音输入法设置"对话框。

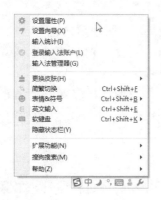

图4.19 "搜狗拼音输入法设置"对话框

Win键相关的快捷键——Shift + Win + 1~9

打开对应位置软件的一个新"分身"，例如IE的话会是开新窗口（鼠标是Shift+点软件）

02 单击"高级"选项卡中的"自定义短语设置"按钮，打开"自定义短语设置"对话框。在此可以添加、编辑与删除短语。

03 单击"添加新定义"按钮，打开如图4.20所示的"添加自定义短语"对话框，在"缩写"文本框中输入英文字符，在"短语"文本框中输入想要的文本。

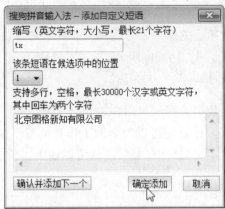

图4.20 "添加自定义"对话框

04 单击"确认添加"按钮。此时，输入"tx"，就会出现"北京图格新知有限公司"的候选词了。

4.4 使用五笔字型输入法

五笔字型输入法是一种按照汉字的结构特点，通过拆分汉字笔画与偏旁部首并进行适当归类而形成的富有特色的汉字输入法。经过多年的发展与实践，五笔字型输入法已经成为输入速度最快、出错率最低的汉字输入法之一。要快速地使用五笔字型输入法输入汉字，就必须熟记字根总表，熟练掌握汉字的拆分方法，然后进行大量的上机练习。

4.4.1 五笔字型输入法的版本

五笔字型输入法最常用的版本是王码五笔86版和98版，86版使用130个字根，可以处理国标GB2312汉字集中的一、二级汉字共6763个。98版五笔字型以86版为基础，引入了"码元"的概念，245个码元使得五笔字型在取码时更加规范。

虽然98版五笔字型在86版的基础上有了许多改进，但是86版已经推广了10多年，拥有成千上万的用户。因此，本书以最为流行的86版为基础详细讲解五笔字型的使用方法。

4.4.2 五笔字型汉字编码基础

五笔字型输入法是一种形码输入法，它利用汉字的字型特征进行编码。在学习五笔字型输入法之前，先了解汉字的一些基本结构。

GB

Giga Byte，GB表示千兆字节。G=Giga，构词成分，表示"千兆；十亿"。

1. 汉字的3个层次

历史悠久的方块汉字是笔画形态多变、字型错综复杂并且数量繁多的象形文字。汉字是由基本笔画组成的，五笔字型输入法就是将基本笔画进行编排、调整使其构成字根，再将笔画、字根组成汉字。

在研究汉字的组成时，往往不是以基本笔画来谈论的。例如，"张"由"弓"和"长"组成，一般说"弓长张"，而不是从笔画来描述"张"字的组成。又如，"木子李"就是"李"字是由"木"和"子"组成的，没有人说"一横、一竖、一撇、一捺、一折、一竖钩加一横李"。因此，在笔画和字之间存在一个层次，我们称它为"字根"。

综上所述，汉字的3个层次含义如下。

- 笔画：书写汉字时不间断地一次连续写成的一个线条，也就是人们常说的横、竖、撇、捺、折。
- 字根：由若干笔画交叉连接而形成的相对不变的结构，是构成汉字最基本的单位。
- 汉字：将字根按照一定的顺序及位置关系组合起来就组成为汉字。

五笔字型输入法就是按习惯的书写顺序，以字根为基本单位进行编码，每次最多输入4个字根就能得到一个汉字。

2. 汉字的5种笔画

在五笔字型法中，按照汉字笔画的定义，只考虑笔画的运笔方向，而不计其轻重长短，把笔画分为5种：横、竖、撇、捺、折。为了便于记忆和应用，并根据它们使用概率的高低，依次用1、2、3、4、5作为代号，代表上述5种笔画。特别要注意的是，不要把一个笔画切断分为两个笔画。如"口"字的第2笔是"┐"，在书写过程中没有停顿，不能把它切断分为"一"和"|"两个笔画。在"五笔字型法"的意义下，汉字的5种笔画如表4.2所示。

表4.2 汉字的5种基本笔画

代号	名称	笔画走向	笔画及其变形	说明
1	横	左→右	一（横）　╱（提）	提笔视为横，因为其笔画走向为从左到右。如"地"汉字中的"土"字旁
2	竖	上→下	|（竖）　亅（左竖钩）	左竖钩属于竖。如"到"和"判"等汉字中的最后一笔视为"竖"
3	撇	右上→左下	ノ（撇）	如"大"和"人"等汉字中的"ノ"笔画就是"撇"
4	捺	左上→右下	＼（捺）　丶（点）	点均为捺，因为点的笔画走向跟捺相同。如"大"和"人"等汉字中的"＼"笔画就是"捺"
5	折	带转折	各种带转折的笔画，如：乙 ╰ 乛 乚 ㇉ 一	一切带转折的笔画，都归为折类（除左竖钩外）。如"已"和"乃"等汉字中带有"折"笔画

Win键相关的快捷键——Ctrl + Win + 1~9
在对应位置软件已开的分身中切换

3. 汉字的3种字型

根据构成汉字的各字根之间的位置关系，可以把成千上万的方块汉字分为"左右型"、"上下型"与"杂合型"3种类型。按照它们拥有汉字的字数多少，把左右型命名为1型，代号为1；上下型命名为2型，代号为2；杂合型命名为3型，代号为3。

按照组成汉字的字根之间的位置，五笔字型法把汉字字型分为上下、左右和杂合3类字型，如表4.3所示。

表4.3 汉字的3种字型

字型代号	字型	说明		字例
1	左右	双合字中，两个部分分列左右，其间有一定的距离		码、胡、理、结
		三合字中，整字的三个部分从左到右并列，或者单独占据一边的部分与另外两个部分呈左右排列		班、树、较、持
2	上下	双合字中，两个部分分列上下，其间有一定的距离		杂、类、字、学
		三合字中，三个部分上下排列，或者单占一层的部分与另外两个部分呈上下排列		夏、会、坠、琶、晶、霜
3	杂合	组成整字的各部分之间没有明确的左右或上下型	内外型	回、团、圆、同、区、还
			单体型	未、我、天、且、成、也、才

虽然汉字由字根组合而成，但是相同的字根因字型不同却可以构成不同的汉字。例如，用"口"和"八"两个字根，既可组成"叭"，也可组成"只"。因此，得到"叭"还是"只"，需要考虑"口"与"八"这两个字根是按照什么类型进行组合的。在输入少于4个字根组成的汉字时，还必须告诉机器那些输入的字根是按照什么方式排列的，即要输入一个字型信息，这就是将在后面介绍的末笔字型交叉识别码。

 字型区分时，也采用"能散不连"的原则，如"卡"、"严"都视为上下型。内外型字属杂合型，如"困"、"同"。另外含"走之"字为杂合型，如"进"、"逞"、"远"，并约定以去掉"走之"部分后的末笔为整个字的末笔来构造识别码。

4.4.3 五笔字型字根的分布

字根是构成汉字的基本单位，也是学习五笔字型输入法的基础。五笔字型中归纳了130个基本字根，所有汉字都可以拆分成这些基本字根。例如，汉字"种"由"禾"、"口"和"丨"三个字根拼合而成；汉字"相"由"木"和"目"两个字根拼合而成；汉字"鑫"由"金"、"金"和"金"三个相同的字根拼合而成。其中，"禾"、"口"、"丨"、"木"、"目"和"金"都是五笔字型输入法的基本字根。

1. 五笔字根的区和位

五笔字型输入法实际上就是将汉字拆分成字根，再输入由字根所在的键位组成的编码，从而形成汉字。因此，要学习五笔字型输入法，就应该掌握五笔字型输入法的字根键盘分布。

CAI（Computer Aided Instruction，计算机辅助教学）

在电脑辅助下的各种教学活动，以对话方式与学生讨论教学内容、安排教学进程的方法与技术。

要掌握五笔字型输入法的字根键盘分布，就必须先弄清楚字根的区位号。为了便于编码和输入，130个基本字根又按起笔的笔画分为5类，每类又分5组，共计25组。

五笔字型方法中，每组占一个英文字母键位，同一起笔的一类安排在键盘相连的区域。因此，把基本字根分为5个区，即横区、竖区、撇区、捺区和折区。考虑到键位设计的需要，每区分为5个位（5组），对应于键盘上的每个键就有一个区位号。例如，12就表示1区第2位的键F；这样把130种字根按照规则分配在25个英文字母键（Z键除外）上。

五笔字型汉字输入法所优选的130种基本字根的分区如图4.21所示。可以看出，五笔字型的这种键盘分区是比较符合指法要求的。

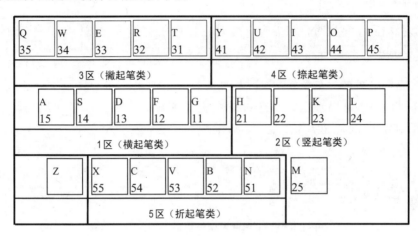

图4.21 字根的区与位

2. 五笔字根的键盘分布图

五笔字型对键盘分区划位后，把130个基本字根按照最基本的原则，即字根起笔的代号来分区安排。每个区尽量考虑字根的第二个笔画，再分作5个位，就形成了5个区，每区5个位，即5×5＝25个键位的一个字根键盘，该键盘的位号从键盘中部起，向左右两端顺序排列，这就是分区划位的"五笔字型"字根键盘。从图4.22中可以看出，每个键上都安排了数量不等的基本字根。

图4.22 五笔字根的键盘分布图

密技偷偷报 **Win键相关的快捷键——Alt + Win + 1~9**

打开对应位置软件的右键快捷菜单

在五笔字根键盘中将多个字根安排在同一个键位上，它们的区位号相同，并且使用同一个字母代码。例如，"王"、"五"两个字根同在G键上，它们的区位号都是"11"，在五笔字型输入法的编码中都使用字母"G"作为它们的代码。

> 130种基本字根中，可以独立成为一个汉字者，例如"王"、"木"、"工"等，称为成字字根。不能独立成为汉字者，例如"纟"、"氵"等，称为非成字字根。

3. 五笔字根的分布规律

用户面对这130个字根时，可能有一种无从下手的感觉。下面总结一些字根的分布规律来帮助记忆字根的所在键位。

（1）键名与区位的对应关系

从键盘分布图中可以看出，每个键的左上角都有一个键名汉字（X键上的"纟"除外）。例如，Q键的键名汉字为"金"，W键的键名汉字为"人"等。

表4.4列出了各键的区位号、代码、字母与键名的分布情况。其中，键位上表示区位号的数字或字母都可以用作该键上的字根的代码，叫做字根码。表中排的字根叫做该键上的笔画字根，各键上的笔画字根都由同种笔画构成，笔画的代号就是区号，笔画数等于位号。

表4.4 五笔字型编码方案区位键名和笔画字根表

	1		2		3		4		5	
横1	王	一 G	土	二 F	大	三 D	木	S	工	A
竖2	目	∣ H	日	∥ J	口	川 K	田	∥∥ L	山	M
撇3	禾	丿 T	白	彡 R	月	彡 E	人	W	金	Q
捺4	言	丶 Y	立	冫 U	水	氵 I	火	灬 O	之	P
折5	已	乙 N	子	巛 B	女	巛 V	又	C	纟	X

（2）部分字根外形相近

5个区位键上都有一个键名汉字，每个键名就是一个基本字根，这个键除了键名字根外，还代表了一些与键名汉字形态相近的字根，如表4.5所示。

表4.5 键名汉字形态相近的字根

键名	形似字根	说明
王	丰，五	与键名"王"字形似
田	甲，车	与键名字根形似
月	丹，乃，用	三个基本字根形似
言	讠，亠，主	三个基本字根形似

Win键相关的快捷键——Win + (+/-)

打开Windows放大、缩小功能

（3）字根首笔笔画代号与区号一致，第二笔画代码与位号一致

- "戋"的首两笔是"一"和"一"，所以区位号是11，放在11键，即放在"王"键。
- "古"、"石"、"厂"的首两笔是"一"和"丿"，所以区位号是13，应该把它们放在13键，即"大"键。
- "上"、"止"、"止"的首两笔是"丨"和"一"，所以区位号是21，应该把它们放在21键，即"目"键。
- "广"、"文"、"方"的首两笔是"丶"和"一"，所以区位号是41，应该把它们放在41键，即"言"键。

（4）部分字根的笔画个数与所在键的位号一致

五笔字型字根各位的代号是从键盘中心向外发射计数。

- 横区内从G～D分别为笔画字根代码"一"、"二"、"三"。
- 竖区内从H～L分别为笔画字根代码"丨"、"刂"、"川"、"川"。
- 撇区内从T～E分别为笔画字根代码"丿"、"彡"、"彡"。
- 捺区内从Y～O分别为笔画字根代码"丶"、"冫"、"氵"、"灬"。

掌握了以上4个规律，130个字根中90％以上的字根已经分配到各个键上。还有12个不符合上述4个规律的字根，需要另外记忆，它们是"丁"、"西"、"七"、"力"、"忄"、"小"、"心"、"羽"、"巴"、"力"、"匕"、"卜"。

4.4.4 根据字根口诀速记字根

要记住130个字根并分清哪些字根在哪个键位上，很不容易。为了便于学习与掌握，对每一区字根编写了一首助记词，还有些"诗味"，多念几遍，便能记住各键位有哪些字根。助记词共有5首，每句的第一字，都是对应键位上的"键名"汉字。

11　王旁青头戋（兼）五一（"王旁"指字根"王"，组字时还可用作左偏旁，"青头"是指"青"字的上半部分，"兼"与"戋"字同音，"五一"是指字根"五"和"一"）

12　土士二干十寸雨（除了这7个字根外，还应记住"革"字的下半部分"卄"字根）

13　大犬三羊（羊）古石厂（"羊"指羊字底"⺶"，除了羊字底外，其他都是字根。另外，"尹"、"长"字根的头三笔都是横）

14　木丁西

15　工戈草头右框七（"右框"即"匚"，"草头"是指"艹"，可以联想的字根是"卅"、"廿"、"卅"）

21　目具上止卜虎皮（"具上"指具字的上部"且"。这一句中，"具"、"虎"、"皮"分别指字根"且"、"厂"、"广"。这样，7个字说到了7个字根，余下的字根中"丨"和"卜"可与"卜"联想，"⺊"可与"止"联想）

22　日早两竖与虫依（"两竖"指字根"刂"，可联想字根"刂、刂、川"。"与虫依"即"虫"字）

23　口与川，字根稀（"口"的发音可与K联想，"字根稀"指它上面的字根稀少，"川"是笔画字根，而字根"川"是它的变体）

24　田甲方框四车力（"方框"即"囗"，如"回"字的外框，注意与K键上的"口"字根的区别）

25　山由贝，下框几（"下框"即"冂"，除"骨"字上半部分"冎"外，其余都是字根）

31　禾竹一撇双人立，（"双人立"即"彳"）反文条头共三一（"条头"即"夂"，"共三一"表示区位号为31）

32　白手看头三二斤（"看头"指"⺕"）

33　月彡（衫）乃用家衣底（"彡"读衫，"家衣底"是指"家"和"衣"两个字的下半部分，即"豖、衣"）

34　人和八，三四里

35　金勺缺点无尾鱼，（"勺缺点"即"勹"，"无尾鱼"指"鱼"，）犬旁留乂一点夕，氏无七（妻）（"氏无七"指"厂"）

41　言文方广在四一，高头一捺谁人去（"高头"即"亠"，"谁"去"亻"为"讠"和"圭"）

42　立辛两点六门疒（病）（"两点"即"丷"、"亠"、"冫"）

43　水旁兴头小倒立（"兴头"即"⺍、⺌"，"小倒立"指"⺌、⺍"）

44　火业头，四点米（"业头"指"⺌、⺊"）

45　之字军盖建道底，（"军盖"即"宀"、"冖"，"建道底"指"廴、辶"）摘礻（示）衤（衣）（"摘礻衤"即"衤"）

51　已半巳满不出己，左框折尸心和羽（"左框"即"コ"）

52　子耳了也框向上（"框向上"即"凵"）

53　女刀九臼山朝西（"山朝西"即"彐"）

54　又巴马，丢失矣（由"丢失矣"联想到"ス、マ、厶"）

55　慈母无心弓和匕，幼无力（"慈母无心"指"屮"，幼无力"幼无力"即"幺"）

4.4.5　汉字的拆分与输入

熟记口诀后，就可以练习汉字的拆分与输入了。

菜鸟充电站　**Win键相关的快捷键——Win + E**

打开资源管理器

1. 字根之间的结构关系

汉字是由基本字根拼合而成的。在拆分汉字时，把所有非基本字根拆分成彼此交叉相连的几个基本字根。这种交叉相连的字根关系可以概括为单、散、连和交4种类型。

（1）单字根结构

在字根之间的结构关系中，"单"应该理解为单独成为汉字的字根，即该汉字只有一个字根。具有这种结构的汉字包括键名汉字与成字字根汉字，如"金"、"王"、"言"和"虫"等。5种单笔画字根也属于这种结构。

（2）散字根结构

散字根结构汉字是指构成汉字的字根不止一个，并且组成汉字的基本字根之间有一定的距离，字根之间的位置属于左右型或上下型，如"江"、"汉"、"树"、"足"、"笔"、"字"与"型"等。

（3）连字根结构

连字根结构是指一个基本字根与一单笔画相连而组成的字。五笔字型中字根之间的相连关系特指以下两种情况。

① 单笔画与某基本字根相连，其中此单笔画连接的位置不限，可上可下，可左可右。例如：

生	"丿"连"丰"	千	"丿"连"十"	且	"月"连"一"
尺	"尸"连"乀"	不	"一"连"小"	主	"丶"连"王"
产	"立"连"丿"	下	"一"连"卜"	入	"丿"连"乀"

单笔画与基本字根间有明显间距者不认为相连。例如，"个"、"么"、"旦"、"旧"、"孔"、"乞"与"鱼"。

② 带点结构认为相连（一个基本字根之前或之后的孤立点，一律视作与基本字根相连），例如，"主"、"义"、"勺"、"术"、"太"、"丸"、"斗"与"头"。这些字中的点与另外的基本字根间可连可不连，可远可近。

在五笔字型中，上述①、②两种情况一律视为相连，即不承认它们之间是上下结构也不承认是左右结构。

（4）交叉字根结构

交叉字根结构是指几个基本字根交叉相叠构成的汉字，字根之间是没有距离的。例如：

末	"一"交"木"	夫	"二"交"人"
农	"冖"交"亻"	申	"日"交"丨"
必	"心"交"丿"	专	"二"交"乚"

OCR（Optical Character Recognition，光学字符识别）

将文字通过扫描仪输入为计算机图像文件，通过软件识别为中文或英文内码，再进行文字处理。

2. 汉字的拆分原则

汉字"夫"为什么要看作是"二"和"人"组合而成，而不是看作"一"和"大"组合而成呢？这就需要了解五笔字型输入法的拆分原则，这些原则是根据书写汉字时所熟悉的原则和汉字输入必须遵循的一些原则制定的。

（1）按"书写顺序"原则

书写顺序通常是从左到右、从上到下、从外到内。例如，"树"的取码顺序是"木（S）"、"又（C）"、"寸（F）"；"会"的取码顺序是"人（W）"、"二（F）"、"厶（C）"。

（2）按"取大优先"原则

拆分出来的字根的笔画数量尽量多，拆分的字根尽量少。例如，"未"应拆分为"二（F）"、"小（I）"，而不能拆分为"一"、"木"；"牛"应拆分为"𠂉（R）"、"丨（H）"，而不能拆分为"𠂉"、"十"。

（3）按"能散不连"原则

能拆分为"散"结构的字根就不拆分为"连"结构的字根。例如，"午"应拆分为"𠂉（T）"、"十（F）"，而不能拆分为"丿"、"干"。

（4）按"能连不交"原则

能拆分为互相连接的字根就不能拆分为相互交叉的字根。例如，"天"应拆分为"一（G）"、"大（D）"，而不能拆分为"二"、"人"。

（5）按"兼顾直观"原则

为了使拆分出来的字根容易辨认，有时就要暂时放弃上述的"书写顺序"、"取大优先"的原则。例如，"圆"应拆分为"囗（L）"、"口（K）"、"贝（M）"，而不能拆分为"冂"、"口"、"贝"、"一"。

3. 输入键面汉字

键面汉字是指在五笔字型字根表中存在的字根本身就是一个汉字，主要包括键名汉字、成字字根汉字和单笔画。

（1）输入键名汉字

从五笔字型字根键盘上可以看到，每个键的左上角有一个简单的汉字（X键的"纟"除外），它是键位上所有字根中最具有代表性的字根，称为"键名汉字"，如图4.23所示。

Win键相关的快捷键——Win + F

打开资源管理器搜索结果

图4.23 键名汉字

输入键名汉字的方法很简单，只需连击4次它们所在的键位即可（在五笔字型输入法下输入汉字时，要切换到小写状态）。例如：

金QQQQ　　　白RRRR　　　大DDDD
王GGGG　　　木SSSS　　　火OOOO

提示 要输入横（一）、竖（｜）、撇（丿）、捺（丶）与折（乙）5种基本笔画，首先按两次该单笔画所在的键位，再按两次L键。例如，要输入"｜"，由于"｜"所在的字母键为H，所以首先按两次HH，再按两次LL键。同样，"一"为GGLL，"丿"为TTLL，"丶"为YYLL，"乙"为NNLL。

（2）输入成字字根汉字

在130个基本字根中，除了25个键名字根外，还有几十个本身是汉字（如"四"、"早"、"虫"等）的字根，称它们为成字字根。键名和成字字根合称键面字，成字字根编码公式为：

键名代码+首笔代码+次笔代码+末笔代码

当成字字根仅为两笔时，只有三码，公式为：

键名代码+首笔代码+末笔代码

键名代码即所在键字母，击此键又称报户口。

例如，下面给出了几个成字字根的编码：

密技偷偷报 **Win键相关的快捷键——Win + L**

锁定计算机，回到登录窗口

字例		报户口	首笔	次笔	末笔
石	拆分	石	一	丿	一
	键码	D	G	T	G
四	拆分	四	丨	乙	一
	键码	L	H	N	G
贝	拆分	贝	丨	乙	、
	键码	M	H	N	Y
雨	拆分	雨	一	丨	、
	键码	F	G	H	Y
十	拆分	十	一	丨	
	键码	F	G	H	空格
力	拆分	力	丿	乙	
	键码	L	T	N	空格

说明：① 所有折笔都用乙代替；② 不足四码要加空格键。

（3）输入键外汉字

上述的键面汉字总共有100多个，而键外汉字是大量的。汉字输入编码主要是键外字的编码，含4个以上字根的汉字，用4个字根码组成编码，不足4个字根的键外字补一个字型识别码。

① 输入单个汉字

键外汉字的输入方法是：根据书写顺序，将汉字拆分为成字根，取汉字的第一、第二、第三和最末一个字根，并敲击这4个字根所在的键位，即可输入该汉字。不足4个字根的键外汉字补一个字型识别码。

下面给出一些字例：

字例	拆分	编码	击键
被	衤 皮 又	45 42 21 54	PUHC
段	亻三几又	34 13 25 54	WDMC
续	纟十乙大	55 12 51 13	XFND
紧	刂又幺小	22 54 55 43	JCXI
容	宀八人口	45 34 34 23	PWWK
磨	广木木石	41 14 14 13	YSSD
酸	西一厶夂	14 11 54 31	SGCT
键	钅彐二廴	35 53 12 45	QVFP

② 末笔字型识别码的使用

一个键外汉字不足4个字根，例如，要输入"仔"，需要拆分为"亻"、"子"，依次键入字根码W与B，发现会弹出如图4.24所示的字词候选框，显得很不方便。这时，就需补一个识别码。

菜鸟充电站 **Win键相关的快捷键——Win + M**

最小化当前窗口

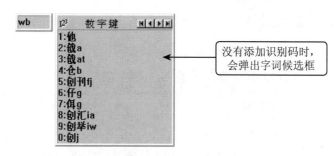

图4.24 字词候选框

识别码由两位组成，第一位（十位）是末笔画类型编号（横1、竖2、撇3、捺4与折5），第二位（个位）是字型代码（左右型1、上下型2与杂合型3）。把识别码看成一个键的区位码，就会得到交叉识别（字母）码，码表如表4.6所示。

表4.6 末笔画、字型交叉识别表

	左右1		上下2		杂合3	
横 1	11	G	12	F	13	D
竖 2	21	H	22	J	23	K
撇 3	31	T	32	R	33	E
捺 4	41	Y	42	U	43	I
折 5	51	N	52	B	53	V

请看以下几个实例：

字	字根	字根码	末笔代号	字型	识别码	编码
草	艹早	AJ	｜2	上下2	22 J	AJJ
苗	艹田	AL	一1	上下2	12 F	ALF
析	木斤	SR	｜2	左右1	21 H	SRH
灭	一火	GO	、4	杂合3	43 I	GOI
未	二小	FI	＼4	杂合3	43 I	FII
迫	白辶	RP	一1	杂合3	13 D	RPD
吧	口巴	KC	乙5	左右1	51 N	KCN
邑	口巴	KC	乙5	上下2	52 B	KCB

加识别码仍不足4码时，击空格键。单笔画与字根相连的字型为杂合型。

加识别码的作用是减少重码，加快选字。例如，不用识别码时，"旮"、"旯"、"旭"3个字重码，加识码后就分开了。

4.4.6　简码输入

在使用五笔字型输入法时，会发现有些汉字只需输入第一个或前两个字根加空格键，就能得到，这种方式称为简码输入。简码包括一级简码、二级简码和三级简码。

1. 输入一级简码

一级简码是用一个字母键和一个空格键作为一个汉字的编码。从11～55共25个键位，根据键位上字根的形态特征，每键安排了一个使用频率最高的汉字作为一级简码。这些高频率汉字的第一个字根在该键位的键名上或者就是键名。如，地——土，是——日，中——口，产——立，和——禾，的——白，工——工，人——人。这25个汉字的分布位置如图4.25所示。

图4.25　一级简码

用户可以练习输入下面这句话，以熟记一级简码。

在民发（地名）这一工地上，我同经国中（人名）不和了，有的人以为主要是为了地产。

2. 输入二级简码

二级简码就是只需按两个键，再加空格键就可以输入的汉字。这两个键是汉字前两个字根所在的键位。如"睡"字，应将其拆分为"目"、"丿"、"一"、"土"4个字根，需要输入HTGF，但"睡"是二级简码，只需输入HT再按空格键即可。

表4.7列出了86版的二级简码，如果为空则表示该键位上没有对应的二级简码。

菜鸟充电站　**Win键相关的快捷键——Win + R**

打开"运行"对话框

表4.7 二级简码

字母	G F D S A	H J K L M	T R E W Q	Y U I O P	N B V C X
G	五于天末开	下理事画现	玫珠表珍列	玉平不来	与屯妻到互
F	二寺城霜载	直进吉协南	才垢圾夫无	坟增示赤过	志地雪支
D	三夺大厅左	丰百右历面	帮原胡春克	太磁砂灰达	成顾肆友龙
S	本村枯林械	相查可楞机	格析极检构	术样档杰棕	杨李要权楷
A	七革基苛式	牙划或功贡	攻匠菜共区	芳燕东 芝	世节切芭药
H	睛睦眯盯虎	止旧占卤贞	睡睥肯具餐	眩瞳步眯瞎	卢 眼皮此
J	量时晨果虹	早昌蝇曙遇	昨蝗明蛤晚	景暗晃显晕	电最归紧昆
K	呈叶顺呆呀	中虽吕另员	呼听吸只史	嘛啼吵 喧	叫啊哪吧哟
L	车轩因困	四辗加男轴	力斩胃办罗	罚较 边	思团轨轻累
M	同财央朵曲	由则 崭册	几贩骨内风	凡赠峭 迪	岂邮 凤嶷
T	生行知条长	处得各务向	笔物秀答称	入科秒秋管	秘季委么第
R	后持拓打找	年提扣押抽	手折扔失换	扩拉朱搂近	所报归反批
E	且肝 采肛	胆肿肋肌	用遥朋脸胸	及胶膛 爱	甩服妥肥脂
W	全会估休代	个介保佃仙	作伯仍从你	信们偿伙	亿他分公化
Q	钱针然钉氏	外旬名甸负	儿铁角欠多	久匀乐炙锭	包凶争色
Y	主计庆订度	让刘训为高	放诉衣认义	方说就变这	记离良充率
U	闰半关亲并	站间部曾商	产瓣前闪交	六立冰普帝	决闻妆冯北
I	汪法尖洒江	小浊澡渐没	少泊肖兴光	注洋水淡学	沁池当汉涨
O	业灶类灯煤	粘烛炽烟灿	烽煌粗粉炮	米料炒炎迷	断籽娄烂
P	定守害宁宽	寂审宫军宙	客宾家空宛	社实宵灾之	官字安 它
N	怀导居 民	收慢避惭届	必怕 愉懈	心习悄屡忱	忆敢恨怪尼
B	卫际承阿陈	耻阳职阵出	降孤阴队隐	防联孙耿辽	也子限取陛
V	姨寻姑杂毁	旭如舅妯	九 奶 婚	妨嫌录灵巡	刀好妇妈姆
C	骊对参戏骎	骒台劝观	矣牟能难允	驻 驼	马邓艰双
X	线结顷 红	引旨强细纲	张绵级给约	纺弱纱继综	纪弛绿经比

二级简码尽可能记住，尤其是一些笔画比较多，容易按全码拆分却又常用的，如"睡"、"餐"、"载"等多加注意，这对于提高输入速度还是有很大帮助的。

3. 输入三级简码

三级简码就是按3个键，再加空格键即可输入的汉字。这3个键是汉字前3个字根所在的键位。此类汉字输入时，不能明显地提高输入速度。因为在打了3码后还必须打一个空格键，也要按4个键。由于省略了最后的字根码或末笔交叉识别码，因此对于提高速度来说，还是很有帮助的。例如：

华	全码	34 55 12 22（WXFJ）
	简码	34 55 12（WXF）省略了末笔交叉识别码J
情	全码	51 11 33 11（NGEG）
	简码	51 11 33（NGE）省略了末笔交叉识别码G

用户在输入单个汉字时，应该首先使用一级简码输入，其次是用二级简码、三级简码和全码输入。

密技偷偷报

Win键相关的快捷键——Win + T

任务栏的Alt+Tab

4.4.7 输入词组

为了提高输入速度，五笔字型输入法中提供了词组输入的功能。一个词组无论包含多少个汉字，最多只取4码。在五笔字型中，可以输入双字词组、三字词组、四字词组和多字词组。

1. 输入双字词组

双字词在汉语词汇中占有相当大的比重。熟练地掌握双字词组的输入是提高输入速度的重要一环。

双字词组的编码规则为：分别取这两个字的单字全码中的前两码，共为四码。例如：

字例	拆字	击键
电脑	日乙月宀	JNEY
工人	工工人人	AAWW
经济	纟乡冫文	XCIY
修理	亻丨王日	WHGJ
计划	讠十戈刂	YFAJ
领导	人、巳寸	WYNF
保证	亻口讠一	WKYG
成立	厂乙立立	DNUU
出现	凵山王冂	BMGM
节约	艹阝纟勹	ABXQ
汉字	氵又宀子	ICPB
机器	木几口口	SMKK
实践	宀丷口止	PUKH
金属	金金尸丿	QQNT

2. 输入三字词组

三字词组的编码规则为：取前两个字的单字全码中的第一码，最后一个字取其单字全码中的前两码，共为四码。例如：

字例	拆字	击键
电视机	日礻木几	JPSM
计算机	讠竹木几	YTSM
联合国	耳人口王	BWLG
办公室	力八宀一	LWPG
解放军	⺈方冖车	QYPL
生产率	丿立宀幺	TUYX
打印机	扌⺈木几	RQSM
日记本	日讠木一	JYSG

3. 输入四字词组

四字词组的编码规则为：每个字各取其单字全码中的第一码，共为四码。例如：

字例	拆字	击键
科学技术	禾⼩扌木	TIRS
日理万机	日王丁木	JGDS
艰苦奋斗	又艹大丷	CADU
光明日报	�业日日扌	IJJR
信息处理	亻丿夂王	WTTG
电话号码	日讠口石	JYKD
同心同德	冂乙冂彳	MNMT

4. 多字词编码规则

多字词是指多于4个字的词组，当词组的字数多于4个时，其编码规则为：取第一、第二、第三和最末一个字的单字全码中的第一码，共为四码。例如：

字例	拆字	击键
为人民服务	、人已夂	YWNT
中国共产党	口口共⺌	KLAI
中国人民解放军	口口人冖	KLWP
全国人民代表大会	人口人人	WLWW

对于常用词组，五笔字型大都能用词组输入法进行输入，仅有小部分不能用词组输入法输入。词组编码规则很简单，甚至于比单字编码还容易掌握。

4.5 应用技巧

技巧1：所用的输入法不见了，怎么办

如果语言栏中常用的输入法选项不见了，可以通过以下操作把它添加到语言栏中。

01 单击语言栏右侧的小三角箭头，在弹出的菜单中选择"设置"命令。

02 打开"文本服务和输入语言"对话框，单击"添加"按钮，在弹出的"添加输入法语言"对话框中向下拖曳滚动条；然后选择需要的输入法；最后单击"确定"按钮。

技巧2：不退出中文输入法，快速输入字母

输入一些中英文混合的文章时，可以不退出中文输入法而直接输入英文字母或单词吗？

大多数中文输入法均有中英文快速切换功能，并且切换的快捷键通常为Shift键。输入中文时只需按下Shift键即可切换为英文输入状态，再按一下便切换到中文输入状态。

密技偷偷报 **Win键相关的快捷键——Win + Break**

打开控制面板系统属性

第5章

使用Word 2010创建办公文档

　　作为初次接触电脑的用户以及广大办公人员，最需要掌握几个实用程序的使用，Office就符合要求，它是目前最广泛使用的办公软件之一，其中包括处理日常文字的Word、处理各种数据表格的Excel、制作演示文稿和幻灯片的PowerPoint等软件。

　　本章将通过创建和排版简单的"录用通知书"，让用户了解如何在Word 2010中输入文本、插入符号、输入日期和时间、保存文档以及关闭文档等。熟练掌握这些操作，是使用Word的基础。

5.1 Word界面快速预览

如果准备使用Word软件，必须先启动Word。如果是首次使用Word 2010，肯定会对其界面感到既新鲜又陌生，需要熟悉其操作环境。

5.1.1 启动Word 2010

启动Word应用程序与启动其他应用程序的方法相同，具体操作步骤如下：

01 单击"开始"按钮，然后指向或单击"所有程序"选项，可以切换到"所有程序"菜单。

02 单击Microsoft Office文件夹，在展开的子菜单中单击Microsoft Word 2010，如图5.1所示。

图5.1 启动Word

5.1.2 认识Word 2010界面

启动Word 2010后，如果是首次使用，会对其界面感到陌生。用惯了早期Word版本的工具栏和菜单式的操作，在Word 2010的新界面中可能不太容易找到相应的操作。因此，学习新界面是掌握Word 2010的第一步。

启动Word 2010程序后，在打开的主窗口中包括"文件"选项卡、快速访问工具栏、标题栏、功能区、编辑区以及状态栏等部分，如图5.2所示为Word 2010的操作界面。

在Word 2010窗口中，退出Word 2010的快捷键是什么？

按下Alt+F4即可退出Word 2010。

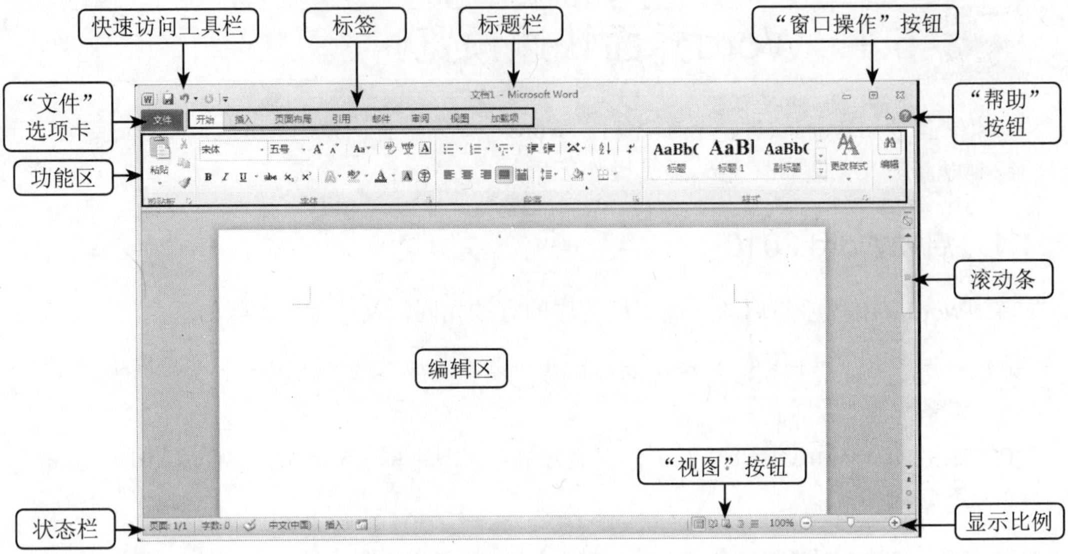

图5.2 Word 2010操作界面的组成

- "文件"选项卡：与Word 2007相比，Word 2010界面最大的变化就是使用"文件"选项卡替代了原来位于程序窗口左上角的Office按钮。打开"文件"选项卡，用户能够获得与文件有关的操作选项，如"打开"、"另存为"或"打印"等。

- "文件"选项卡实际上是一个类似于多级菜单的分级结构，分为3个区域。左侧区域为命令选项区，该区域列出了与文档有关的操作命令选项。在这个区域选择某个选项后，右侧区域将显示其下级命令按钮或操作选项。同时，右侧区域也可以显示与文档有关的信息，如文档属性信息、打印预览或预览模板文档内容等。

- 快速访问工具栏：快速访问频繁使用的命令，如"保存"、"撤销"和"重复"等命令。在快速访问工具栏的右侧，可以通过单击下拉按钮，在弹出的菜单中选择Word已经定义好的命令，即可将选择的命令以按钮的形式添加到快速访问工具栏中。

- 标题栏：位于快速访问工具栏的右侧，在标题栏中从左至右依次显示了当前打开的文档名称、程序名称、窗口操作按钮（"最小化"按钮、"最大化"按钮、"关闭"按钮）。

- 标签：单击相应的标签，可以切换到相应的选项卡，不同的选项卡中提供了多种不同的操作设置选项。

- 功能区：在每个标签对应的选项卡中，按照具体功能将其中的命令进行更详细的分类，并划分到不同的组中，如图5.3所示。例如，"开始"选项卡的功能区中收集了对字体、段落等内容设置的命令。

怎样调节显示比例？

用户可以通过拖动显示比例中间的缩放滑块来调节工作区的显示比例。

图5.3 功能区的组成

提示 有些选项卡只有在特定操作时才会显示出来,例如,当在文档中选择插入的图片时,会在功能区中显示"图片工具"的"格式"选项卡。将光标定位到文档中的表格时,将会显示"表格工具"的"设计"和"布局"选项卡。

● 编辑区:是Word窗口中面积最大的区域。用户可以在内容编辑区中输入文字、插入图片、绘制图形、插入表格和图表,还可以设置页眉页脚的内容、设置页码。通过对内容编辑区进行编辑,可以使文档变得丰富多彩。

● 滚动条:拖动滚动条可以浏览文档的整个页面内容。

● 状态栏:位于主窗口的底部,通过状态栏可以了解当前的工作状态。例如,可以通过单击状态栏上的按钮快速定位到指定的页、查看字数、设置语言,还可以改变视图方式和文档页面的显示比例等。

5.2 输入"录用通知书"

启动Word 2010时,自动打开一个名为"文档1"的空白文档,让用户直接在该窗口输入内容。文档窗口中有一个闪烁着的竖线,称为"插入点",表示下一个键入的字符将出现的位置。

5.2.1 选择中文输入法

刚打开Word时,处于英文输入状态下,只能通过键盘直接输入英文字母、数字及键盘上可打印的符号。当需要输入大写字母时,按下大写锁定键Caps Lock后输入英文字母即可;再按一下该键即可返回小写字母输入状态。

在文档中输入汉字时,需要切换到中文输入法状态。按Ctrl+空格键,屏幕上会出现如图5.4所示的中文输入法提示栏。

"快速访问工具栏"变得越来越长,要解决这个问题首先应当做什么?

右键单击"快速访问工具栏"中的按钮,从列表中选择【从快捷访问工具栏删除】选项。

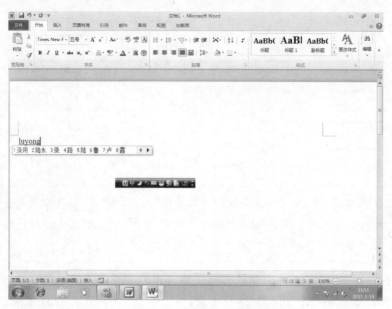

图5.4 中文输入法提示栏

如果要切换到其他的中文输入法，可以按Ctrl+Shift快捷键。此外，也可以单击任务栏上的语言指示器，弹出如图5.5所示的"输入法"菜单，从菜单中单击自己喜欢的输入法。

图5.5 从"输入法"菜单中选择所需的输入法

5.2.2 标点符号的输入

中英文的标点符号有着显著的不同，例如，英文的句号是实心的小圆点"."，而中文的句号是空心的圆"。"。由于键盘上没有相应的中文标点，Windows就在某些键盘按键上定义了常用的中文标点。这样，中英文标点符号之间就有了某种对应关系。

为了输入中文标点符号，先选择一种中文输入法，并按Ctrl+.（句号）切换到中文标点状态，然后按键盘上的某个按键，可以输入相应的中文标点。表5.1给出了一些常用的中英文标点符号的对照表。

如何关闭功能区？

通过"自定义快速访问工具栏"右侧下拉选项中的功能区最小化，给编辑区腾出地方。

表5.1 常用中文标点和英文标点的对照表

键盘按键	中文标点
.	。句号
,	，逗号
;	；分号
:	：冒号
\	、顿号
^	……省略号
—	——破折号
@	·间隔号
$	￥人民币符号
"	""双引号（第一次按相应按键，输入左"，第二次按输入右"）
'	''单引号（第一次按相应按键，输入左'，第二次按输入右'）
<	《<左双、单书名号
>	》>右双、单书名号

5.2.3 开始输入文本

了解以上内容后，就可以在空白文档中输入"录用通知书"文档了。具体操作步骤如下：

01 按Ctrl+空格键，切换到中文输入法状态下。

02 输入该文档的标题"录用通知书"，然后按回车键开始一个新段，如图5.6所示。

图5.6 输入标题"录用通知书"

03 输入文档的正文。当输入到文档的右边界时不要按回车键，因为Word具有自动换行的功能。

04 继续输入文档的内容，如图5.7所示。

如何在功能区下方显示快速访问工具栏？

在"Word选项"对话框中，选中"快速访问工具栏"→"在功能下方显示快速访问工具栏"复选框。

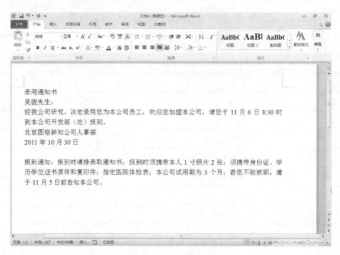

图5.7 输入文档的内容

在输入过程中，如果不小心输入了一个错字或字符，可以按Backspace键删除插入点前面的字符，然后输入正确的文字即可。

5.3 快速排版"录用通知书"

为了使"录用通知书"更加美观，可以对其快速排版。具体操作步骤如下：

01 单击标题"录用通知书"的左侧，然后按住鼠标左键不放并拖过"录用通知书"将其选择，如图5.8所示。

02 单击"开始"选项卡中"字体"列表框右侧的向下箭头，出现如图5.9所示的"字体"下拉列表。

03 拖动字体列表右边的滚动条，找到所需的字体。例如，单击"隶书"，就可以把选择的文本更改为隶书，操作过程如图5.10所示。

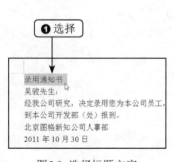

图5.8 选择标题文字

图5.9 选择字体

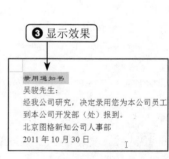

图5.10 设置标题的字体

04 选择"录用通知书"，单击"开始"选项卡中"字号"列表框右侧的向下箭头，出现

菜鸟充电站

如何定制用户界面的颜色？

打开"Word选项"对话框，在"常规"→"配色方案"列表框中指定Office使用的配色方案即可。

"字号"下拉列表，如图5.11所示。

05 从"字号"下拉列表中选择"一号"，操作过程如图5.12所示。

图5.11 选择字号　　　　　　　　　图5.12 设置标题的字号

06 利用鼠标拖动选择文档的正文，单击"开始"选项卡中"字号"列表框右侧的向下箭头，从下拉列表中选择"小四"，如图5.13所示。

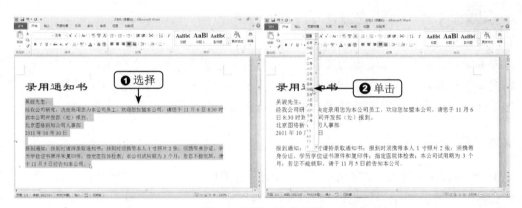

图5.13 设置正文的字号

07 单击标题"录用通知书"的任意位置，然后单击"开始"选项卡的"段落"组中的"居中"按钮，使标题居中，如图5.14所示。

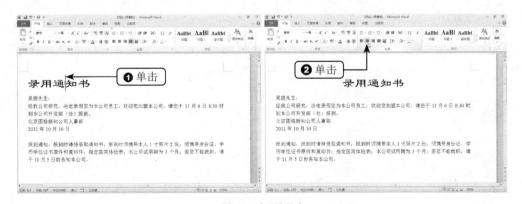

图5.14 标题居中

如何保持兼容性？

在"Word选项"对话框中，在"保存"→"将文件保存为此格式"列表框中选择"Word 97-2003文档"。

08 选择 "北京图格新知公司人事部" 和 "2011年10月30日"。

09 单击 "开始" 选项卡的 "段落" 组中的 "右对齐" 按钮，使落款右对齐，如图5.15所示。

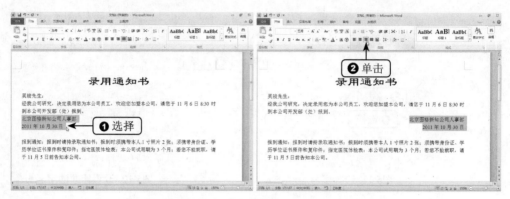

图5.15 使落款右对齐

5.4 保存和关闭文档

为了将新建的或经过编辑的文档永久存放在计算机中，需要保存文档。文档的保存是非常重要的操作，工作过程中养成随时保存文档的习惯，可以避免因为计算机死机、意外断电或误操作等意外情况造成损失。如果不想使用某个文档时，还可以将其关闭。

5.4.1 保存文档

Word 2010在新建文档时自动为新文档赋予了类似 "文档1" 这样的名称，却没有为其分配在磁盘上的文件名，因此保存新建文档时，需要为文档指定一个文件名。

如果要保存新建的文档，可以按照下述步骤进行操作：

01 单击 "文件" 选项卡，在展开的菜单中单击 "保存" 命令，出现 "另存为" 对话框。

02 在 "文件名" 文本框中输入文件名；在 "保存位置" 下拉列表框中选择文件要保存的位置。

03 单击 "保存" 按钮，如图5.16所示。

图5.16 保存文档

如何实时预览文档格式？

在 "Word选项" 对话框中，勾选 "常规" → "启用实时预览" 复选框，确认后即可生效。

对已有的文档修改后，请单击快速访问工具栏上的"保存"按钮 📙，Word将修改后的文档自动保存到原来的文件夹中，此时不再出现"另存为"对话框，还可以直接按下Ctrl+S快捷键进行保存。

如果要为现有文档做一个备份，则可以使用"另存为"命令将文档另外保存在其他的位置。单击"文件"选项卡，在展开的菜单中单击"另存为"命令，在弹出的"另存为"对话框中指定新的保存位置和名称即可。

5.4.2　关闭文档

关闭文档是将当前的文档窗口关闭，这样用户就不能再对文档进行编辑处理。

如果要关闭当前正在编辑的文档，可以单击"文件"选项卡，在展开的菜单中选择"关闭"命令，或者单击文档窗口右上角的 ✕ 按钮。如果在上次保存文档之后对文档进行了修改，Word 2010将出现如图5.17所示的对话框，询问是否要保存所做的修改。

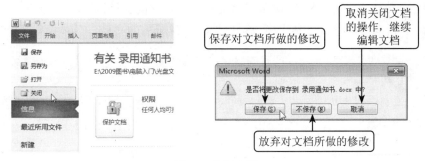

图5.17　关闭文档

5.5　应用技巧

技巧1：快速新建空白文档

如果要在启动Word 2010后，还要新建一个空白文档，不必重新启动Word，可以采取如下的方法：

01 单击"文件"选项卡，在展开的菜单中选择"新建"命令，然后单击"可用模板"列表中的"空白文档"选项，然后单击"创建"按钮。

02 新建空白文档后，用户可以根据需要进行编辑，如图5.18所示。

Word为什么打一字消一字？

Word下方状态栏中有"改写"字样，单击它变成"插入"字样的就行了。

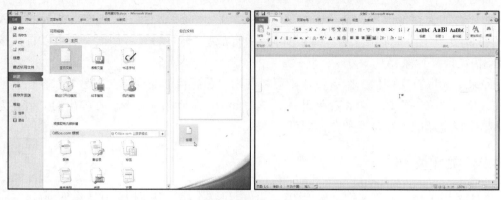

图5.18 新建空白文档

另外，还可以按Ctrl+N快捷键快速新建一个空白文档。

技巧2：利用模板新建带格式的文档

模板是Word 2010提供的一些按照应用文规范所创建的文档，在其中已填充这些文体固定的内容，并且设置好格式。利用模板可以快速新建所需的文档，具体操作步骤如下：

01 单击"文件"选项卡，在展开的菜单中选择"新建"命令，然后单击"可用模板"列表中的"样本模板"选项。

02 此时会显示样本模板列表，选择要应用的模板。例如，单击"平衡报告"图标。

03 单击"创建"按钮，将根据所选模板样式创建新的文档，如图5.19所示。

图5.19 利用模板创建文档

用户可以单击占位符的位置，然后输入所需的文本即可，这样大大地简化了工作，从而提高了工作效率。

菜鸟充电站 **Word中怎样设置每页不同的页眉？**

插入分节符，每节可以设置不同的页眉。

第6章

编辑"新员工培训须知"文档

编辑通常是对一个已完成录入的文档或磁盘文件进行内容上的添加、复制、移动、删除与修改等操作。

本章将通过编辑"新员工培训须知"文档，介绍如何利用Word强大的编辑功能，将文档中的错误之处修改正确。

6.1 打开文档

对于已经保存的文档，若要对其进行编辑、排版和打印等操作时，需要先打开文档。所谓打开文档，就是在屏幕上开辟一个Word窗口，把文档从磁盘读到内存中，并且在窗口中显示文档内容。

打开文档的具体操作步骤如下：

01 单击"文件"选项卡，在展开的菜单中单击"打开"命令。

02 弹出"打开"对话框，在"查找范围"下拉列表框中选择要打开文件的位置，并选择需要打开的文件。

03 单击"打开"按钮。此时，在Word 2010窗口中就打开了指定的文档，如图6.1所示。

图6.1 打开文档

> **提示** 纯文本文件即记事本文件，此类文件虽然没有强大的功能支持，但是具有编辑方便，占用系统资源较少的优点，因此，很多人喜欢用它来记录纯文本资料。
> 而Word不但可以打开文本文件，还可以对其作进一步的编辑。单击"文件"选项卡，在展开的菜单中单击"打开"命令，弹出"打开"对话框，选择"文本文件（*.txt）"为文件类型，然后选择文本文件的路径，单击"打开"按钮，打开文件后即可在Word中进行编辑。

6.2 插入文本

如果要在文档中插入文本，可以按照以下步骤进行操作：

01 将插入点移到要插入文本的位置。例如，移到"新员工"之前。

02 输入要添加的文本"2011年度集团公司"。如图6.2所示就是插入文本的示例。

为什么改一个页眉就全部修改了？

插入连续的分节符，修改下一个页眉前，单击"链接到前一条页眉"按钮。

图6.2 插入文本

如果用户插入新文本时，覆盖了原来位于插入点后的文本，表明当前处于改写状态。如果要知道当前是插入状态 插入 还是改写状态 改写 ，可以查看状态栏上的提示。

单击状态栏中的"插入"框或者按Insert键，可以在插入状态和改写状态之间进行切换。

6.3 插入特殊符号

特殊符号是指通过键盘无法输入的符号，这就需要通过Word中插入符号的功能来实现。具体操作步骤如下：

01 将光标定位在要插入符号的位置，切换到"插入"选项卡，单击"符号"组中的"符号"按钮，在展开的菜单中选择"其他符号"命令，如图6.3所示。

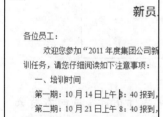

图6.3 选择"其他符号"

02 打开"符号"对话框，在"字体"下拉列表框中选择Wingdings选项（不同的字体存放着不同的字符集），在下方选择要插入的符号。

03 单击"插入"按钮，就可以在插入点处插入该符号。单击文档中要插入其他符号的位置，然后单击"符号"对话框中要插入的符号，结果如图6.4所示。如果不需要插入符号时，单击"关闭"按钮关闭"符号"对话框即可。

合并两个Word文档时，如何保证页眉不同？

在"设计"选项卡中，选中"奇偶页不同"复选框，并单击"链接到前一条页眉"按钮。

图6.4 在文档中插入符号

6.4 选择文本

在Word中，要对某一区域的文本进行操作，必须选择该区域，选择的区域将高亮显示。利用鼠标选择文本的方法如下：

● 选择任意数量的内容：按住鼠标左键不放并拖过要选择的文字，如图6.5所示。

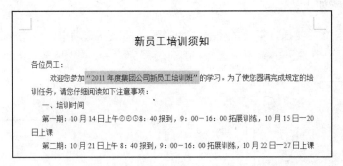

图6.5 选择任意数量的内容

● 选择一行：将鼠标指针指向段落左侧的选择栏，使鼠标指针变成向右箭头，单击鼠标左键，如图6.6所示。
● 选择一段：将鼠标指针指向段落左侧的选择栏，鼠标指针变成向右箭头，双击鼠标左键。
● 选择一大块文本：单击要选择文本的起始处，然后滚动到要选择内容的结尾处，在按住Shift键的同时单击。
● 选择全文：单击"开始"选项卡的"编辑"组中的"选择"按钮，选择"全选"命令，如图6.7所示。

怎样使Word文档只有第一页没有页眉和页脚？

在"页眉和页脚"的"设计"选项卡中，选中"首页不同"复选框。

三、培训班管理规定

1、培训班实行考勤制度，请员工按照《新员工培训计划安排表》准时参加培训，不得迟到早退，不得无故旷课。员工每日应提前 10 分钟进入教室上课，实行上下午签到制。如有极特殊情况不能参加培训者，应向人力资源部请假。如迟到、早退、旷课累计三次，终止培训退回原单位处理。

2、培训实行学分制，培训课程的学分计算方法为：每门培训课程均有相应的学分（见附表），本次课程的总学分为 100 分。培训结束后，满 100 学分颁发结业证书，否则按照《民

图6.6 选择一行　　　　　　　　　　　　　图6.7 选择"全选"命令

● 选择不连续的文本：先选择第一个文本区域；再按住Ctrl键，选择其他的文本区域，如图6.8所示。

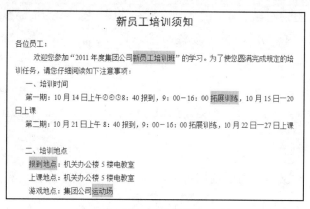

新员工培训须知

各位员工：

欢迎您参加"2011 年度集团公司新员工培训班"的学习。为了使您圆满完成规定的培训任务，请您仔细阅读如下注意事项：

一、培训时间

第一期：10 月 14 日上午②③③8：40 报到，9：00～16：00 拓展训练，10 月 15 日—20日上课

第二期：10 月 21 日上午 8：40 报到，9：00～16：00 拓展训练，10 月 22 日—27日上课

二、培训地点

报到地点：机关办公楼 5 楼电教室
上课地点：机关办公楼 5 楼电教室
游戏地点：集团公司运动场

图6.8 选择不连续的文本

如果选择的文本并非所需的，只需在文档的任意位置单击鼠标左键，即可取消文本的选择状态。

 # 6.5 复制与移动文本

复制与移动的目的是对文本进行重复与移动使用，执行了复制或移动的操作后，为了将选中的内容转移到目标位置，还需要进行粘贴的操作。

6.5.1 复制文本

向文档中输入文本时，如果在文档前面或者在别的文档中已经输入过同样的内容，可用复制功能来节省重复输入文本的时间。

复制文本的具体操作步骤如下：

01 选择要复制的文本，切换到功能区中的"开始"选项卡，在"剪贴板"组中单击"复制"按钮 。此时从视觉效果上看窗口中没有任何变化，但选择的文本实际上已经被存放到剪贴板中。

密技偷偷报　　Word页眉自动出现一根直线，请问怎么处理？

切换到页眉中，打开"边框和底纹"对话框，将"段落"的边框设置为"无"。

将插入点移到要进行粘贴的位置。切换到功能区中的"开始"选项卡，在"剪贴板"组中单击"粘贴"按钮，如图6.9所示。

图6.9 复制文本

> **提示** 如果要在短距离内复制文本，可以按住Ctrl键，然后拖动选择的文本块。到达目标位置后，先释放鼠标左键，再放开Ctrl键。

6.5.2 移动文本

如果要将一段或者多段文本从一个位置移到另一个位置，就需要使用移动功能。

1. 利用拖放法移动文本

如果是短距离移动文本，可以利用拖放法移动文本。具体操作步骤如下：

01 将鼠标指针指向选择的文本，鼠标指针变成箭头形状。

02 按住鼠标左键拖动，出现一条虚线插入点表示将要移到的目标位置。

03 释放鼠标左键，选择的文本从原来的位置移到新的位置，如图6.10所示。

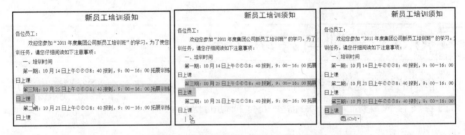

图6.10 将选择的文本移到新位置

2. 利用剪贴板移动文本

如果要长距离移动文本，可以利用剪贴板。具体操作步骤如下：

01 选择要移动的文本，切换到功能区中的"开始"选项卡，在"剪贴板"组中单击"剪切"按钮，选择的文本将从原位置处删除，被存放到剪贴板中。

02 将插入点移到目标位置。切换到功能区中的"开始"选项卡，在"剪贴板"组中单击

菜鸟充电站 | **在Word中，怎么将页眉的单直线改成双线？**

切换到页眉中，打开"边框和底纹"对话框，选择"样式"为双线，并单击"下边框"按钮。

"粘贴"按钮 即可。

6.6 撤销与恢复操作

编辑文档时，难免会有一些错误的操作，如误删了不该删除的内容等。Word提供了非常实用的撤销和恢复操作功能。撤销操作是将编辑状态恢复到刚刚所做的插入、删除、复制或移动等操作之前的状态；恢复操作是恢复最近一次被撤销的操作。

如果要执行撤销操作，可以单击"快速访问"工具栏上的"撤销"按钮 。

Word允许撤销多步操作，就是可以回到若干步操作之前的状态。连续单击"撤销"按钮，就可以达到目的。也可以单击"撤销"按钮右侧的向下箭头，从弹出的下拉列表中选择要撤销的多步操作。

恢复操作是撤销操作的逆操作，可以使刚刚执行的"撤销"操作失效，恢复到撤销操作之前的状态。如果要执行恢复操作，可以单击"快速访问"工具栏上的"恢复"按钮 。

当然，未对文档进行修改，就不能执行"撤销"操作，"快速访问"工具栏上的"撤销"按钮呈灰色状态显示。同样，如果未执行过"撤销"操作，将不能执行"恢复"操作，"快速访问"工具栏上的"恢复"按钮呈灰色显示状态。

6.7 查找与替换

要在一篇很长的文章中找一个词语，可以借助于Word 2010提供的查找功能。同样，如果要将文章中的一个词语用另外一个词语来替换，当这个词语在文章中出现的次数较多时，可以借助于Word 2010提供的替换功能。

6.7.1 使用导航窗格查找文本

Word 2010中新增了导航窗格，通过窗格可以查看文档结构，也可以对文档中的某些文本内容进行搜索，搜索到需要的内容后，程序会自动将其进行突出显示。具体操作步骤如下：

01 将光标定位到文档的起始处，切换到"视图"选项卡，选中"显示"组中的"导航窗格"复选框，弹出"导航"任务窗格，在"搜索文档"文本框中输入要查找的内容。

02 打开任务窗格后，在窗格上方的搜索文本框中输入要搜索的文本内容。

03 Word将在"导航"窗口中列出文档中包含查找文字的段落，同时会自动将搜索到的内容以显突出显示的形式显示，如图6.11所示。

如何将Word文档里的繁体字改为简化字？
"审阅"选项卡中，单击"中文简繁转换"选项组中的"繁转简"按钮。

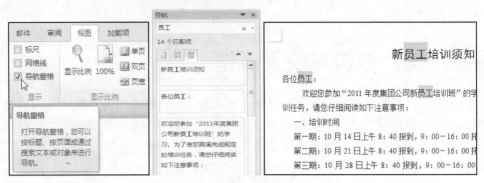

图6.11 查找到指定的内容

6.7.2 在"查找和替换"对话框中查找文本

查找文本时，还可以通过"查找和替换"对话框来完成查找操作，使用这种方法，可以对文档中的内容一处一处地进行查找，也可以在固定的区域内查找，具有比较大的灵活性。具体操作步骤如下：

01 单击"开始"选项卡"编辑"组中的向下箭头，展开列表后，单击"替换"选项。

02 弹出"查找和替换"对话框，切换到"查找"选项卡，在"查找内容"文本框中输入要查找的内容，然后单击"在以下项中查找"按钮，在弹出的下拉列表中单击"主文档"选项，如图6.12所示。

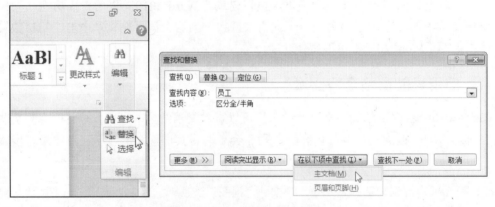

图6.12 "查找和替换"对话框

03 经过上述操作后，程序会自动执行查找操作，查找完毕后，所有查找到的内容都会处于选中状态，如图6.13所示。

怎样微调Word表格线？

选定上下两个单元格，按下Alt键，再拖动表格线。

图6.13 查找到指定的内容

6.7.3 替换文本

替换功能用于将文档中的某些内容替换为其他内容,使用该功能时,将会与查找功能一起使用。具体操作步骤如下:

01 单击"开始"选项卡"编辑"组中的向下箭头,展开列表后,单击"替换"选项。

02 弹出"查找和替换"对话框,在"替换"选项卡的"查找内容"与"替换为"文本框中分别输入要查找的内容和要替换的内容,然后单击"查找下一处"按钮,如图6.14所示。

图6.14 "替换"选项卡

怎么把Word文档中已经有的分页符去掉?

在"开始"的"段落"组中,单击"显示/隐藏编辑标记"按钮,移到分页符上按Delete键。

03 单击"查找下一处"按钮后，文档中第一处查找到的内容就会处于选中状态，需要向下查找时，再次单击"查找下一处"按钮，出现要替换的内容后，单击"替换"按钮。

04 经过上述操作后，查找到的内容就被替换完毕，如图6.15所示。用户还可以直接单击"全部替换"按钮，将文章中所有的内容替换为新内容。

 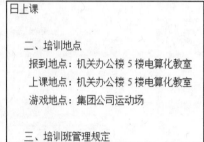

图6.15 替换文本

 ## 6.8 应用技巧

技巧1：打开其他类型的文档

Word 2010允许打开许多的文件类型，除了Word文档外，还可以打开文本文件、文档模板、RTF格式以及低版本Word文档等。具体操作步骤如下：

01 单击"文件"选项卡，在展开的菜单中单击"打开"命令，打开"打开"对话框。

02 在"打开"对话框中单击"文件类型"列表框右侧的向下箭头，从下拉列表中选择所需的文件类型，如图6.16所示。

图6.16 选择文件类型

Word 中下标的大小可以修改吗？

可以修改。选中下标文本，然后修改字号即可。

03 在文件列表框中选择要打开的文件，然后单击"打开"按钮。

技巧2：快速跳转到文档中指定的页

当一篇文章较长时，利用鼠标拖动滚动条来翻页不但非常慢，而且难以准确地找到指定的页，想要快速跳到文档中指定的页，则必须使用"定位"命令。具体操作步骤如下：

01 单击"开始"选项卡的"编辑"组中的"查找"按钮，在展开的下拉列表中选择"转到"命令，或者单击状态栏上的"页面"所在的区域，弹出如图6.17所示的"查找和替换"对话框并显示"定位"选项卡。

02 在"定位目标"列表框中选择定位的类型。例如，选择"页"。在"输入页号"文本框中输入具体的页号。例如，输入"4"。

03 单击"定位"按钮，插入点迅速跳转到第4页第一行的起始位置。

04 单击"关闭"按钮。

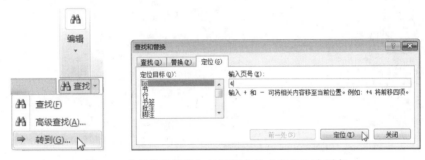

图6.17 "查找和替换"对话框中的"定位"选项卡

技巧3：将相同的文字替换为图片

在编辑文档时，用户可能需要将某些文字以图片（例如图示或特殊符号）显示，这时可以利用"替换"功能，将文档中的相同文字替换为图片。具体操作步骤如下：

01 将准备好的图片复制到剪贴板。

02 按Ctrl+H快捷键，打开"查找和替换"对话框。

03 在"替换"选项卡的"查找内容"文本框中，输入要替换为图片的文字。

04 将插入点移到"替换为"文本框中，单击"特殊格式"按钮，从弹出的列表中选择"'剪贴板'内容"选项，如图6.18所示。

Word中怎么自动生成目录？

首先用样式编排文章中的小标题，然后单击"引用"→"目录"按钮。

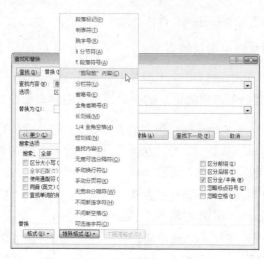

图6.18 选择"'剪贴板'内容"选项

05 单击"全部替换"按钮，然后单击"确定"按钮。

菜鸟充电站　　Word的文档结构图能否完整复制吗？

可以自动生成，采用插入目录的方法即可。

第7章

初级排版——表彰通报

在公司的日常工作中，经常会以通报的形式进行表彰。当我们输入文档后，还需要对其进行格式设置，使文档更加美观。

本章将详细介绍利用Word排版文档的基本方法与技巧，让用户认识行文工作的基本过程，掌握排版的技巧，保证文档的质量，形成职业化的行文习惯。

7.1 文字格式编排

文字格式编排决定字符在屏幕上和打印时的出现形式。Word 2010的排版功能非常强大，而且简单易学，相信用户很快就能够排版出美观实用的文档。

7.1.1 设置字体

在文章中适当地变换字体，可以使文章显得结构分明、重点突出。日常文书处理过程中，对于文字格式（字体、字号等）都有固定的要求（见表7.1）。

表7.1 常规行文过程中的标准字体应用

中文字体	英文字体	用途
黑体	Arial或加粗	文章标题，以及需要突出显示的文字内容
宋体、仿宋体	Times New Roman或Courier New	常规正文段落，以及子标题段落用字体
楷体、行楷	Brush Script	修饰型文字（如手写体等）

例如，将文档中的公文抬头改为黑体，可以按照下述步骤进行操作：

01 选定要改变字体的公文抬头。

02 单击"开始"选项卡的"字体"组中的"字体"列表框右侧的向下箭头，展开"字体"下拉列表。

03 拖动字体列表右边的滚动条，找到所需的字体。例如，单击"黑体"，就可以把选定的文本改为黑体。

04 重复上述步骤，将文档的标题也改为"黑体"，操作过程如图7.1所示。

图7.1 改变字体

当用户选定要排版的文字后，只要将鼠标慢慢移到选定文字的上方，会从模糊到逐渐清晰地显示浮动工具栏。利用浮动工具栏上的按钮可以快速排版文字，如图7.2所示。

菜鸟充电站 创建目录时，有什么办法使右边的页码居中或居右对齐？

绘制表格，把页码放到一个格子中靠右或居中，然后让表格的线条消隐就可以了。

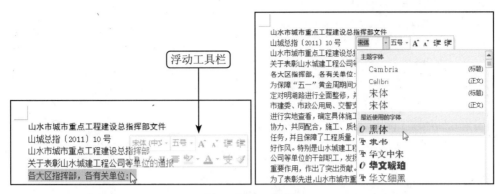

图7.2 浮动工具栏

如果要改变英文的字体，可以先选定英文字母，然后从"字体"下拉列表中选择英文字体。

有时，选定的文本中可能包含中文和英文。如果全部设置为中文字体，则英文字母和符号在相应的中文字体下显得很难看，与汉字对齐得不好。最好的方法是通过"字体"对话框分别设置中文字体和英文字体。例如，要将文件号以及正文的中文字体设置为仿宋体，英文字体设置为Times New Roman。具体操作步骤如下：

01 选定要改变字体的文本，例如，除标题外的其他正文。

02 单击"开始"选项卡中"字体"组右下角的"显示字体对话框"按钮，弹出如图7.3所示的"字体"对话框。

图7.3 "字体"对话框

03 在"中文字体"列表框中选择要设置的中文字体。在"西文字体"列表框中选择要设置的英文字体。

04 单击"确定"按钮，结果如图7.4所示。

密技偷偷报

在存盘时出现：磁盘已满或打开文件过多不能保存，如何解决？

把文档全选并复制，关掉Word，电脑提示剪贴板上有东西，选择是，再重新粘贴到Word中。

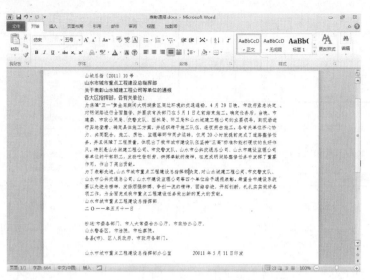

图7.4 将文档正文改为仿宋体

7.1.2 改变字号

所谓字号，就是指字的大小。在Word中有两种表示文字大小的方法，一种以"号"为单位，如一号、小二号等，以"号"为单位时，号数越小显示的文字越大，初号字最大；另一种以"磅（点）"为单位，如16磅等，以"磅（点）"为单位时，磅数越小显示的文字越小。1磅约为0.35毫米，常用的五号字约10.5磅。日常文字对字号也存在基本要求（见表7.2）。

表7.2 常规行文过程的标准字号规则

用途	中文字号	英文字号
文章标题	一级标题：二号（文件或书） 二级标题：四号（文件或书）	18磅 14磅
常规正文段落	四号（文件） 五号（书刊）	14磅 10.5磅

用户可以很方便地改变文本的字号。例如，将文档的公文抬头由默认的五号改为二号，可以按照下述步骤进行操作：

01 选定要改变字号的文本。

02 单击"开始"选项卡中"字号"列表框右侧的向下箭头，展开"字号"下拉列表。从"字号"下拉列表中选择字号时，可以在文档中预览选择该字号后的效果。

03 单击"字号"下拉列表中的"二号"。

04 重复上述步骤，将文号与正文的字号改为四号；标题的字号改为三号，如图7.5所示。

怎么把Word里面的表格原样粘贴到PowerPoint中？

先把表格复制到Excel中，然后复制到PowerPoint中，是个比较好的办法。

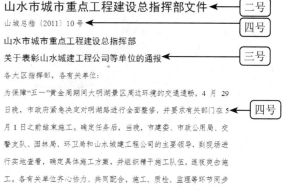

图7.5 改变文档的字号

当然，用户还可以单击 A̅ 或 A̅ 按钮，快速改变选定文字的字号。

7.1.3 改变字形

为了强调某些文字，经常需要改变文字的字形，例如，将文字设为粗体或斜体，在文字下面划一条线等。

设置字形的操作步骤如下：

01 选定要设置字形的文字。

02 单击"开始"选项卡的"字体"组中的相应按钮，如图7.6所示。

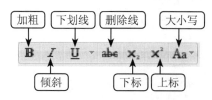

图7.6 设置字形的按钮

如果要取消已经存在的某种字形效果，可以选定该文字区域，再次单击"字体"组中相应的工具按钮即可。另外，还可以选定已排版的文字区域，然后单击"清除格式"按钮。

7.1.4 设置字体颜色

如果用户拥有一台彩色打印机，或者为了在屏幕上得到比较理想的显示效果，可以改变文本的颜色。例如，要将公文的抬头内容改为红色，可以按照下述步骤进行操作：

01 选定要设置字体颜色的文本。

02 单击"开始"选项卡中"字体颜色"按钮右侧的向下箭头，展开"字体颜色"下拉列表。

03 从"字体颜色"下拉列表中选择红色，即可使选定的文本改为红色，如图7.7所示。

密技偷偷报　　有没有方法将PowerPoint的文字拷入Word里面？

另存就可以了，只要以.rtf格式另存即可。

图7.7 改变文本的颜色

如果"字体颜色"下拉列表中提供的颜色不符合要求，请单击"其他颜色"选项，出现"颜色"对话框让用户定义新的颜色。

7.1.5 字符缩放

在Word 2010中，可以很容易将文本设置成扁体字或长体字。具体操作步骤如下：

01 选定要进行字符缩放的文本。

02 单击"开始"选项卡的"段落"组中"中文版式"按钮 右侧的向下箭头，从展开的下拉菜单中选择"字符缩放"命令。

03 从"字符缩放"列表框中选择一种缩放比例（如果选择一个小于100%的缩放比例，可以将选定的文本设置为长体字），操作过程如图7.8所示。

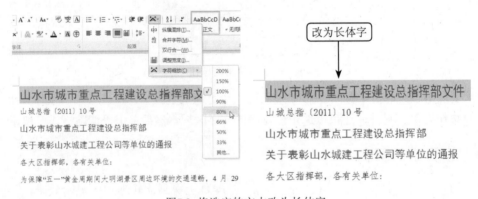

图7.8 将选定的文本改为长体字

7.1.6 设置字符间距

字符间距就是相邻文字之间的距离。排版文章时，为了使标题看起来比较美观，可以适当增加或缩小字符间距。具体操作步骤如下：

菜鸟充电站

使用样式后，如标题1、标题2之类的样式前面会出现一个黑块，有办法让它不显示？

单击"开始"选项卡中的"隐藏/隐藏编辑标记"按钮即可。

01 选定要设置字符间距的文本。

02 单击"开始"选项卡中"字体"将右下角的"显示字体对话框"按钮,在弹出的"字体"对话框中单击"字符间距"选项卡。

03 在"间距"列表框中可以选择"标准"、"加宽"或者"紧缩"选项。默认情况下,选择"标准"选项。当选择"加宽"或者"紧缩"选项后,可以在其右边的"磅值"框中输入一个数值。

04 设置完毕后,单击"确定"按钮。如图7.9所示就是增加标题字符间距的效果。

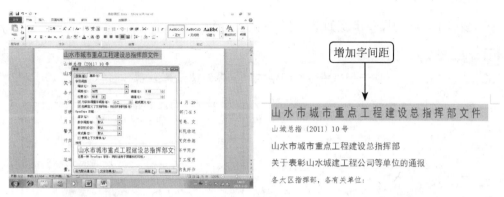

图7.9 增加标题字符间距

7.1.7 复制字符格式

对于已设置字符格式的文本,可以将它的格式复制到其他要求格式相同的文本中,而不用对每段文本进行重复设置。具体操作步骤如下:

01 选定已设置格式的源文本。

02 单击"开始"选项卡的"剪贴板"组中的"格式刷"按钮 ,此时鼠标指针变为一个小刷子形状。

03 按住鼠标左键,用它拖过要设置格式的目标文本。

04 释放鼠标左键。所有拖过的文本都会应用源文本的格式。

双击"格式刷"按钮,可以将源文本的格式复制到多个目标文本中。要结束复制时,按Esc键或再次单击"格式刷"按钮即可。

💻 7.2 段落格式编排

在Word中输入文字时,每按一次回车键,就表示一个自然段的结束、另一个自然段的开始。为了便于区分每个独立的段落,在段落的结束处都会显示一个段落标记符号↵。段落标记符不仅用来标记一个段落的结束,它还保留着有关该段落的所有格式设置,如段落

文章第一页下面要写作者联系方式等,这样的格式怎么做出来?

使用"引用"选项卡中的"插入脚注"功能。

样式、对齐方式、缩进大小、行距以及段落间距等。因此，在移动或复制一个段落时，如果要保留该段落的格式，就一定要将该段落标记包括进去。

7.2.1 段落的对齐方式

Word 2010提供了左对齐、居中对齐、右对齐、两端对齐和分散对齐5种段落的对齐方式。其中，两端对齐是系统默认的对齐方式。

1. 使标题居中对齐

使标题居中对齐的操作步骤如下：

01 选定抬头的4个段落。

02 单击"开始"选项卡的"段落"组中的"居中"按钮 ，操作过程如图7.10所示。

图7.10 使标题居中

2. 使落款右对齐

使文章的落款右对齐的操作步骤如下：

01 选定文章的落款。

02 单击"开始"选项卡的"段落"组中的"右对齐"按钮 ，结果如图7.11所示。

图7.11 使落款右对齐

3. 两端对齐与左对齐

两端对齐是指段落中除最后一行文本外，其他行文本的左右两端分别以文档的左右边界向两端靠齐。左对齐是指段落中每行文本一律以文档的左边界向左靠齐。

菜鸟充电站　　**文字双栏，而有一张图片特别大，想通栏显示，应该怎么操作？**

可以选择内容，按双栏排版，选择其他内容，按单栏排版。

对于纯中文的文本来说，两端对齐方式与左对齐方式差别不大。如果文档中含有英文单词（单词有长有短），左对齐方式可能会导致文本的右边缘出现参差不齐，如图7.12所示。

如果单击"开始"选项卡的"段落"组中的"两端对齐"按钮▤，即可将所选的段落设置为两端对齐，结果如图7.13所示，右边缘的参差不齐现象消失了。

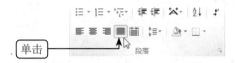

图7.12 左对齐时文本的右边缘呈现参差不齐　　　图7.13 两端对齐后的效果

4. 分散对齐

分散对齐是系统自动调整字符间距，使段落的两边对齐。如果最后一行文字不满一行的话，则将字间距调到比较大来对齐段落的左右两边。

使段落分散对齐的操作步骤如下：

01 选定要分散对齐的一段或多段。

02 单击"开始"选项卡的"段落"组中的"分散对齐"按钮▤，操作过程如图7.14所示。

Word中如何不显示回车、换行符等？

单击"开始"选项卡中的"隐藏/隐藏编辑标记"按钮即可。

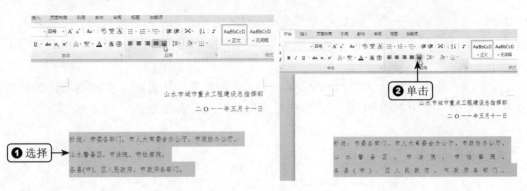

图7.14 段落的分散对齐

7.2.2 段落缩进

段落缩进是指段落相对左右页边距向页内缩进一段距离。例如，本书中正文段落的第一行比其他行缩进两个汉字。设置段落缩进可以将一个段落与其他段落分开，使得条理更加清晰、层次更加分明。段落缩进包括以下几种类型。

- 首行缩进：控制段落的第一行第一个字的起始位置。
- 悬挂缩进：控制段落中第一行以外的其他行的起始位置。
- 左缩进：控制段落中所有行与左边界的位置。
- 右缩进：控制段落中所有行与右边界的位置。

在Word 2010中，可以利用"段落"对话框和标尺来设置段落缩进。

1. 利用"段落"对话框设置缩进

如果要精确设置段落的缩进位置，可以通过"段落"对话框来实现。例如，要将正文首行缩进两个汉字，可以按照以下步骤进行操作。

01 选定要设置段落缩进的段落。例如，选定除第一段之外的正文。

02 单击"开始"选项卡的"段落"组右下角的"段落对话框"按钮，在弹出的"段落"对话框中单击"缩进和间距"选项卡。

03 在"缩进"选项组中，可以精确设置缩进的位置。例如，从"特殊格式"下拉列表框中选择"首行缩进"，右侧的"度量值"框中自动显示"2字符"，表示首行缩进两个汉字。

04 单击"确定"按钮，结果如图7.15所示。

菜鸟充电站　　有没有方法把Word的软回车全部替换掉？

按Ctrl+H快捷键打开"替换"对话框，软回车是^l，也可以在"特殊格式"列表中选择。

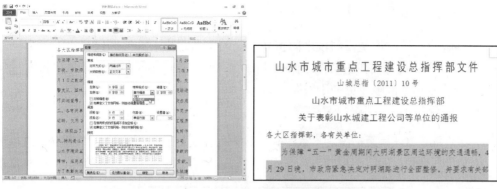

图7.15 正文首行缩进两个字

2. 利用标尺设置缩进

单击垂直滚动条上方的"标尺"按钮 ，即在文档的上方与左侧分别显示出水平标尺与垂直标尺。

在水平标尺上有几个缩进标记，通过移动这些缩进标记来改变段落的缩进方式。图7.16标出了水平标尺各缩进标记的名称。

图7.16 水平标尺中各缩进标记的名称

下面以利用水平标尺设置段落的悬挂缩进为例，来介绍设置段落缩进的方法：

01 将插入点置于要进行缩进控制的段落中，或者选定多个段落。

02 将鼠标指针指向水平标尺上的悬挂缩进标记，按住鼠标左键向右拖动。在拖动的过程中会出现一条垂直的虚线来表示缩进的位置。

03 拖到所需的位置后，释放鼠标左键。图7.17所示就是设置悬挂缩进的示例。

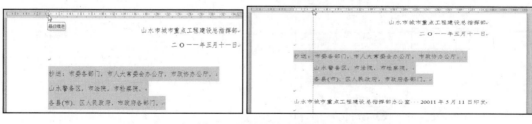

图7.17 设置悬挂缩进的示例

Word中怎么显示修订文档的状态？

在"审阅"选项卡中，从"修订"选项组的"显示以供审阅"下拉列表框中选择显示状态。

7.2.3 设置段间距

文章排版时，经常希望段与段之间留有一定的空白距离，如标题段与上下正文段之间的空白要大一些、正文段与正文段之间的空白可以小一些。在段落之间适当地设置一些空白，使文章的结构更清晰、更易于阅读。

设置段间距的操作步骤如下：

01 选定要设置段间距的段落，然后单击"开始"选项卡的"段落"组右下角的"段落对话框"按钮，如图7.18所示。

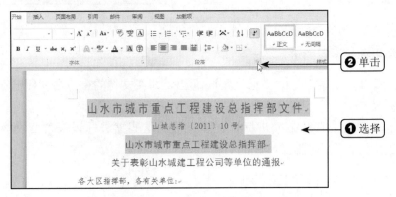

图7.18 选定要设置段间距的段落

02 在弹出的"段落"对话框中单击"缩进和间距"选项卡。在"段前"文本框中输入与段前的间距。例如，输入"1.5行"；在"段后"文本框中输入与段后的间距。例如，输入"1.5行"。

03 单击"确定"按钮，操作过程如图7.19所示。

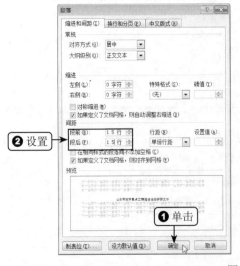

图7.19 设置段间距

菜鸟充电站

Word有没有可以按单词的首字母进行排序，也就是从A~Z进行排序？

表格中的内容可以按照拼音排序，转到Excel中，排序后再复制过来。

7.2.4 设置行距

所谓行距，是指段落中行与行之间的距离。默认情况下，Word按照当前所设字号的大小来自动调整行距。如果希望行与行之间的空白变大或者变小一些，可以按照下述步骤进行操作。

|01| 将插入点移到要设置行距的段落中。如果想同时设置多个段落的行距，则选定这些段落。

|02| 单击"开始"选项卡的"段落"组右下角的"段落对话框"按钮，在弹出的"段落"对话框中单击"缩进和间距"选项卡。

|03| 单击"行距"列表框右侧的向下箭头，从下拉列表中选择某一行距设置。当选择"最小值"、"固定值"或"多倍行距"时，还需在"设置值"数值框中输入相应的数值。

|04| 单击"确定"按钮，结果如图7.20所示。

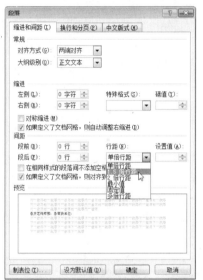
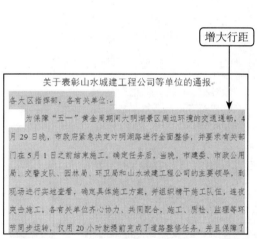

增大行距

图7.20 设置行距

7.2.5 添加段落边框

如果要添加段落边框，可以按照以下步骤进行操作：

|01| 选定要添加边框的一个或多个段落。如果仅给一个段落添加边框，可以将插入点放在该段中。

|02| 单击"开始"选项卡的"段落"组中的"边框和底纹"按钮右侧的向下箭头，从下拉菜单中选择"边框和底纹"命令。

|03| 在弹出的"边框和底纹"对话框中单击"边框"选项卡，如图7.21所示。

如何在Word中输入R^2（2是上标）？

先输入R2，然后选中2，同时按Ctrl+Shift++。

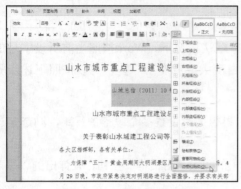 

图7.21 "边框和底纹"对话框

04 在"样式"列表框中选择分隔线的样式；在"颜色"下拉列表框中选择线条的颜色；在"宽度"下拉列表框中选择线条的宽度。

05 单击"预览"中图示的下边框，即可将分隔线添加到段落的底部。

06 如果要调整分隔线与段落文字的间距，则单击对话框中的"选项"按钮，弹出如图7.22所示的"边框和底纹选项"对话框。

07 单击"距正文间距"选项组中的"下"文本框，输入分隔线与文字的距离。单击"确定"按钮，返回上一级对话框。

08 单击"确定"按钮，即可看到如图7.23所示的效果。

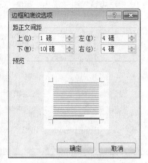

图7.22 "边框和底纹选项"对话框

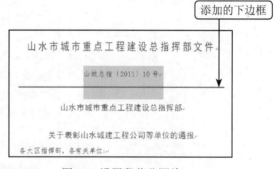

图7.23 设置段落分隔线

重复上述步骤，为落款处的段落添加分隔线，如图7.24所示。

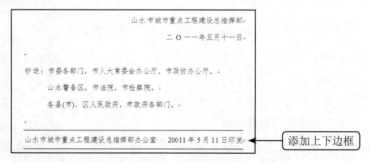

图7.24 为落款处段落添加分隔线

Word中发现空格都是小圆点，是什么情况？这个空格会打印出来吗？

不会打印出来。如果想不显示，可以在"开始"选项卡中单击"显示/隐藏编辑标记"按钮。

7.2.6　添加段落底纹

如果要添加段落底纹，可以按照以下步骤进行操作。

01 选定要添加底纹的一个或多个段落。如果仅给一个段落添加底纹，可以将插入点放在该段中。

02 单击"开始"选项卡的"段落"组中的"边框和底纹"按钮右侧的向下箭头，从下拉菜单中选择"边框和底纹"命令，在弹出的"边框和底纹"对话框中单击"底纹"选项卡，如图7.25所示。

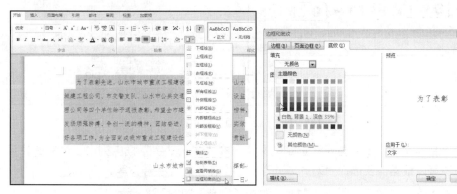

图7.25　"底纹"选项卡

03 在"填充"框中选择底纹的颜色。在"应用于"下拉列表框中选择"段落"。

04 单击"确定"按钮，结果如图7.26所示。

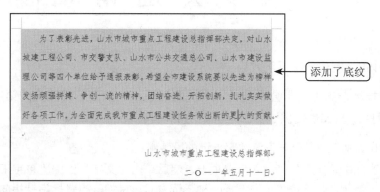

图7.26　添加段落底纹

7.3　应用技巧

技巧1：为汉字添加拼音

如果要给汉字添加拼音，可以利用Word 2010提供的"拼音指南"功能。具体操作步骤

如何使两个表格能排在一起？

可以尝试在局部分栏,每个分栏中制作一个表格。

如下：

01 选定要添加拼音的文本。

02 单击"开始"选项卡的"字体"组中的"拼音指南"按钮，弹出如图7.27所示的
"拼音指南"对话框。

图7.27 "拼音指南"对话框

03 在"基准文字"框中显示了选定的文字，在"拼音文字"框中列出了对应的拼音。用
户还可以根据需要选择"对齐方式"、"字体"和"字号"等。

04 单击"确定"按钮，所选文本上方添加了拼音，如图7.28所示。

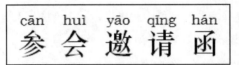

图7.28 为汉字添加拼音

技巧2：制作首字下沉效果

在报纸杂志上经常会看到首字下沉的例子，也就是一段开头的第一个字，格外粗大，
非常醒目。Word也提供了首字下沉的功能，具体设置方法如下：

01 将插入点移到要设置首字下沉的段落中。

02 单击功能区的"插入"选项卡，然后单击"文字"组中"首字下沉"按钮右侧的向下
箭头，从下拉菜单中选择一种下沉方式，例如，当鼠标指针指向"下沉"选项时，就
可以在文档中预览其效果，如图7.29所示。

03 如果要设置首字下沉的相关选项，可以单击"首字下沉"下拉菜单中的"高级"命
令，弹出如图7.30所示的"首字下沉"对话框。

为什么换机器打开Word文档排版变了？

一种可能是采用的默认的页面设置，另一种可能是Word版本不同。

图7.29 选择首字下沉   图7.30 "首字下沉"对话框

04 在"位置"选项组中选择首字下沉的方式。例如,选择"下沉"。

05 在"字体"下拉列表框中选择首字的字体。

06 在"下沉行数"文本框中设置首字所占的行数。

07 在"距正文"文本框中设置首字与正文之间的距离。

08 单击"确定"按钮,完成设置。

如果要取消首字下沉,请将插入点移到该段中,然后单击"首字下沉"下拉菜单中的"无"命令即可。

技巧3:输入文本时自动创建项目符号与编号列表

如果要在输入时自动创建项目符号和编号列表,可以按照以下步骤进行操作:

01 创建项目符号列表时,可以输入"*";创建编号列表时,可以输入"1."、"1)"、"一、"等。

02 按键盘的空格键。此时,会自动显示项目符号或编号,同时弹出"自动更正选项"智能标记按钮。单击该按钮,会弹出如图7.31所示的下拉列表,从中可以选择"撤销自动编排项目符号"或"停止自动创建项目符号列表"等选项。

03 输入所需的文本。

04 按回车键添加下一个项目时,Word会自动插入一个项目符号或编号,如图7.32所示。

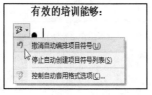

有效的培训能够:
- 为所有参加培训的员工提供一样的学习机会与发展机会;
- 促进员工互相学习的氛围,提高工作绩效;
- 使员工有提升个人能力的需求,取好的发展机会;
- 发掘并培养新的人力资源,帮助企业完善整个人力系统。

图7.31 "自动更正选项"下拉列表   图7.32 自动创建的项目符号

要结束列表时,通过按Backspace键删除列表中的最后一个项目符号或列表。

密技偷偷报

如何在绘制的图形中添加文字?

绘图(如矩形)时直接右击鼠标,选择"添加文字"命令即可在图形中输入文字。

> **提示** 如果用户不喜欢在输入文本时自动创建项目符号或编号，可以单击"自动更正选项"下拉列表中的"控制自动套用格式选项"，在弹出的对话框中单击"键入时自动套用格式"选项卡（见图7.33），撤选"自动项目符号列表"和"自动编号列表"复选框。

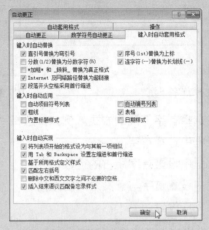

图7.33 "键入时自动套用格式"选项卡

打开Word文件时忘记了密码，怎么办呢？

上网搜索破解软件，但不一定好用。因此，设置密码时，一定在安全的地方收藏好密码条。

第8章

打印文档——劳动合同书

新员工进公司需要签订"劳动合同"，这就需要打印一份专业标准的"劳动合同书"。在打印文档之前，必须正确地设置页面属性，例如，纸型和方向、页边距、页眉和页脚等。虽然将电子文档打印输出到纸张上只是单击一下命令按钮，但是为了保证输出内容的准确性，打印前最好通过"预览"方式查看效果，再进行打印输出。

本章将介绍如何打印专业标准的"劳动合同书"，让用户掌握页面的整体布局、设置页眉页脚、打印预览与输出等操作的方法。

8.1 页面设置

所谓页面设置是指设置每页的字符数、行数、页边距、纸型和纸张来源等。前面所做的编辑和排版工作，都是在默认的页面设置下进行的。例如，默认的纸张大小是A4，而手头上只有B5的纸张，用户就需要重新定制页面。

值得注意的是，重新设置页面后，文档将随之重新进行排版。因此，在编辑和排版文档之前，最好先进行页面设置。

8.1.1 了解版面、版心和页边距

书的一页、报的一版等称为版面。在版面中规定正文内容（如文字、表格、插图等）所占的大小叫版心。版心尺寸通常由作者或出版社的编辑决定。例如，16开的版心为14.5×21.5厘米，32开的版心为9.7×14.9厘米，大32开的版心为10.3×16.5厘米等。

默认情况下，Word使用A4（21×29.7厘米）的纸张进行打印。如果用A4纸打印16开版心的书，需要对页边距进行设置。页边距是正文与纸张边缘之间的距离。上下页边距等于"（29.7－21.5）/2"，其结果是"4.15厘米"；左右页边距等于"（21－14.5）/2"，其结果是"3.25厘米"。如果用B5（18.2×25.7厘米）的打印纸打印16开的书，其上下页边距的值为"（25.7－21.5）/2"，即"2.15厘米"；其左右页边距的值为"（18.2－14.5）/2"，即"1.85厘米"。版面、版心和页边距三者的关系如图8.1所示。

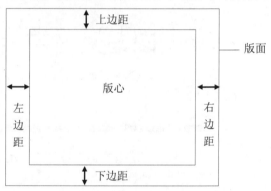

图8.1 版面、版心和页边距三者的关系

8.1.2 设置纸张大小和纸张方向

在进行其他页面设置之前，首先需要确定将来要打印输出所用的纸张大小和方向，这是最基本的问题。

设置纸张大小和方向的具体操作步骤如下：

01 单击功能区中的"页面布局"选项卡，单击"页面设置"组中的"纸张大小"按钮，从展开的下拉菜单中选择默认的纸张大小。

02 如果要自定义特殊的纸张大小，可以选择"纸张大小"下拉菜单中的"其他页面大小"命令，在打开的"页面设置"对话框中单击"纸张"选项卡，如图8.2所示。

03 在"纸张大小"下拉列表框中选择预设的页边距外，也可以在"高度"和"宽度"文本框中输入自定义纸张的大小。

04 如果要设置纸张方向，可以在"页面布局"选项卡的"页面设置"组中单击"纸张方

菜鸟充电站　　Word文件怎么转化为Postscript文件？

先转换为pdf，然后打印到文件，通过Distiller软件生成ps。

向"按钮,然后选择"纵向"或"横向"命令。

图8.2 "纸张"选项卡

8.1.3 设置页边距

页边距是指版心到页边界的距离,又叫"页边空白"。为文档设置合适的页边距,可使文档外观显得更加清爽,让人赏心悦目。设置页边距的具体操作步骤如下:

01 单击"页面布局"选项卡的"页面设置"组中的"页边距"按钮,从"页边距"下拉菜单中选择一种边距大小。如果要自定义边距,可以单击"页边距"下拉菜单中的"自定义边距"命令,在打开的"页面设置"对话框中单击"页边距"选项卡,如图8.3所示。

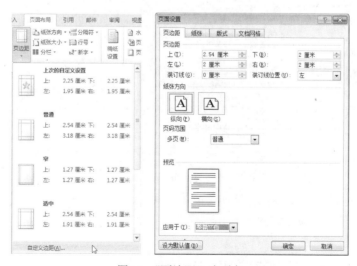

图8.3 "页边距"选项卡

密技偷偷报 Word无法识别Origin软件中的汉字怎么办?

将Origin中的字体改成宋体或者仿宋。

02 在"上"、"下"、"左"与"右"文本框中，分别输入页边距的数值。

03 如果打印后需要装订，则在"装订线"框中输入装订线的宽度，在"装订线位置"下拉列表框中选择"左"或"上"选项。

04 选择"纵向"或"横向"选项，决定文档页面的方向。在"应用于"列表框中，选择要应用新页边距设置的文档范围。

05 单击"确定"按钮。

8.2 分栏排版

分栏经常用于排版报纸、杂志和词典，它有助于版面的美观、便于阅读，同时对回行较多的版面起到节约纸张的作用。

8.2.1 设置分栏

如果要设置分栏，可以按照以上步骤进行操作：

01 要将整个文档设置成多栏版式，请按Ctrl+A快捷键选择整篇文档；要将文档的一部分设置成多栏版式，请选择相应的文本。

02 单击"页面布局"选项卡的"页面设置"组中的"分栏"按钮，从"分栏"下拉菜单中选择分栏格式，例如选择"两栏"，结果如图8.4所示。

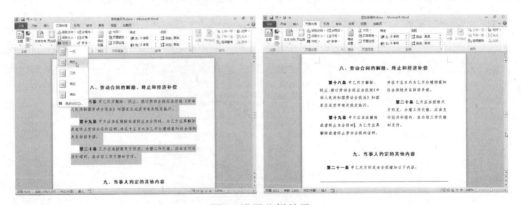

图8.4 设置分栏效果

03 如果预设的几种分栏格式不符合要求，可以选择"分栏"下拉菜单中的"更多分栏"命令，打开如图8.5所示的"分栏"对话框。

04 在"预设"选项组中单击要使用的分栏格式。例如，单击"两栏"。在"应用于"下拉列表框中，指定分栏格式应用的范围："整篇文档"、"插入点之后"、"本节"或者"所选节"等。

05 如果要在栏间设置分隔线，请选中"分隔线"复选框。

请教怎么把Origin中的图表拷贝到Word？

单击Origin的Edit菜单中的Copy page到Word里粘贴就行了。

06 单击"确定"按钮，结果如图8.6所示。

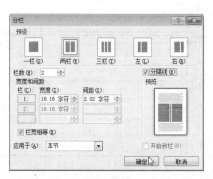

图8.5 "分栏"对话框

图8.6 添加分隔线后的分栏效果

8.2.2 修改分栏

用户可以修改已存在的分栏，例如，改变分栏的数目、宽度以及栏与栏之间的间距等。具体操作步骤如下：

01 将插入点移到要修改的分栏位置。

02 单击"分栏"下拉菜单中的"更多分栏"命令，打开"分栏"对话框。

03 在"预设"选项组中单击要使用的分栏格式。

04 要改变特定分栏的宽度或间距，在该分栏的"宽度"或"间距"文本框中输入合适的宽度和间距值。

05 单击"确定"按钮。

8.2.3 取消分栏排版

如果要取消分栏排版，可以按照以下步骤进行操作：

01 选定要从多栏改为单栏的正文，或者将插入点放置在需要取消分栏排版的节中。

02 单击"页面布局"选项卡的"页面设置"组中的"分栏"按钮，从下拉菜单中选择"一栏"命令。

8.3 设置分页

Word具有自动分页的功能，也就是说，当输入的文本或插入的图形满一页时，Word将自动转到下一页，并且在文档中插入一个软分页符。除了自动分页外，还可以人工分页，所插入的分页符称为人工分页符或硬分页符。分页符位于一页的结束与另一页开始的位置。

插入的图片为什么总是处于页面的顶端，想拖下来放到其他地方也不成功。

改变图片的环绕方式就可以了。

如果要插入分页符，可以将插入点移到新的一页的开始位置。单击"页面布局"选项卡的"页面设置"组中的"分隔符"命令，从展开的下拉菜单中选择"分页符"命令，即可将光标所在位置后的内容移至下一个页面，如图8.7所示。

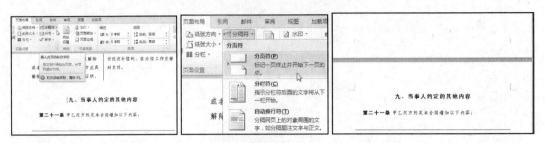

图8.7 插入分页符

 在文档编辑过程中，经常需要对文档中分页符、段落标记等进行查看，可以切换到功能区中的"开始"选项卡，单击"段落"组中的"显示/隐藏编辑标记"按钮，即可显示插入的分页符。

8.4 设置页码

一篇文章由多页组成时，为了便于按顺序排列与查看，希望每页都有页码。使用Word可以快速地为文档添加页码。具体操作步骤如下：

01 单击"插入"选项卡的"页眉和页脚"组中的"页码"按钮，展开"页码"下拉菜单。

02 在"页码"下拉菜单中可以选择页码出现的位置，例如，要将页码插入到页面的底部，就选择"页面底端"，并从其子菜单中选择一种页码格式，如图8.8所示。

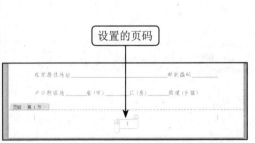

设置的页码

图8.8 选择页码格式

 如何保证一幅图像固定在某一段的后面，而不会因为前面段落的删减而位置改变？
右击图片，选择"文字环绕"→"嵌入型"命令。

03 如果要设置页码的格式，可以从"页码"下拉菜单中选择"页码格式"命令，弹出如图8.9所示的"页码格式"对话框。

04 在"编号格式"列表框中可以选择一种页码格式，例如，"1，2，3，…"、"i，ii，iii，…"等。

05 如果不想从1开始编页码，例如，将一个长文档分成了数个小文档，第一个文档共3页，第二个文档的页码需要从4开始，则可以在"起始页码"框中输入四。

06 单击"确定"按钮，关闭"页码格式"对话框。此时，可以看到修改后的页码，如图8.10所示。

图8.9 "页码格式"对话框

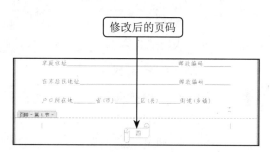

图8.10 修改了页码格式

 如果要删除已添加的页码，可以单击"页码"下拉菜单中的"删除页码"命令即可。

8.5 设置页眉和页脚

现实生活中，绝大多数书籍或杂志的每一页顶部或底部都会有一些因书而异但各页却都有相同的内容，如书名、该页所在章节的名称或出版信息等。同时，在书籍每页两侧或底部会出现页码，这就是所谓的页眉和页脚。

页眉是指位于打印纸顶部的说明信息；页脚是指位于打印纸底部的说明信息。页眉和页脚的内容可以是页号，也允许输入其他的信息，如将文章的标题作为页眉的内容，或将公司的徽标插入页眉中。

8.5.1 创建页眉或页脚

Word 2010提供了许多漂亮的页眉、页脚的格式。创建页眉或页脚的具体操作步骤如下：

01 单击"插入"选项卡的"页眉和页脚"组中的"页眉"按钮，从弹出的菜单中选择页眉的格式，如图8.11所示。

密技偷偷报 如何把在Word中图形工具画的图转换为jpg？

另存为HTML格式，然后在HTML文件对应的文件夹中查找。

129

02 选择所需的格式后，即可在页眉区添加相应的格式，同时功能区中显示"设计"选项
卡，如图8.12所示。

图8.11 选择"页眉"格式　　　　　　　　　　图8.12 进入页眉区

03 输入页眉的内容，或者单击"设计"选项卡上的按钮来插入一些特殊的信息。例如，
要插入当前日期或时间，可以单击"日期和时间"按钮；要插入图片，可以单击"图
片"按钮，从弹出的"插入图片"对话框中选择所需的图片；要插入剪贴画，可以单
击"剪贴画"按钮，从弹出的"剪贴画"任务窗格中选择所需的剪贴画。

04 单击"设计"选项卡上的"转至页脚"按钮，切换到页脚区中。页脚的设置方法与页
眉相同。

05 单击"设计"选项卡上的"关闭页眉和页脚"按钮，即可返回到正文编辑状态。

8.5.2　为奇偶页创建不同的页眉和页脚

对于双面打印的文档（如书刊等），通常需要设置奇偶页不同的页眉和页脚。具体操
作方法如下：

01 双击页眉区或页脚区，进入页眉或页脚编辑状态。

02 选中"设计"选项卡的"选项"组中的"奇偶页不同"复选框。

03 此时，在页眉区的顶部显示"奇数页页眉"字样，如图8.13所示。用户可以根据需要
创建奇数页的页眉。

什么格式的图片插入Word 最清晰？

emf、eps等矢量图最清晰，不会因为缩放损失分辨率；而jpeg、bmp等点阵图就不
行。

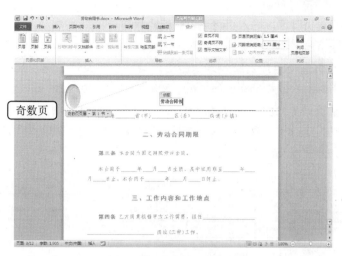

图8.13 创建奇数页的页眉

04 单击"设计"选项卡上的"下一节"按钮，在页眉区的顶部显示"偶数页页眉"字样，可以根据需要创建偶数页的页眉，如图8.14所示。如果想创建偶数页的页脚，可以单击"设计"选项卡上的"转至页脚"按钮，切换到页脚区进行设置。

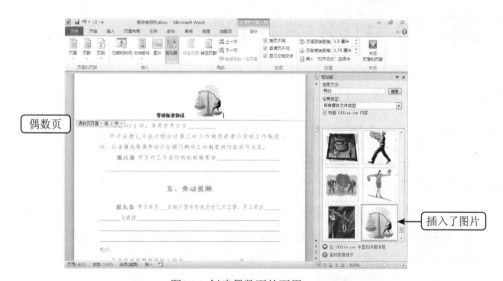

图8.14 创建偶数页的页眉

05 设置完毕后，单击"设计"选项卡上的"关闭页眉和页脚"按钮。

8.5.3 修改页眉和页脚

在正文编辑状态下，页眉/页脚区呈灰色状态，表示在正文文档区中不能编辑页眉和页脚的内容。如果要对页眉/页脚的内容进行编辑，可以按照以下步骤进行操作：

绝招偷偷报

jpg文件插入Word文件以后怎么让文件变小？

Word有强大的压缩功能，把文档另存为新文档，看看是不是小了很多。

01 双击页眉区或页脚区，进入页眉或页脚编辑状态。

02 在页眉区或页脚区中修改页眉或页脚的内容，或者对页眉/页脚的内容进行排版。

03 如果要调整页眉顶端或页脚底端的距离，可以在"设计"选项卡的"位置"组中的"页眉顶端距离"或"页脚底端距离"文本框内输入距离。

04 如果要设置页眉文本的对齐方式，可以单击"设计"选项卡的"位置"组中的"插入'对齐方式'选项卡"按钮，弹出如图8.15所示的"对齐制表位"对话框，在其中可以选择对齐方式以及前导符等。

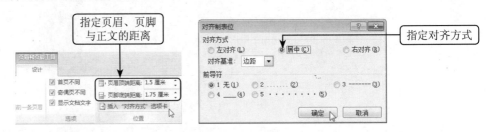

图8.15 "对齐制表位"对话框

05 单击"设计"选项卡上的"关闭页眉和页脚"按钮。

8.6 打印预览与输出

完成文档的排版操作后，就可以将文档打印输出到纸张上了。在打印之前，最好先预览效果，如果满意再进行打印。本节将介绍如何打印预览及打印输出。

8.6.1 打印预览文档

用户编辑完文档后需要把文档打印出来，在将文档输出到打印机之前，可以利用"打印预览"功能来模拟显示实际的打印效果。

01 单击"文件"选项卡，在展开的菜单中单击"打印"命令，此时在文档窗口中将显示所有与文档打印有关的命令，在最右侧的窗格中能够预览打印效果，如图8.16所示。

02 拖动"显示比例"滚动条上的滑块能够调整文档的显示大小，单击"下一页"按钮和"上一页"按钮，能够进行预览的翻页操作，如图8.17所示。

菜鸟充电站　如何向Word中的图片添加文本想在图片上输入一些说明文字？

插入文本框，将版式设成"悬浮"。

图8.16 打印预览

图8.17 预览其他页

8.6.2 打印文档

对打印的预览效果满意后，即可对文档进行打印。在Word 2010中，可以直接在"打印"命令列表中为打印进行页面、页数和份数等相关设置进行操作。打印文档的具体操作步骤如下：

01 打开需要打印的文档，单击"文件"选项卡，在展开的菜单中单击"打印"命令，在中间窗格中"份数"文本框中设置打印的份数，单击"打印"按钮，即可开始文档的打印，如图8.18所示。

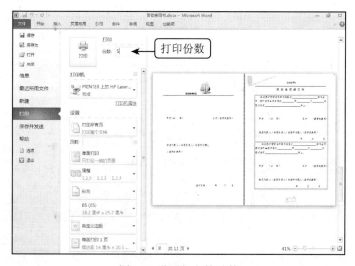

图8.18 设置打印的份数

02 Word默认是打印文档中的所有页面，单击"打印所有页"按钮，在展开的列表中选择要打印的范围，例如，要打印当前页，只需选择"打印当前页"选项，如图8.19所示。另外，还可以在"页数"文本框中打印指定页码的内容。例如，要打印文档中的

密技偷偷报

如果Word突然定在那里不动，怎么办？

重新打开文档自动恢复，或者在Word自身的templates里面找到近期文件。

第4页、第9~13页以及第19页，那么可以在文本框中输入"4，9~13，19"。

03 在"打印"命令的列表窗格中还提供了常用的打印设置按钮，如设置页面的打印顺序、页面的打印方向以及设置页边距等，只需单击相应的选项按钮，在下级列表中选择相关的参数即可。

04 如果想把好几页缩小打印到一张纸上，可以单击中间窗中的"每版打印1页"按钮，从弹出的列表中选择一张纸上准备打印缩小打印几页，如图8.20所示。

图8.19 设置打印范围

图8.20 设置缩小打印的页数

8.7 应用技巧

技巧1：快速创建说明书封面

编排文档时，通常需要设置一个漂亮的封面。在Word中，可以直接插入封面。具体操作步骤如下：

01 单击"插入"选项卡的"页"组中的"封面"按钮，展开如图8.21所示的"封面"下拉菜单。

02 从"封面"下拉菜单中选择一种封面格式，即可在文档开头插入封面页，如图8.22所示。

Word中如何使不同的章节显示的页眉不同？

分节，每节可以设置不同的页眉。

图8.21 "封面"下拉菜单

图8.22 插入封面页

03 修改封面上的文字并进行适当的排版，结果如图8.23所示。

图8.23 显示制作的封面

技巧2：为文档分节——纵横混排的文档

所谓"节"是指 Word用来划分文档的一种方式。分节符是指在表示节的结尾插入的标记。分节符包含节的格式设置元素，如页边距、页面的方向、页眉、页脚和页码的顺序等。在 Word 2010中有 4种分节符可供选择，分别是"下一页"、"连续"、"偶数页"和"奇数页"。

- 下一页：Word文档会强制分页，在下一页上开始新节。可以在不同页面上分别应用不同的页码样式、页眉和页脚文字，以及想改变页面的纸张方向、纵向对齐方式或者线型。

密技偷偷报 怎么现在只能用一个页眉，一改就整个文档全部改了？

修改下一页的页眉前，单击"链接到前一条页眉"按钮，再做的改动就不影响前面的了。

- 连续：在同一页上开始新节，Word文档不会被强制分页，如果"连续"分节符前后的页面设置不同，Word会在插入分节符的位置强制文档分页。
- 偶数页：将在下一偶数页上开始新节。
- 奇数页：将在下一奇数页上开始新节。在编辑长篇文稿时，习惯将新的章节标题排在奇数页上，此时可插入奇数页分节符。

下面演示将一篇文档分成多个节，即除第二页为横向版面外，全文为纵向版面的效果，如图8.24所示。

图8.24 分节符应用的示例

具体操作步骤如下：

01 将插入点移到要设置为横向版面的文档处。

02 切换到功能区中的"页面布局"选项卡，单击"分隔符"按钮，从展开的下拉菜单中选择"下一页"命令。

03 将插入点移到横向版面后的纵向版面开始处。

04 切换到功能区中的"页面布局"选项卡，单击"分隔符"按钮，从展开的下拉菜单中选择"下一页"命令。

05 将插入点放在横向版面中的任意位置。

06 切换到功能区中的"页面布局"选项卡，单击"纸张方向"按钮，从展开的下拉菜单中选择"横向"命令。

技巧3：为文档设置水印

水印就是将特定的图文资料作为文件背景，以显示文件的某种性质或所属单位等。在Word中，可以将文字或图片设置为水印。具体操作步骤如下：

01 单击"页面布局"选项卡的"页面背景"组中的"水印"按钮，展开"水印"下拉菜单。

 Word中对部分文档分栏后，分别插入了什么？
分节符。

02 从"水印"下拉菜单中选择一种默认的水印效果。如果这些默认效果不符合要求，可以选择"自定义水印"命令，弹出如图8.25所示的"水印"对话框。

03 如果要将文字设置为水印效果，可以选中"文字水印"单选按钮，在"文字"文本框中输入要设置为水印的文字，然后分别设置语言、字体、字号、颜色和版式等参数。

如果要将图片设置为水印效果，可以选中"图片水印"单选按钮，然后单击"选择图片"按钮，选择要设置为水印的图片。

04 单击"确定"按钮，如图8.26所示就是将文字设置为水印效果。

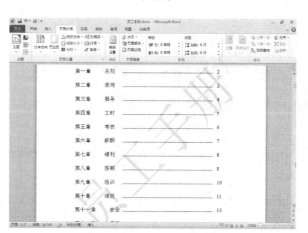

图8.25 "水印"对话框　　　　　　　　　　图8.26 设置水印

密技偷偷报　如果使用图片作为水印，如何让图片颜色变淡呢？
可以在"水印"对话框内选中"冲蚀"复选框。

第9章

制作表格——新员工培训计划表和员工人事资料表

在文字处理工作中经常需要制作各种表格。用户可以使用Word 2010的表格工具，方便、迅速地创建一张表格。表格由行与列组成，行与列相交所形成的方格叫单元格，在单元格中可以输入文本，也可输入图形。用户还可以借助Word的排序、计算以及其他处理数据的功能，很方便地将信息放进表格中。

本章将通过制作"新员工培训计划表"与"员工人事资料表"，来介绍Word 2010的制表过程，包括表格结构的编辑技巧与表格内容的修饰技巧等。

9.1 制作"新员工培训计划表"

"新员工培训计划表"的创建很简单。具体操作步骤如下：

01 启动Word，自动创建一个空白文档。在第一行的插入点处输入表格的名称"新员工培训计划表"，将其居中对齐，并设置其字体为黑体，字号为三号。

02 将插入点置于要插入表格的位置。单击"插入"选项卡上的"表格"按钮，在该按钮下方展开如图9.1所示的示意表格。

图9.1 示意表格

03 用鼠标在示意表格中拖动，以选择表格的行数和列数，同时在示意表格的上方显示相应的行列数。

04 选定所需的行列数后，释放鼠标，即可得到所需的空白表格，如图9.2所示。

05 单击第1行第1个单元格，光标插入点会闪动，表示可以在此处输入文字。

06 输入"培训日期"，并按Tab键移到下一个单元格。继续在其他单元格中输入文字，结果如图9.3所示。

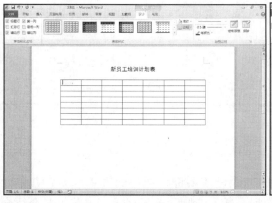

图9.2 快速创建的空白表格

图9.3 在表格中输入文字

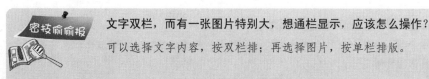

密技偷偷报

文字双栏，而有一张图片特别大，想通栏显示，应该怎么操作？

可以选择文字内容，按双栏排；再选择图片，按单栏排版。

9.2 创建"员工人事资料表"

本节通过制作一个"人事资料表",认识创建表格、编辑表格、排版表格的基本操作和应用技巧。

9.2.1 创建表格

制作不同用途的表格,其格式也有所不同。人事资料表有自己的格式。因此,在输入表格内容之前,有必要对表格的整体布局进行规划。表格制作的第一步就是创建表格。创建表格的操作步骤如下:

01 启动Word,自动创建一个空白文档。在第一行的插入点中输入表格的名称"员工人事资料表",将其居中对齐,并设置其字体为黑体,字号为三号。

02 按回车键换段,设置字号为五号,然后单击"插入"选项卡的"表格"按钮,展开"表格"下拉菜单。

03 单击"表格"下拉菜单中的"插入表格"命令,打开"插入表格"对话框,在"行数"和"列数"后的文本框中输入所需的数值。这里输入"列数"为7,"行数"为27。

04 单击"确定"按钮,一张表格就创建完成了,操作过程如图9.4所示。

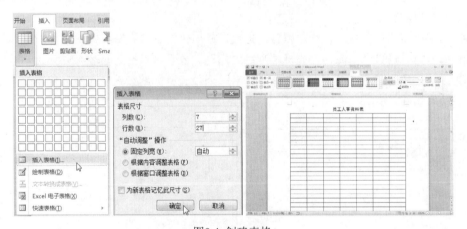

图9.4 创建表格

9.2.2 编辑表格

刚创建的表格,离实际的表格仍有一定的差距,还要进行适当的编辑,如合并单元格、拆分单元格、插入或删除行、插入或删除列、插入或删除单元格等。本节主要介绍合并单元格的使用方法。

140

菜鸟充电站 **如何在创建表格时,控制表格的列宽?**
可以在"插入表格"对话框内选中"固定列宽"单选按钮,然后在后面的文本框中输入具体的数值。

1. 在表格中选定内容

在对表格进行操作之前，必须先选定操作对象是哪个或哪些单元格。

如果要选定一个单元格中的部分内容，可以用鼠标拖动的方法进行选定，与在文档中选定正文一样。

另外，在表格中还有一些特殊的选定单元格、行或列的方法，如图9.5所示。

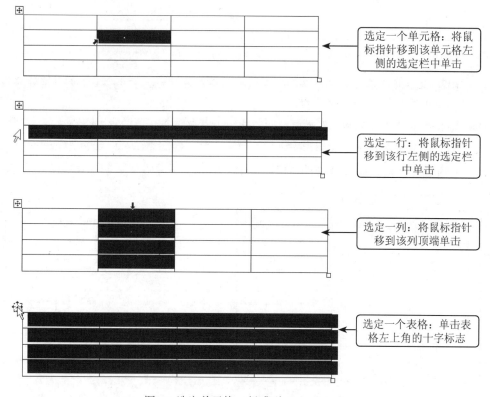

图9.5 选定单元格、行或列

另一种选定的方法是：将插入点置于要选定的单元格中，然后选择"布局"选项卡，单击"表"组中的"选择"按钮，从其下拉菜单中选择"选择单元格"、"选择行"、"选择列"或"选择表格"命令。

2. 合并单元格

合并单元格是将几个单元格合并为一个大单元格。具体操作步骤如下：

01 拖动选择表格右侧的前5行单元格。

02 切换到功能区中的"布局"选项卡，单击"合并"组中的"合并单元格"按钮，结果如图9.6所示。

密技偷偷报

如何关闭功能区？

单击功能区右侧的"功能区最小化"按钮（或按Ctrl+F1），给编辑区腾出地方。

图9.6 合并单元格

03 单击第3行第2个单元格，按住鼠标左键向右拖动，直到第6个单元格处释放鼠标，选中第3行第2~6个单元格。

04 右击选定的区域，在弹出的快捷菜单中选择"合并单元格"命令。

05 合并选定的单元格。

06 重复步骤3~4，分别将第4和第5行以相同的方式合并，操作过程如图9.7所示。

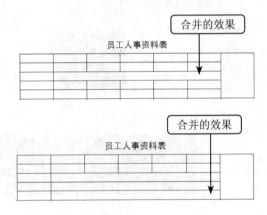

图9.7 合并单元格

07 还需要合并第11、17和23行，将鼠标移动到相应行的左侧，当鼠标光标变为时单击，即可选定该行。

08 单击"布局"选项卡的"合并"组中的"合并单元格"命令，合并所选的单元格，操作过程如图9.8所示。

菜鸟充电站 如何显示"开发工具"选项卡？

打开"Word选项"对话框，选中"自定义功能区"→"开发工具"复选框。

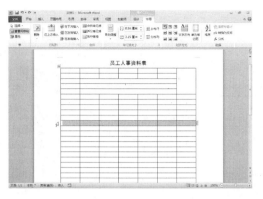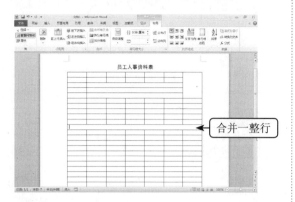

图9.8 合并整行的内容

09 重复步骤7～8，分别将第17行和第23行进行合并。

10 单击第6行第1个单元格，按住鼠标左键向下拖动到第10行第1个单元格，释放鼠标，则相应的列被选定。

11 单击"布局"选项卡的"合并"组中的"合并单元格"命令，合并所选的单元格，操作过程如图9.9所示。

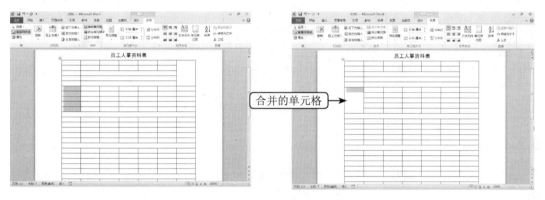

图9.9 合并所选的单元格

12 重复步骤10～11，分别将第12～16行的第1列、第18～22行的第1列合并，以及将第24～27行的第1列合并。

13 分别将第6~10行的第2～5单元格合并，如图9.10所示。

14 分别将第12～16行的第2～4单元格，以及第18～22行的第2～4单元格合并。

15 将第18～22行的第6、7单元格合并，再将第24～27行第2～7单元格合并，结果如图9.11所示。

如何拆分表格的单元格？

选择要拆分的单元格，然后切换到"布局"选项卡，在"合并"组中单击"拆分单元格"按钮。

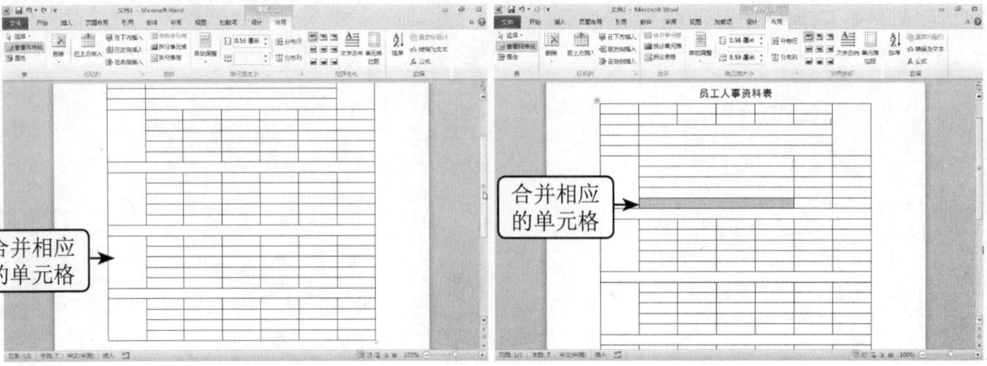

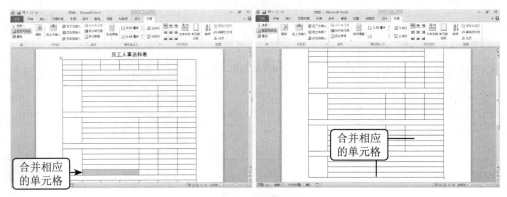

图9.10 合并相应的单元格

图9.11 合并相应的单元格

9.2.3 输入文字

表格的大体结构绘制出来以后，下面就可以开始输入相应的文字了。具体操作步骤如下：

`01` 单击第1行第1个单元格，光标插入点会闪动，表示可以在此处输入文字。

`02` 在插入点处输入"姓名"。

`03` 单击第1行第3个单元格，在该单元格中输入"性别"。

`04` 按两下Tab键，将光标定位到第1行第5个单元格中，输入"籍贯"。

`05` 重复上述步骤，在相应位置输入文字，结果如图9.12所示。

如何将一个表格拆分为两个表格？

选择表格中要拆分的起始单元格，然后切换到"布局"选项卡，在"合并"组中单击"拆分表格"按钮。

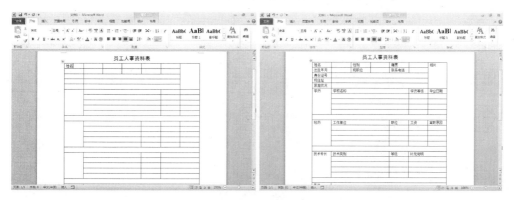

图9.12 在表格中输入文字

9.2.4 设置表格文字格式

输入完表格的内容后，还需要对其中的文字格式进行调整，以使其达到最佳的浏览状态。设置表格文字的字体及字号的方法与设置正文的文字格式相同，下面主要介绍如何设置文字在表格中的对齐方式。具体操作步骤如下：

|01| 选定要设置格式的文字，例如，选定表格的第一个单元格。

|02| 切换到功能区中的"布局"选项卡，然后单击"对齐方式"组中的"水平居中"按钮，结果如图9.13所示。

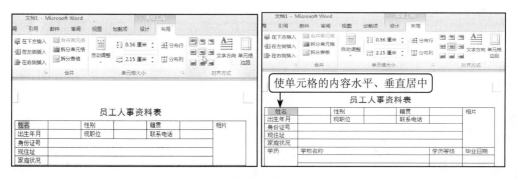

图9.13 设置文字对齐方式

|03| 如果要使表格中所有单元格中的文字都能水平、垂直居中，可以单击表格左上角的 ⊞ 标志，选定全部表格，然后单击"对齐方式"组中的"水平居中"按钮，即可一次性将单元格内的文字居中对齐，操作过程如图9.14所示。

如何设置表格文字与单元格之间的间距？

可以选择单元格，然后切换到"布局"选项卡，在"对齐方式"组中单击"单元格边距"按钮进行设置。

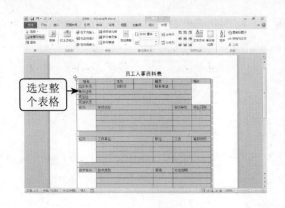

选定整个表格

使表格的所有内容水平、垂直居中

图9.14 使表格的内容居中

04 将插入点定位到"学历"单元格中的"学"字后面，然后按回车键，将"学历"二字竖排，如图9.15所示。

05 按照同样的方法，分别将"经历"、"技术专长"、"备注"和右上角的"相片"竖排。

06 将插入点定位到"姓名"单元格中的"姓"字后面，按4次空格键。使其与下面单元格中的"出生年月"文字两端对齐，以增强表格整体的美观，如图9.16所示。

调整"姓名"的字间距

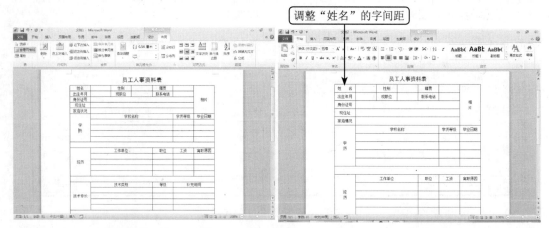

图9.15 使"学历"竖排　　　　图9.16 利用空格调整字间距

07 将其他单元格中的文字也用同样的方法对齐，如图9.17所示。

菜鸟充电站　**怎样在Word中将所有大写字母转为小写？**

单击"开始"→"字体"组中的"更改大小写"按钮，选择"全部小写"。

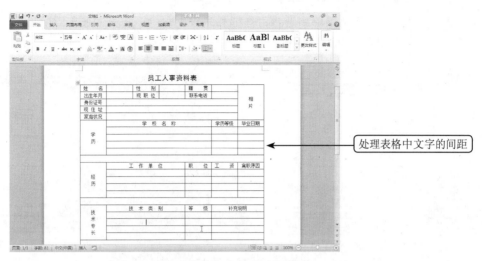

图9.17 处理表格中文字间距后的效果

08 选定整个表格，单击"布局"选项卡，然后将"单元格大小"组中的"高度"改为"0.8厘米"。

09 按回车键，设置了表格的行高，如图9.18所示。

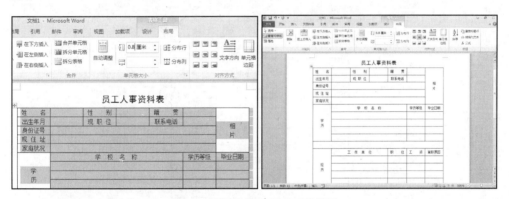

图9.18 设置表格的行高后的效果

9.2.5 设置表格外观

调整好表格中的文字对齐方式以及文字间距，基本上算是大功告成了。但是为了使表格更加美观，还需要对表格的外观进行一些设置，主要包括设置表格的边框和底纹。

1. 设置表格边框

为了使表格看起来更加有轮廓感，可以将其最外层边框加粗。具体操作步骤如下：

01 选定整个表格，切换到功能区中的"设计"选项卡，然后单击"表样式"组中的"边框"按钮，展开下拉菜单。

密技偷偷报 Word中的表格复制到PPT就乱掉了，怎么把Word的表格原样粘贴到PPT中？

拷屏做成图片后，再插入到PPT中。

02 从"边框"下拉菜单中选择"边框和底纹"命令，打开如图9.19所示的"边框和底纹"对话框。

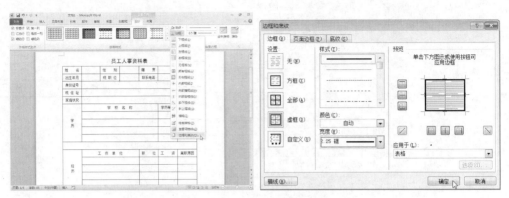

图9.19 "边框和底纹"对话框

03 选中"虚框"选项，然后在"宽度"下拉列表框中选择"2.25磅"。

04 单击"确定"按钮，结果如图9.20所示。

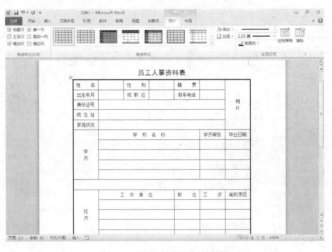

图9.20 添加外框后的表格

2. 设置表格底纹

为了区分表格标题与表格正文，使其外观醒目，经常会给表格标题加底纹，具体操作如下：

01 选定要添加底纹的单元格，切换到功能区中的"设计"选项卡，单击"表样式"组中的"底纹"按钮右侧的向下箭头，从展开的颜色菜单中选择所需的颜色。当鼠标指向某种颜色后，可在单元格中立即预览其效果，如图9.21所示。

02 用同样的方法为其他标题添加底纹，如图9.22所示。

如何快速减小字号？

选中文本后，按Ctrl+Shift+<快捷键。

|03| 单击"保存"按钮🖫，将该文件保存即可。

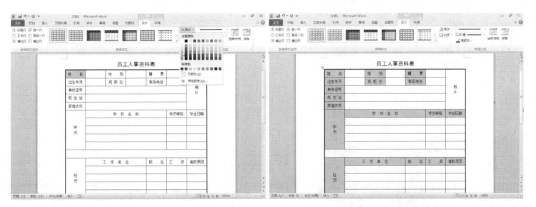

图9.21 为单元格添加底纹   图9.22 为表格的标题添加底纹

 9.3 应用技巧

技巧1：使用鼠标自由绘制表格

在Word 2010中，用户可以使用鼠标任意绘制表格，甚至可以绘制斜线。如果要绘制更灵活的表格，可以按照下述步骤进行操作：

|01| 单击"插入"选项卡上的"表格"按钮，从展开的下拉菜单中选择"绘制表格"命令。

|02| 将鼠标指针移到正文区中，鼠标指针将变成笔形 ✐ 。按住鼠标左键拖动，可以绘制表格的外框。

|03| 外框绘制完成后，利用笔形指针在外框内任意绘制横线、竖线或斜线，绘制出表格的单元格，如图9.23所示。

如何快速加大字号？

选中文本后，按Ctrl+Shift+>快捷键。

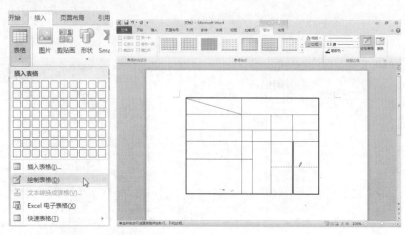

图9.23 绘制空白表格

04 绘制时，还可以选择"设计"选项卡的"绘图边框"组，利用其中的"笔样式"、"笔划粗细"和"笔颜色"来改变边框线样式。

如果要擦除框线，单击"设计"选项卡的"绘图边框"组中的"擦除"按钮，此时鼠标指针将变成"橡皮擦"形状。按住鼠标左键拖过要删除的线，即可将其删除。

技巧2：拆分单元格

如果要将一个单元格拆分成多个单元格，可以按照下述步骤进行操作：

01 选定要拆分的一个或多个单元格。

02 单击功能区中的"布局"选项卡，单击"合并"组中的"拆分单元格"按钮，弹出如图9.24所示的"拆分单元格"对话框。

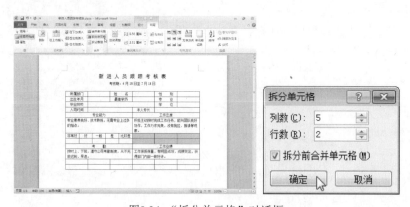

图9.24 "拆分单元格"对话框

03 在"列数"数值框中输入要拆分的列数；在"行数"数值框中输入要拆分的行数。

04 如果希望重新设置表格（例如，将3行3列的表格改为4行4列），则选中"拆分前合并单元格"复选框。如果希望将"行"框和"列"框中的值分别应用于每个所选的单元

用户选择文本时会自动显示一个浮动工具栏，如何取消显示？

打开"Word选项"对话框，取消选择"常规"中的"选择时显示浮动工具栏"复选框。

格，则撤选该复选框。

05 单击"确定"按钮，即可将选定的单元格拆分成等宽的小单元格，然后在单元格中输入文字，如图9.25所示。

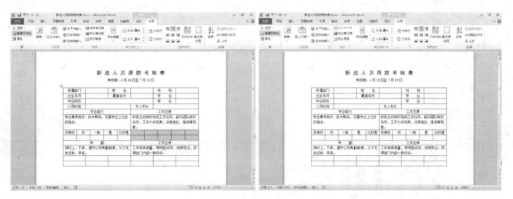

图9.25 拆分单元格

技巧3：改变表格的列宽

用户可以拖动某一列的左、右边框线来快速改变列宽。具体操作步骤如下：

01 将鼠标指针指向要调整列宽的表格边框线上，直到鼠标指针变成 ◄‖► 形状。

02 按住鼠标左键拖动，会出现一条垂直的虚线表示改变后单元格的大小，如图9.26所示。

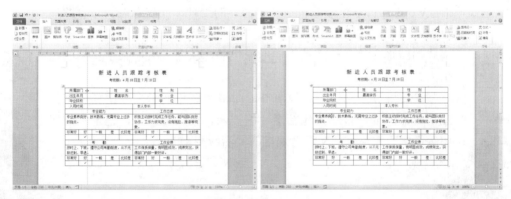

图9.26 快速改变列宽

如何设置仅文档中的段落标记符号？

打开"Word选项"对话框，选择"显示"→"段落标记"复选框。

第10章
制作图文并茂的说明书和海报

　　Word 2010不但擅长普通文本内容的处理，还擅长编辑带有图形对象的文档。Word 2010的图形混排功能非常强大，它可以插入多种格式的图形文件，使文档更加形象生动，从而大大增强了文档的吸引力。

　　本章将通过制作产品说明书、海报和新年贺卡来介绍如何掌握图形对象的处理技巧，包括图片的插入、编辑与修饰，艺术字的应用等，学习重点是图文混合编排的灵活应用。

10.1 制作产品说明书

推广产品时，需要附带一本产品说明书，为客户介绍产品名称、用途、性质、性能、原理、构造、规格、使用方法、保养维护以及注意事项等。前面已经介绍了使用Word排版文档的方法，下面主要讲解利用Word制作图文并茂的说明书。

10.1.1 设置说明书封面的页面大小

公司的手册、产品的说明书与公司的策划方案等都需要有一个精美的封面。用户除了使用Photoshop等专业软件制作图形图像外，还可以利用Word快速制作出漂亮的封面。

说明书封面的页面尺寸通常较小，本例假设说明书的页面尺寸为180×130mm，左右页边距为15mm，上下页边距为10mm，可以按照下述步骤设置说明书封面的页面尺寸。

01 单击"页面布局"选项卡的"页面设置"组中的"纸张大小"按钮，从展开的下拉菜单中选择默认的纸张大小。

02 如果要自定义特殊的纸张大小，可以选择"纸张大小"下拉菜单中的"其他页面大小"命令，在打开的"页面设置"对话框中单击"纸张"选项卡，如图10.1所示。

03 在"高度"和"宽度"文本框中输入纸张的大小。

04 单击"页边距"选项卡，在"上"、"下"、"左"与"右"文本框中分别输入页边距的数值，如图10.2所示。

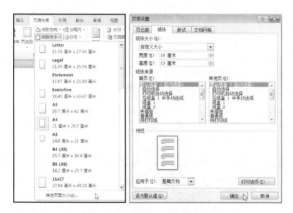

图10.1 "纸张"选项卡　　　　　图10.2 "页边距"选项卡

05 单击"确定"按钮。

10.1.2 插入电脑中的图片

电脑中的图片是指用户通过从网上下载、使用数码相机自己拍摄等途径获得的图片，然后保存到电脑中，Word 2010支持wmf、jpg、png、bmp等十多种格式图片的插入。

快速新建空白文档的方法是什么？

按Ctrl+N快捷键。

153

如果要在文档中插入由其他绘图程序制作的图片文件，可以按照下述步骤进行操作：

01 将插入点置于要插入图片的位置，然后切换到功能区中的"插入"选项卡，单击"插图"组中的"图片"按钮，弹出如图10.3所示的"插入图片"对话框。

02 在"查找范围"列表框中选择图片文件所在的文件夹，然后选定一个要打开的文件。

03 单击"插入"按钮，即可将选定的图片文件插入到文档中，如图10.4所示。

图10.3 "插入图片"对话框　　　　　图10.4 将图片插入到文档中

10.1.3 设置图片格式

在文档中插入剪贴画或图片后，单击该图片将其选定，在该图片的周围出现8个句柄，同时"图片工具"中会显示"格式"选项卡，用于调整图片大小、位置和环绕方式、裁剪图片、调整高度和对比度等。

1.调整图片的大小

在文档中插入图片后，用户可以通过Word提供的缩放功能来调整其大小。具体操作步骤如下：

01 单击要缩放的图片，使其周围出现8个句柄。

02 如果要横向或纵向缩放图片，则将鼠标指针指向图片四边的任意一个句柄上；如果要沿对角线方向缩放图片，则将鼠标指针指向图片四角的任意一个句柄上。

03 按住鼠标左键，沿缩放方向拖动鼠标，如图10.5所示。

 菜鸟充电站　快速保存当前打开文档的方法是什么？

按Ctrl+S快捷键。

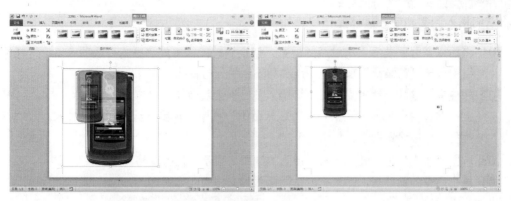

图10.5 调整图片大小

04 缩放到需要的大小时，释放鼠标左键。

2. 裁剪图片

如果用户仅希望显示所插入图片的一部分，可以通过"裁剪"工具将图片中不希望显示的部分裁剪掉。裁剪图片的操作步骤如下：

01 单击要裁剪的图片，在"格式"选项卡的"大小"组中单击"裁剪"按钮，此时图片的四周出现黑色的控点。

02 将鼠标指针指向图片的某个控点上时，鼠标指针变为倒立的T形状，拖动鼠标，即可将鼠标经过的部分裁剪掉。

03 将图片裁剪完毕后，单击文档的任意位置，就完成图片的裁剪操作，如图10.6所示。

图10.6 裁剪图片

> **提示** Word 2010允许将图片裁剪为不同的形状，单击选择要裁剪的图片，在"格式"选项卡的"大小"组中单击"裁剪"按钮的向下箭头，在展开的下拉列表中选择"裁剪为形状"按钮，展开子列表后，单击"基本形状"区内的"椭圆"图标。此时，图像就被裁剪为指定的形状。

10.1.4 插入剪贴画

Word 2010提供了一个内容丰富的剪贴画库，其中包含了大量的图片，用户可以很容易

密技偷偷报　　**快速打开文档的方法是什么？**

按Ctrl+O快捷键。

地将它们插入到文档中。具体操作步骤如下：

01 将插入点置于要插入剪贴画的位置，切换到功能区中的"插入"选项卡，在"插图"组中单击"剪贴画"按钮，弹出"剪贴画"任务窗格。

02 在任务窗格的"搜索文字"框中输入剪贴画的关键字，若不输入任何关键字，则Word会自动搜索所有的剪贴画。在"搜索范围"框中选择要进行搜索的文件夹；在"结果类型"框中设置搜索目标的类型。

03 单击"搜索"按钮进行搜索，搜索的结果将显示在任务窗格的"结果"区中。

04 单击所需的剪贴画，即可将剪贴画插入到文档中，如图10.7所示。

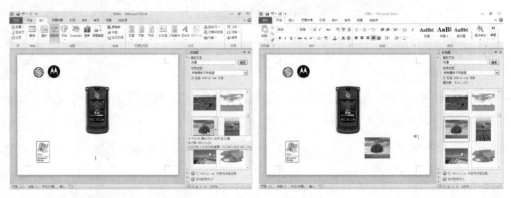

图10.7 在文档中插入一幅剪贴画

10.1.5 应用图片样式

Word 2010提供了许多图片样式，可以快速应用到图片上。具体操作步骤如下：

01 选择要应用图片样式的图片，切换到功能区中的"格式"选项卡，单击"图片样式"列表框的图片样式，立即在文档中预览该图片样式的效果，如图10.8所示。

02 用户可以单击"图片样式"列表框右侧的"其他"按钮，从展开的列表中提供了更多的图片样式让用户选择，如图10.9所示。

图10.8 应用图片样式的效果　　　　　　图10.9 选择其他的图片样式

如何快速切换到页面视图？

按Alt+Ctrl+P快捷键。

10.1.6　使用艺术字美化标题

为了使文档的标题活泼、生动，可以使用Word的艺术字功能来生成具有特殊视觉效果的标题。在Word 2010中，艺术字是图形对象，因此可以利用绘图工具来改变其效果，例如，设置艺术字的边框、填充颜色、阴影和三维效果等。插入艺术字的具体操作步骤如下：

01 将插入点移到要插入艺术字的位置，切换到功能区中的"插入"选项卡，在"文本"组中单击"艺术字"按钮，展开如图10.10所示的艺术字样式列表。

02 选择一种艺术字样式。此时，在文档中间出现输入艺术字的文本框，如图10.11所示。

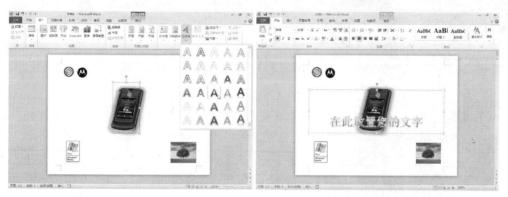

图10.10 选择艺术字样式　　　　　图10.11 插入艺术字文本框

03 输入艺术字的内容，并与编辑普通文本一样利用对话框中的工具栏设置字体、字号以及是否加粗、倾斜等，如图10.12所示。

04 拖动艺术字的外框，将艺术字调整到页面所需的位置，如图10.13所示。

图10.12 在文档中插入艺术字　　　　　图10.13 调整艺术字的位置

05 重复以上步骤，可以在文档中插入艺术字"MOTORAZR V8 2GB GSM"，如图10.14所示。

如何快速切换到大纲视图？

按Alt+Ctrl+O快捷键。

06 要改变艺术字的形状，可以选择艺术字，然后切换到功能区中的"格式"选项卡，单击"艺术字样式"组中的"文字效果"按钮，从弹出的菜单选择"转换"命令，再从弹出的子菜单中选择一种形状，如图10.15所示。

图10.14 插入英文艺术字

图10.15 选择一种形状

07 要为艺术字设置阴影效果，可以单击"艺术字样式"组中的"文字效果"按钮，从弹出的菜单选择"阴影"命令，再从子菜单中选择一种阴影效果，如图10.16所示。

08 要改变艺术字笔划的粗细，可以单击"艺术字样式"组中的"文本轮廓"按钮，从弹出的菜单中选择"粗细"命令，再从子菜单中选择粗细尺寸，如图10.17所示。

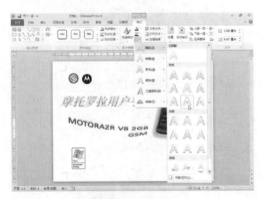

图10.16 设置艺术字阴影效果

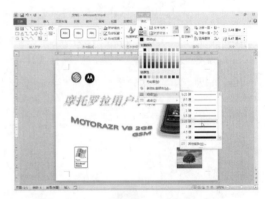

图10.17 设置艺术字笔划的粗细

10.1.7 制作说明书的正文

制作出说明书的封面后，就可以利用前面已经讲解过的知识制作说明文的正文，这里不再赘述，其效果如图10.18所示。

菜鸟充电站　　如何在Word文档中快速定位插入点？

通过在文档中任意位置双击，可以灵活定位文本的输入位置。

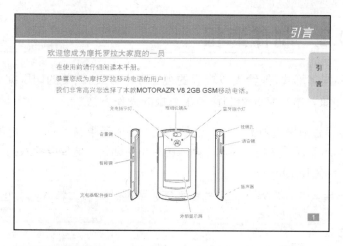

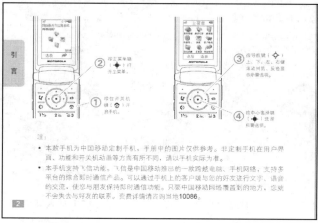

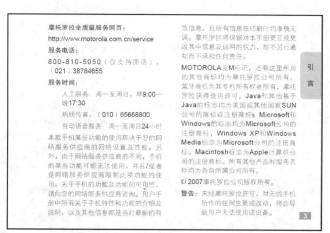

图10.18 制作说明书的正文

如何在输入文本时插入软回车（不同的行仍然属于一个段落）？
按Shift+Enter快捷键。

10.2 制作海报

海报作为一种媒体形式，能给人以极强的视觉冲击效果。精美的印刷突出了产品的主题，给人留下深刻的印象。本节将介绍制作简单海报的操作方法：

01 根据需要设置海报页面的大小，然后切换到功能区中的"插入"选项卡，在"插图"组中单击"图片"按钮，弹出"插入图片"对话框，选择要插入的图片，将其插入到文档中，如图10.19所示。

02 再打开"插入图片"对话框，选择要插入的图片，将其插入到文档中，如图10.20所示。

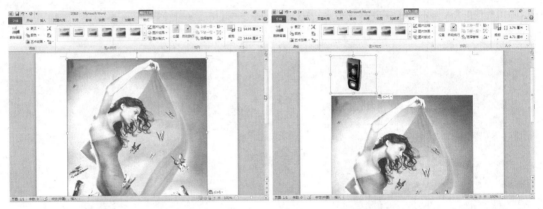

图10.19 插入一幅大的图片作为背景　　　　图10.20 插入其他要应用的图片

03 为了使MP4图片出现在上层，可以选定该图片，然后切换到功能区中的"格式"选项卡，在"自动换行"组中单击"文字环绕"按钮，从展开的菜单中选择"浮于文字上方"选项，如图10.21所示。此时，可以将MP4图片移到文档的任意位置，如图10.22所示。

图10.21 选择"浮于文字上方"选项　　　　图10.22 移动图片的位置

菜鸟充电站　　复制文本的快捷键是什么？

　　　　　　　按Ctrl+C快捷键复制选择的文本，再按Ctrl+V快捷键粘贴文本。

04 为了去除MP4图片四周的白色，可以选定该图片，然后切换到功能区中的"格式"选项卡，在"调整"选项组中单击"删除背景"按钮，可以拖动图片的控点调整删除背景的范围，然后单击"背景消除"选项卡的"关闭"选项组中的"保留更改"按钮，结果如图10.23所示。

图10.23 将图片设置为透明色

05 重复以上步骤，在文档中插入另一幅小的MP4图片，如图10.24所示。

06 选中该图片，单击"开始"选项卡的"复制"按钮，再单击"开始"选项卡的"粘贴"按钮，复制该图片，然后用鼠标拖动图片上方的绿色旋转按钮，开始旋转图片，如图10.25所示。

图10.24 插入另一幅小的MP4图片　　　　　图10.25 复制旋转后的图片

07 为了制作动感效果，再复制并旋转该图片，如图10.26所示。

08 为了调整图片的叠放次序，可以选中该图片，然后切换到功能区中的"格式"选项卡，单击"下移一层"按钮右侧的向下箭头，从下拉列表中选择"置于底层"选项，即可将选中的图片放置在其他图片的下方，如图10.27所示。

移动文本的快捷键是什么？

按Ctrl+X快捷键剪切选择的文本，再按Ctrl+V快捷键粘帖文本。

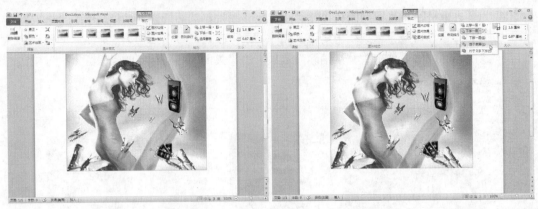

图10.26 制作动感效果的图片　　　　　图10.27 调整图片的叠放次序

09 利用前面介绍的内容,在图片上插入艺术字,如图10.28所示。单击快速访问工具栏中的"保存"按钮,将创建的文档保存起来。

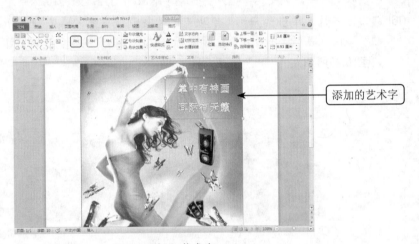

添加的艺术字

图10.28 插入艺术字

10.3 使用文本框制作贺年卡

Word 2010提供的文本框可使选定的文本或图形移到页面的任意位置,进一步增强了图文混排的功能。下面介绍如何利用文本框制作简单的贺年卡。

10.3.1 在文档中插入文本框

如果要在文档的任意位置插入文本,可以绘制一个文本框。具体操作步骤如下:

01 切换到功能区中的"插入"选项卡,在"文本"组中单击"文本框"按钮,展开下拉菜单,用户可以从下拉菜单中选择一种文本框样式,可以快速绘制带格式的文本框。

菜鸟充电站　　快速打开"导航"窗格的方法是什么?

按Ctrl+F快捷键。

02 如果要手动绘制文本框，则从"文本框"下拉菜单中选择"绘制文本框"命令（见图10.29），按住鼠标左键拖动，即可绘制一个文本框。

03 当文本框的大小合适后，释放鼠标左键。此时，插入点在文本框中闪烁着，即可输入文本或插入图片。

04 单击文本框的边框即可将其选定，此时文本框的四周出现8个句柄，按住鼠标左键拖动句柄，可以调整文本框的大小，如图10.30所示。

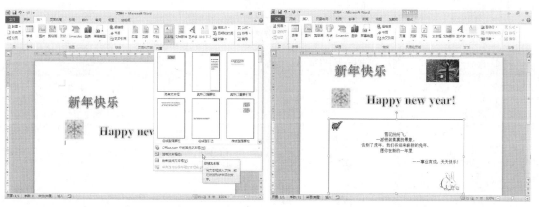

图10.29 选择"绘制文本框"命令　　　　图10.30 调整文本框的大小

05 将鼠标指针指向文本框的边框，鼠标指针变成四向箭头时，按住鼠标左键拖动，可以调整文本框的位置。

10.3.2 设置文本框的边框

如果需要为文本框设置格式，可以按照下述步骤进行操作：

01 单击文本框的边框将其选定。

02 切换到功能区中的"格式"选项卡，单击"形状样式"选项组中的"形状轮廓"按钮，从弹出的菜单中选择"粗细"命令，再选择所需的线条粗细。

03 切换到功能区中的"格式"选项卡，单击"形状样式"选项组中的"形状轮廓"按钮，在弹出的菜单中选择"虚线"命令，从其子菜单中选择"其他线条"命令，弹出"设置形状格式"对话框，在"复合类型"下拉列表框中选择一种线型，如图10.31所示。

密技偷偷报　**如何查找不同格式的文本？**

在"查找和替换"对话框中单击"更多"按钮，单击"格式"按钮，选择"字体"命令设置。

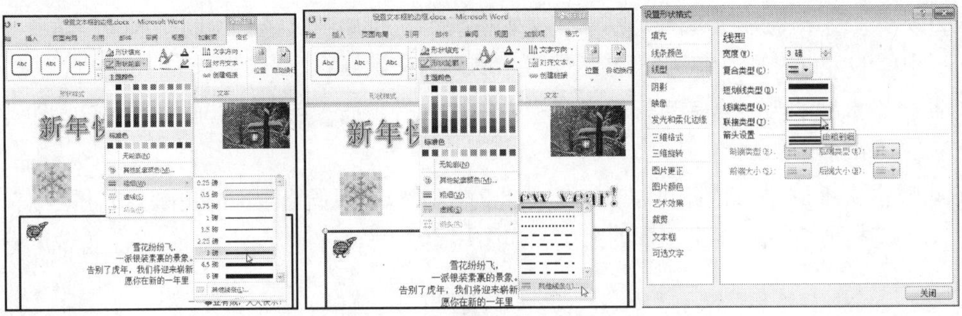

图10.31 选择线型

04 单击"关闭"按钮，效果如图10.32所示。

图10.32 设置边框效果

10.4 应用技巧

技巧1：快速去除图片的背景

删除图片背景是Word 2010新增的图片处理功能，它能够将图片主体部分周围的背景删除。

01 单击要编辑的图片。

02 在"格式"选项卡中，单击"调整"选项组中的"删除背景"按钮。

03 此时，进入"背景消除"选项卡，在图片的周围可以看到一些浅蓝色的控点，拖动控点可以调整删除的背景范围。

04 利用"背景消除"选项卡中的"标记要保留的区域"按钮以及"标记要删除的区域"

菜鸟充电站

快速打开"查找和替换"对话框的方法是什么？

按Ctrl+H快捷键。

按钮，然后利用鼠标拖动对图片中一些特殊的区域进行标记，从而进一步修正消除背景的准确性。

05 设置好删除背景的区域后，单击"背景消除"选项卡中的"保留更改"按钮，效果如图10.33所示。

图10.33 删除图片背景

技巧2：为图片应用艺术效果

Word 2010不仅能够方便地更改图片的外观样式，还能够获得很多需要专业图像处理软件才能完成的特殊效果，使插入文档的图片更具有表现力。

01 单击要编辑的图片。

02 在"格式"选项卡中，单击"调整"选项组中的"艺术效果"按钮，在展开的下拉列表中选择一种艺术效果。

03 经过以上操作后，就完成了为图片设置艺术效果的操作，如图10.34所示。

图10.34 添加图片艺术效果

密技偷偷报   关闭"查找和替换"对话框进行重复查找的快捷键是什么？

按Alt+Ctrl+Y快捷键。

第11章

Excel 2010基础——创建"员工登记表"

Excel 2010是Office 2010的另一个核心组件，它是一个强大的数据处理软件。利用它不仅可以制作电子表格，还可以对其中的数据进行编辑和处理，包括处理复杂的计算、统计分析、创建报表或图表以及数据的分类和筛选等。

本章将介绍Excel 2010的基本操作，主要包括Excel 2010的窗口组成、创建新的工作簿、打开工作簿、保存工作簿和管理工作表等，让用户能够创建工作簿以及处理工作簿中的工作表。

11.1 Excel 2010窗口简介

启动Excel 2010后，打开如图11.1所示的Excel 2010窗口。

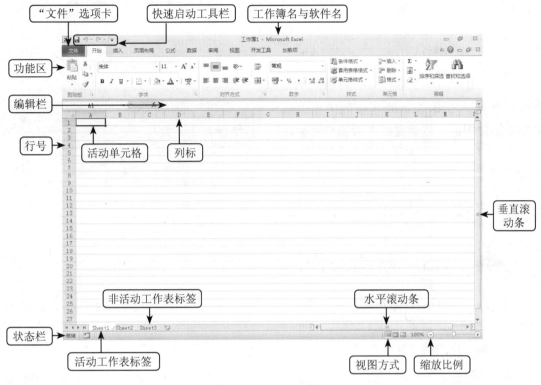

图11.1 Excel 2010窗口

11.2 认识工作簿、工作表与单元格

在Excel中使用最频繁的就是工作簿、工作表和单元格，它们是构成Excel的支架，也是Excel主要的操作对象。

工作簿：工作簿是Excel用来处理和存储数据的文件，其扩展名为.xlsx，其中可以含有一个或多个工作表。实质上，工作簿是工作表的容器。刚启动Excel 2010时，打开一个名为"工作簿1"的空白工作簿，当然可以在保存工作簿时，重新定义一个自己喜欢的名字。

工作表：工作表是构成工作簿的主要元素，默认情况下工作簿中包括3张工作表，每张工作表都有自己的名称。工作表主要用于处理和存储数据，常称为电子表格。

单元格和单元格区域：单元格是Excel中最基本的存储数据单位，通过对应的行标和列标进行命名的引用，任何数据都只能在单元格中进行输入，而多个连续的单元格称为单元格区域，如图11.2所示。

在Excel 2010中如何快速关闭打开的Excel文件？

双击应用程序窗口左上角的Excel图标。

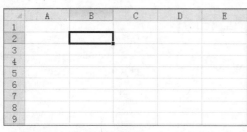
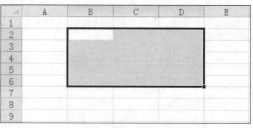

此单元格所在位置为第2行的B列,故命名为B2　　　单元格区域的命名由左上角单元格加上右下角的单元格再用冒号连接组成,故命名为B2:D6

图11.2　单元格和单元格区域

工作簿、工作表和单元格的关系：在Excel 2010中,工作表是处理数据的主要场所；单元格是工作表中最基本的存储和处理数据的单元,一个工作簿包含多张工作表。因此,它们之间为相互包含的关系,可以用如图11.3所示的图示来表示。

图11.3　工作簿、工作表和单元格三者的关系

11.3　新建工作簿

启动Excel 2010时,系统会自动创建一个空白的工作簿,等待用户输入信息。用户还可以根据自己的实际需要,创建新的工作簿。

创建新工作簿的具体操作步骤如下：

01　单击"文件"选项卡,在弹出的菜单中选择"新建"命令,在中间的"可用模板"窗格中单击"空白工作簿"选项,如图11.4所示。

图11.4　新建工作簿

Excel 2010中如何快速设置字号大小?

直接在"字号"列表框中输入所需的字号后按Enter键。

02 单击"创建"按钮，将创建一个新的空白工作簿。

在"新建"窗口中，还可以选择以下一种方式新建工作簿。

● 单击"可用模板"窗格中的"样本模板"，从下方列表框中选择与需要创建工作簿类型对应的模板。单击"创建"按钮，即可生成带有相关文字和格式的工作簿，大大简化了重新创建Excel工作簿的工作过程。此时，只需在相应的单元格中填写数据，如图11.5所示。

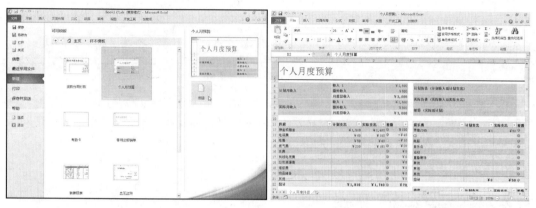

图11.5 利用模板新建带格式的工作簿

● 单击"可用模板"窗格中的"根据现有内容新建"，打开"根据现有工作簿新建"对话框，从中选择已有的Excel文件为基础来新建工作簿。

 用户还可以在"新建"窗口中，单击"Office.com模板"下方的模板分类，再选择具体要使用的模板，单击"下载"按钮，即可从网上下载该模板来新建工作簿。

11.4 保存工作簿

完成一个工作簿文件的建立和编辑后，需要将工作簿保存到磁盘上，以保存工作成果。保存工作簿的另一个重要意义在于可以避免由于断电等意外事故造成的数据丢失。

11.4.1 保存新建的工作簿

第一次保存工作簿时，必须为工作簿分配文件名并将其保存到磁盘中，具体操作步骤如下：

01 单击快速启动工具栏上的"保存"按钮 ，或者单击"文件"选项卡，在弹出的菜单中选择"保存"命令，弹出如图11.6所示的"另存为"对话框。

 在Excel 2010中如何检查文档？
单击"文件"选项卡，单击"信息"→"检查问题"→"检查文档"命令。

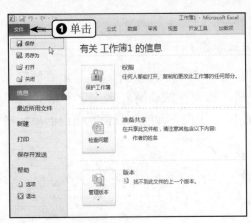 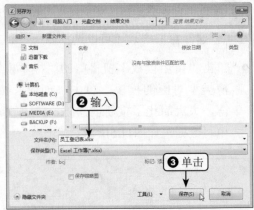

图11.6 "另存为"对话框

02 要在不同的驱动器上保存工作簿，请单击"保存位置"列表框右侧的向下箭头，从下拉列表中选择新的驱动器，再从文档列表框中选择文件夹名称。

03 在"文件名"文本框中输入工作簿名称。

04 单击"保存"按钮，即可将工作簿保存起来。

11.4.2　保存已有的工作簿

要保存已经存在的工作簿，请单击快速启动工具栏上的"保存"按钮或者单击"文件"选项卡，在弹出的菜单中选择"保存"命令，Excel不再出现"另存为"对话框，而是直接保存工作簿。

为了对已经存在的工作簿进行备份，可以单击"文件"选项卡，在弹出的菜单中选择"另存为"命令，在弹出的"另存为"对话框中输入新文件名，然后单击"保存"按钮。

11.4.3　设置工作簿密码

对于重要的工作簿，在保存时可以设置打开权限密码和修改权限密码，具体操作步骤如下：

01 在"另存为"对话框中单击"工具"按钮，在弹出的菜单中选择"常规选项"命令，如图11.7所示。

如何设置Excel 2010文档的属性？

"文件"选项卡→"信息"→"属性"→"显示文档面板"，调出一个属性栏进行设置。

图11.7 选择"常规选项"命令

[02] 弹出"常规选项"对话框,在"打开权限密码"或者"修改权限密码"文本框中输入密码,注意在输入英文字母时要区分大小写。

[03] 单击"确定"按钮,弹出"确认密码"对话框,在"重新输入密码"文本框中再次重新输入相同的密码,如图11.8所示。

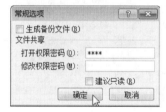

图11.8 为文档添加密码

[04] 单击"确定"按钮,返回到"另存为"对话框,单击"保存"按钮。

 还有一种快速加密工作簿的方法,单击"文件"选项卡,在弹出的菜单中选择"信息"命令,单击中间窗格的"保护工作簿"按钮,在弹出的菜单中选择"用密码进行加密"命令,打开"加密文档"对话框,输入密码即可。

11.5 打开工作簿

要对已经保存的工作簿进行编辑,就必须先打开该工作簿。具体操作步骤如下:

[01] 单击"文件"选项卡,在弹出的菜单中单击"打开"命令,打开"打开"对话框。

[02] 定位到要打开的工作簿路径下,然后选择要打开的工作簿,并单击"打开"按钮,即可在Excel窗口中打开选择的工作簿。

 **为什么有时Excel 2010打开文件时速度很慢?**

如果是由Excel 2003格式转换成2010格式的文件,用Excel 2010打开时会变得比原来要慢。

11.6　在打开的工作簿之间切换

用户同时打开多个工作簿后，每个工作簿占据一个工作簿窗口。由于工作簿窗口被最大化，因此屏幕上仅能看到一个工作簿的内容。

11.6.1　利用任务栏切换工作簿

Excel 2010的多文档处理特性，使得每个被打开的工作簿都在Windows任务栏上显示出相应的图标，这意味着可以通过Windows的任务栏来切换工作簿。

直接在Windows任务栏上单击相应的工作簿图标，即可激活该工作簿窗口，也就是将该工作簿窗口放置到Excel 2010窗口的最上方，如图11.9所示。

图11.9　利用任务栏切换工作簿

11.6.2　利用"切换窗口"按钮切换工作簿

单击"视图"选项卡中的"切换窗口"按钮，下方列出了所有打开的工作簿名称，单击要切换到的工作簿名称，即可切换到该工作簿中，如图11.10所示。

图11.10　利用"切换窗口"按钮切换工作簿

如何快速调用Excel 2010中的选择性粘贴对话框？

在复制单元格或对象后，按下Ctrl+Alt+V快捷键，即可调用选择性粘贴对话框。

11.7　关闭工作簿

完成工作簿的编辑操作后，应该将它关闭，以释放该工作簿所占用的内存空间。

要关闭当前的工作簿文件，只需单击Office按钮，在弹出的菜单中选择"关闭"命令。若对该工作簿进行了改动，并且没有执行保存操作，则打开对话框询问是否要将当前的工作簿保存起来，如图11.11所示。

图11.11　关闭工作簿

11.8　处理工作簿中的工作表

在工作簿中，用户可以根据需要对工作表进行切换与添加操作。默认情况下，工作表的名称为Sheet1、Sheet2、Sheet3，用户还可以将它们改为具有实际意义的名称。

11.8.1　切换工作表

使用新建的工作簿时，最先看到的是Sheet1工作表。要切换到其他工作表中，可以选择以下几种方法之一：

 单击工作表标签，可以快速在工作表之间进行切换。例如，单击Sheet2标签，即可进入第二个空白工作表，如图11.12所示。此时，Sheet2以白底且带下划线显示，表示它为当前工作表。

图11.12　切换工作表

如何在Excel 2010中快速设置冻结窗格？

选择要冻结的窗格的位置入C2，表示冻结1行2列，按Alt+W+F+F快捷键。

02 可以通过键盘切换工作表：按Ctrl+PageUp快捷键，切换到上一个工作表；按Ctrl+PageDown快捷键，切换到下一个工作表。

03 如果在工作簿中插入了许多工作表，而所需的标签没有显示在屏幕上，则可以通过工作表标签前面的4个标签滚动按钮来滚动标签，如图11.13所示。

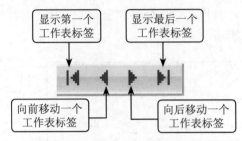

图11.13 利用标签按钮切换标签

04 右击工作表标签左边的标签滚动按钮，在弹出的快捷菜单中选择要切换的工作表。

11.8.2 插入工作表

Excel默认一个工作簿中包含3个工作表，但在实际工作中，可能需要更多的工作表。有以下几种插入工作表的方法：

- 单击工作表标签右侧的"插入工作表"按钮，自动插入一个新工作表，如图11.14所示。

图11.14 插入工作表

- 切换到功能区的"开始"选项卡，单击"插入"按钮右侧的向下箭头，从展开的下拉菜单中选择"插入工作表"命令。

11.8.3 删除工作表

如果已经不再需要某个工作表，则可以将该工作表删除，具体操作步骤如下：

01 右击要删除的工作表标签，在弹出的快捷菜单中选择"删除"命令。如果工作表中含有数据，会出现如图11.15所示的对话框提示"永久删除这些数据"。

 在Excel 2010中如何显示和隐藏编辑栏？

在"Excel选项"对话框中，单击"高级"→"显示"分类→勾选或取消"显示编辑栏"复选框。

图11.15 删除工作表

02 单击"删除"按钮，即可删除选定的工作表。

用户还可以切换到功能区中的"开始"选项卡，单击"单元格"组中"删除"按钮右侧的向下箭头，在展开的下拉菜单中选择"删除工作表"命令。

11.8.4 重命名工作表

对于一个新建的工作簿，默认的工作表名为Sheet1、Sheet2和Sheet3等，从这些工作表名称中很难知道工作表中存放的内容，使用起来很不方便。

要重命名工作表，可以按照下述步骤进行操作：

01 双击需要重命名的工作表，工作表标签上的名字被反白显示。

02 输入新的工作表名称，按Enter键确定，如图11.16所示。

图11.16 重命名工作表

用户还可以切换到功能区中的"开始"选项卡，单击"单元格"组中"格式"按钮右侧的向下箭头，在展开的下拉菜单中选择"重命名工作表"命令。

11.8.5 选定多个工作表

要在工作簿的多个工作表中输入相同的数据，可以将这些工作表选定。用户可以利用下述方法之一来选定多个工作表：

01 要选定多个相邻工作表时，单击第一个工作表的标签，按住Shift键，再单击最后一个工作表标签，如图11.17所示。

密技偷偷报

Excel 2010的"窗体"和"控件"工具栏在哪里？

首先显示"开发工具"选项卡，然后单击"插入"→"表单控件"。

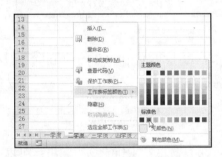

图11.17 选定相邻的工作表

02 要选定不相邻工作表时，单击第一个工作表的标签，按住Ctrl键，再分别单击要选定的工作表标签。

03 要选定工作簿中的所有工作表时，请右击工作表标签，然后从弹出的快捷菜单中选择"选定全部工作表"命令。

选定多个工作表时，在标题栏的文件名旁边将出现"［工作组］"字样。当向工作组内的一个工作表中输入数据或者进行格式化时，工作组中的其他工作表也出现相同的数据和格式。

要取消对工作表的选定，只需单击任意一个未选定的工作表标签；或者右击工作表标签，在弹出的快捷菜单中选择"取消组合工作表"命令即可。

11.8.6 设置工作表标签颜色

为了更进一步地区分工作簿中的多个工作表，用户还可以根据自己的需要为不同的工作表标签设置不同的颜色。为工作表标签添加颜色的操作步骤如下：

01 右击需要添加颜色的工作表标签，在弹出的快捷菜单中选择"工作表标签颜色"命令。

02 从其子菜单中选择所需的工作表标签的颜色，改变颜色后的效果如图11.18所示。

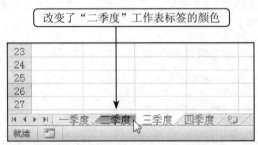

图11.18 更换工作表标签的颜色

03 采用相同的方法，为其他工作表标签设计不同的颜色。

菜鸟充电站 在Excel 2010中如何改变批注的形状？

可以在"Excel选项"→"自定义功能区"→"从下列位置选择命令"→"工具选项卡"→"绘图工具"→"格式"下找到。

11.8.7 移动与复制工作表

移动和复制工作表分为两种情况,一是在同一工作簿中移动或复制工作表,二是在不同的工作簿之间移动或复制工作表。下面分别对其进行详细介绍。

1. 在同一工作簿中移动工作表

在同一工作簿中移动工作表的方法比较简单,例如,要将工作表"一季度"移到"三季度"的后面,具体操作步骤如下:

01 按住鼠标左键将需要移动的工作表标签"一季度"沿着标签行拖动,此时鼠标指针变成形状,并有一个向下箭头图标随鼠标指针的移动而移动,用以指示工作表将其移动后的位置。

02 当到达指定位置时释放鼠标左键,工作表将移动到新的位置,如图11.19所示。

图11.19 将工作表移到新位置

2. 在同一工作簿中复制工作表

在同一工作簿中复制工作表与移动工作表类似,只需用鼠标指针拖动要复制的工作表,拖动时必须按住Ctrl键。具体操作步骤如下:

01 按住鼠标左键拖动要复制的工作表标签"一季度",在拖动的同时按住Ctrl键,此时鼠标指针变成形状。

02 拖动至需要粘贴的位置后释放鼠标左键,再松开Ctrl键。复制完成后,在新位置出现一个完全相同的工作表,只是在复制的工作表名称后附上一个带括号的编号,例如,"一季度"的复制工作表名称为"一季度(2)",如图11.20所示。

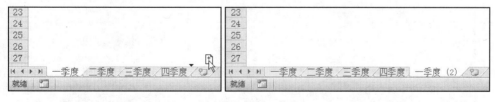

图11.20 复制工作表

3. 在不同工作簿中移动或复制工作表

如果要将一个工作表移动或复制到另一个工作簿中,可以按照下述步骤进行操作:

密技偷偷报 在Excel 2010中如何默认保存为Excel 2003的格式?

在"Excel选项"→"保存"中,设置"将文件保存为此格式"为"Excel 97-2003工作簿"。

01 同时打开两个工作簿，一个是包含要移动或复制工作表的工作簿，另一个是用于接收工作表的工作簿。

02 右击要移动或复制的工作表标签，在弹出的快捷菜单中选择"移动或复制工作表"命令，弹出如图11.21所示的"移动或复制工作表"对话框。

图11.21 "移动或复制工作表"对话框

03 在"工作簿"下拉列表框中选择用于接收工作表的工作簿名。如果选择"（新工作簿）"，则可以将选定的工作表移动或复制到新的工作簿中。

04 在"下列选定工作表之前"列表框中，选择要移动或复制的工作表要放在选定工作簿中的哪个工作表之前。要复制工作表，请选中"建立副本"复选框，否则只是移动工作表。

05 单击"确定"按钮。

11.8.8 隐藏与显示工作表

在参加会议或演讲等活动时，若不想表格中重要的数据外泄，可将数据所在的工作表进行隐藏，待需要时再将其显示出来。

01 右击要隐藏的工作表标签，在弹出的快捷菜单中选择"隐藏"命令。

02 此时，可以看到"二季度"被隐藏了，如图11.22所示。

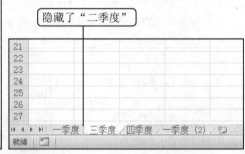

图11.22 隐藏工作表

Excel 2010中如何才能复制筛选结果？

选定筛选结果区域，按Ctrl+G快捷键定位"可见单元格"，然后复制与粘贴。

用户还可以选择要隐藏的工作表标签，然后在"开始"选项卡下单击"格式"按钮，从展开的下拉菜单中指向"隐藏和取消隐藏"命令，再从其子菜单中选择"隐藏工作表"命令。

如果用户要重新显示被隐藏的工作表，可以按照下述步骤进行操作：

01 右击任意工作表标签，在弹出的快捷菜单中单击"取消隐藏"命令。

02 弹出"取消隐藏"对话框，在"取消隐藏工作表"列表框中选择要取消隐藏的工作表名称，再单击"确定"按钮，如图11.23所示。

图11.23 取消隐藏工作表

11.8.9 保护工作表

Excel 2010增加了强大而灵活的保护功能，以保证工作表或单元格中的数据不会被随意更改。设置保护工作表的具体操作步骤如下：

01 右击工作表标签，在弹出的快捷菜单中选择"保护工作表"命令，弹出如图11.24所示的"保护工作表"对话框。

图11.24 "保护工作表"对话框

 **在Excel 2010中，如何修改批注文字的字体？**

在选定批注后右击，在弹出的快捷菜单中选择"设置批注格式"命令进行设置。

02 选中"保护工作表及锁定的单元格内容"复选框。

03 要给工作表设置密码，可以在"取消工作表保护时使用的密码"文本框中输入密码。

04 在"允许此工作表的所有用户进行"列表框中选择可以进行的操作，或者撤选禁止操作的复选框。例如，选中"设置单元格格式"复选框，则允许用户设置单元格的格式。

05 单击"确定"按钮。此时，在工作表中输入数据时会弹出如图11.25所示的对话框。

图11.25 输入数据时会弹出提示对话框

要取消对工作表的保护，可以按照下述步骤进行操作：

01 切换到功能区中的"开始"选项卡，在"单元格"组中单击"格式"按钮，在弹出的菜单中选择"撤销工作表保护"命令。

02 如果给工作表设置了密码，则会出现如图11.26所示的"撤销工作表保护"对话框，输入正确的密码。

03 单击"确定"按钮。

图11.26 "撤销工作表保护"对话框

菜鸟充电站 在Excel 2010中如何设置零值是否显示？

在"Excel选项"→"高级"中，勾选"在具有零值的单元格中显示零"复选框。

11.9 应用技巧

技巧1：利用模板新建"差旅费报销单"

公司经常安排人员出差，需要制作"差旅费报销单"，利用Excel提供的模板功能，即可快速新建漂亮的"差旅费报销单"。具体操作步骤如下：

01 单击"文件"选项卡，在弹出的菜单中选择"新建"命令，在中间窗格的"Office.com"列表框内选择"费用报表"分类，再选择"差旅费报销单2"，单击"下载"按钮，如图11.27所示。

02 下载完毕后，即可创建如图11.28所示的工作簿，用户可以在相应的单元格中填入单位名称、日期和相应费用等。

图11.27 选择要应用的模板

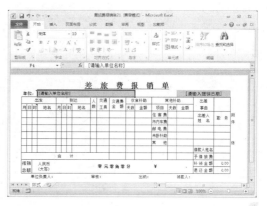

图11.28 利用模板新建的工作簿

技巧2：通过"自动保存"功能避免工作表数据意外丢失

表格编辑过程中意外情况是不可预测的，造成损失也是在所难免。通过Excel提供的"自动保存"功能，可以使发生意外时的损失降低到最小。具体设置方法如下：

01 单击"文件"选项卡，在弹出的菜单中选择"选项"命令，打开"Excel选项"对话框。

02 单击左侧窗格中的"保存"选项，然后在右侧窗格的"保存工作簿"选项组中将"保存自动恢复信息时间间隔"设置为合适的时间，数值越小，恢复的完整性越好，一般建议设置为3分钟，如图11.29所示。

密技偷偷报

Excel 2010中该如何加载宏？

在"Excel选项"→"加载项"→选择"Excel加载项"，单击"转到"按钮。

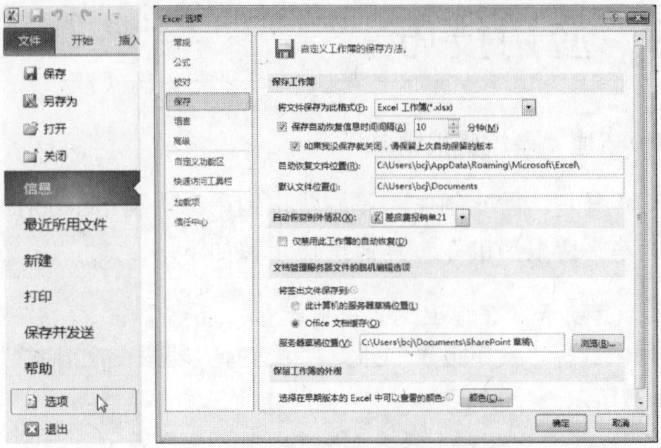

图11.29 设置自动保存时间

菜鸟充电站

如何快速在最后一个工作表后追加一个工作表？

单击工作表标签右侧的“插入工作表”按钮，在最后一个工作表后追加一个新的工作表。

第12章

编辑工作表——员工工资表

  Excel主要利用工作表来管理与统计数据，所以工作表的编辑操作对用户非常重要。如果能够掌握工作表的编辑技巧，那么就能给工作带来事半功倍的效果。

  本章将介绍创建与编辑工作表的基本操作和应用技巧，主要包括在工作表中输入文本、数字、日期和时间、使用序列快速填充数据、编辑单元格数据、移动或复制单元格、插入或删除单元格、插入或删除行以及插入或删除列等。

12.1 输入数据

数据是表格中不可缺少的元素之一，在Excel 2010中，常见的数据类型有文本型、数字型、日期时间型和公式等。本节将介绍在表格中输入数据的方法。

12.1.1 输入文本

文本是Excel常用的一种数据类型，如表格的标题、行标题与列标题等。文本数据包含任何字母（包括中文字符）、数字和键盘符号的组合。默认情况下，Excel在单元格的左边对齐文本。

输入文本的操作步骤如下：

01 单击单元格A1将其选定，输入"员工工资表"。则输入的内容显示在单元格A1中，同时，编辑栏中也会显示键入的内容。

02 输入完毕后，按回车键，或者单击编辑栏上的"输入"按钮✓。

03 单击单元格A3将其选定，输入"编号"。

04 输入完毕后，按Tab键要选定右侧的单元格为活动单元格；按回车键可以选定下方的单元格为活动单元格；按方向键可以自由选定其他单元格为活动单元格，如图12.1所示。

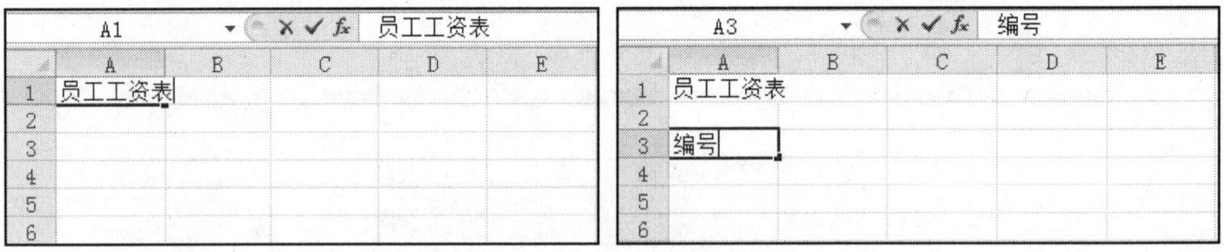

图12.1 输入文本

05 重复步骤4，在其他单元格中输入相应的文本如图12.2所示。

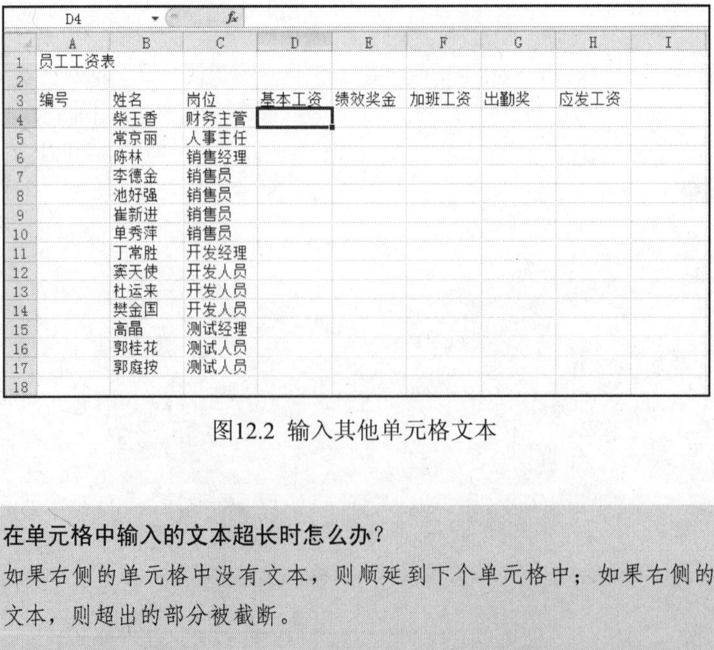

图12.2 输入其他单元格文本

在单元格中输入的文本超长时怎么办？

如果右侧的单元格中没有文本，则顺延到下个单元格中；如果右侧的单元格中含有文本，则超出的部分被截断。

用户输入的文本超过单元格宽度时，如果右侧相邻的单元格中没有任何数据，则超出的文本会延伸到右侧单元格中；如果右侧相邻的单元格中已有数据，则超出的文本被隐藏起来。只要增大列宽或以自动换行的方式格式化该单元格后，就能够看到全部的文本内容。要使单元格中的数据强行换到下一行中，按Alt+Enter快捷键即可。

12.1.2　输入日期和时间

在使用Excel进行各种报表的编辑和统计中，经常需要输入日期和时间。输入日期时，一般使用"/"（斜杠）或"－"（减号）分隔日期的年、月、日。年份通常用两位数来表示，如果输入时省略了年份，则Excel 2010会以当前的年份作为默认值。输入时间时，可以使用":"号（英文半角状态的冒号）将时、分、秒隔开。

例如，要输入2011年6月9日，具体操作步骤如下：

01 单击要输入日期或时间的单元格G2。

02 输入"2011/6/9"，按Tab键切换到下一个单元格，此时单元格G2输入的内容变为"2011-6-9"，如图12.3所示。

图12.3　输入日期

 要输入当天的日期，请按Ctrl+;快捷键；要输入当天的时间，请按Ctrl+Shift+;快捷键。

12.1.3　输入数字

Excel是处理各种数据最有利的工具，因此在日常操作中会经常输入大量的数字内容。如果输入负数，则在数字前面加一个负号（－），或者将数字放在圆括号内。

单击准备输入数字的单元格，输入数字后按Enter键即可，用户可以继续在其他单元格中输入数字，如图12.4所示。

 在Excel 2010中在哪设置"以显示精度为准"？

在"Excel选项"→"高级"→"计算此工作簿时"中，勾选"将精度设为所显示的精度"。

图12.4 输入数字

12.1.4 输入作为文本处理的数字

当数字用来表示编号、学号与电话号码等内容时，应该将数字作为文本处理。为了输入这些特殊的数字，可以按照下述步骤进行操作：

01 单击要输入文本的单元格A4，先输入撇号"'"，再输入数字。例如，要输入编号2011001，可以输入' 2011001。

02 单击"输入"按钮，发现该数字在单元格内居左对齐，如图12.5所示。

图12.5 以文本的形式存储数字

12.2 快速输入数据

在输入数据的过程中，经常发现表格中有大量重复的数据，可以将该数据复制到其他单元格中。当需要输入"1，3，5…"这样有规律的数字时，可以使用Excel的序列填充功能。当需要输入"春、夏、秋、冬"等文本时，可以使用自定义序列功能。为了提高数据的输入速度，本节将介绍一些有关快速输入数据的技巧，以提高工作效率。

12.2.1 在多个单元格中快速输入相同的文本

如果用户需要在多个单元格中输入相同的文本内容，可以按照下述步骤进行操作：

菜鸟充电站 | **如何在单元格中输入身份证号？**
可以把要输入身份证号的单元格的数字格式自定义为"@"。

01 选择要输入同一文本的多个单元格或单元格区域。

02 选择完毕后，在最前面一个单元格中输入"泰州市万沅金属有限公司"，如图12.6所示。

图12.6 选择要输入相同内容的单元格

03 按Ctrl+Enter组合键，即可在所有选择的单元格中快速填充相同的内容，如图12.7所示。

图12.7 快速输入相同的文本

12.2.2 快速输入序列数据

在输入数据的过程中，经常需要输入一系列日期、数字或文本。例如，要在相邻的单元格中填入1、2、3等，或者填入一个日期序列（星期一、星期二、星期三）等，可以利用Excel提供的序列填充功能来快速输入数据。具体操作步骤如下：

01 选定要填充区域的第一个单元格并输入数据序列中的初始值。如果数据序列的步长值不是1，则选定区域中的下一单元格并输入数据序列中的第二个数值，两个数值之间的差决定数据序列的步长值。

02 将鼠标移到单元格区域右下角的填充柄上，当鼠标指针变成小黑十字形时，按住鼠标左键在要填充序列的区域上拖动。

03 释放鼠标左键时，Excel将在这个区域完成填充工作，如图12.8所示。

Excel 2010在哪显示文件的地址？

"文件"选项卡→"信息"→"属性"→"显示文档面板"，在属性栏右上角的位置框显示路径。

图12.8 快速填充序列

12.2.3 自动填充日期

填充日期时可以选用不同的日期单位，例如工作日，则填充的日期将忽略周末或其他国家法定节假日。

01 在单元格A2中输入日期"2011-3-4"。

02 选择需要填充的单元格区域A2:A16，同时也包括起始数据所在的单元格。

03 切换到功能区中的"开始"选项卡，在"编辑"组中单击"填充"按钮，在展开的下拉菜单中选择"系列"命令，如图12.9所示。

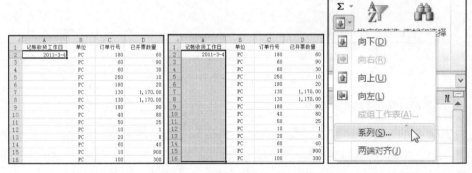

图12.9 选择"系列"命令

04 弹出"序列"对话框，选中"日期"单选按钮，再选中填充单位为"工作日"。

05 单击"确定"按钮，此时在选择的区域可以看到所填充的日期忽略了3-5和3-6两个周末，如图12.10所示。

菜鸟充电站　如何在电脑中找到Excel 2010的自动恢复文件？

自动恢复文件的位置可在"文件"选项卡→"选项"→"保存"→"自动恢复文件位置"。

图12.10 自动填充日期

12.3 编辑单元格数据

如果对当前单元格中的数据进行修改，遇到原数据与新数据完全不一样时，可以重新输入；当原数据中只有个别字符与新数据不同时，可以使用两种方法来编辑单元格中的数据：一种是直接在单元格中进行编辑；另一种是在编辑栏中进行编辑。

在单元格中修改：双击准备修改数据的单元格，或者选择单元格后按F2键，将光标定位到该单元格中，通过按Backspace键或Delete键可将光标左侧或光标右侧的字符删除，然后输入正确的内容后按Enter键确认，如图12.11所示。

在编辑栏中修改：单击准备修改数据的单元格（该单元格中的内容会显示在编辑栏中），然后单击编辑栏，对其中的内容进行修改即可，尤其是单元格中的数据较多时，利用编辑栏来修改很方便。

图12.11 在单元格中修改数据

在编辑过程中，如果出现误操作，则单击快速启动工具栏上的"撤销"按钮来撤销误操作。

如何避免Excel 2010删除筛选数据时将未筛选的数据也删除了？

只要在删除之前，先单击"数据"选项卡→"排序和筛选"选项组→"重新应用"按钮即可。

12.4 选择单元格或区域

选择单元格是对单元格进行编辑的前提，选择单元格包括选择一个单元格、选择单元格区域和选择全部单元格3种情况。

12.4.1 选择一个单元格

选择一个单元格的方法有以下3种：

- 单击要选择的单元格，即可将其选中。这时该单元格的周围出现粗边框，表示它是活动单元格。
- 在名称框中输入单元格引用，例如，输入C15，按Enter键，即可快速选择单元格C15。
- 切换到功能区中的"开始"选项卡，在"编辑"组中单击"查找和选择"按钮，在弹出的菜单中选择"转到"命令，打开"定位"对话框，在"引用位置"文本框中输入单元格引用，然后单击"确定"按钮，如图12.12所示。

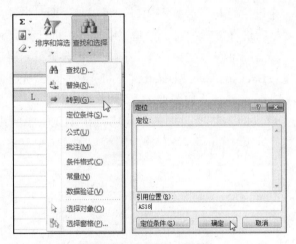

图12.12 "定位"对话框

12.4.2 选择多个单元格

用户可以同时选择多个单元格，称为单元格区域。选择多个单元格又可分为选择连续的多个单元格和选择不连续的多个单元格，具体选择方法如下：

选择连续的多个单元格：单击要选择的单元格区域内的第一个单元格，拖动鼠标至选择区域内的最后一个单元格，释放鼠标左键后即可选择单元格区域，如图12.13所示。

选择不连续的多个单元格：按住Ctrl键的同时单击要选择的单元格，即可选择不连续的多个单元格，如图12.14所示。

菜鸟充电站　为什么工作表的列标题都变成数字了？

在"Excel选项"→"公式"→"使用公式"中，撤选"R1C1引用样式"复选框即可。

图12.13 选择连续的多个单元格　　　　图12.14 选择不连续的多个单元格

 要选择一整行，请单击该行前面的行号；要选择一整列，请单击该列前面的列号。

12.4.3　选择全部单元格

选择工作表中全部单元格有以下两种方法：

单击行号和列标左上角交叉处的"全选"按钮，即可选择工作表的全部单元格。

单击数据区域中的任意一个单元格，然后按Ctrl+A快捷键，可以选择连续的数据区域；单击数据区域中的空白单元格，再按Ctrl+A快捷键，可以选择工作表中的全部单元格。

12.5　移动或复制单元格数据

创建工作表后，可能需要将某些单元格区域的数据移动到其他的位置，这样可以提高工作效率，避免重复输入。

12.5.1　利用鼠标拖动法移动或复制

如果要利用鼠标移动或复制单元格数据，可以按照下述步骤进行操作：

01 选择要移动或复制的单元格区域，并将鼠标指针移到所选区域的边框上此时鼠标指针变成四向箭头。

02 拖动鼠标。在拖动过程中，Excel显示区域的外框和位置提示，以帮助用户正确定位。

03 释放鼠标，即可将选择的区域移到新的位置，如图12.15所示。

 使用Excel 2010如何删除重复值？

选择重复值的列，单击"数据"选项卡→"数据工具"选项组→"删除重复项"按钮即可。

图12.15 移动单元格

要复制单元格，只需在拖动时按住Ctrl键，到达目标位置后，先释放鼠标，再松开Ctrl键即可。

12.5.2 以插入方式移动数据

利用前一节的方法移动或复制单元格数据时，会将目标位置的单元格区域中的内容替换为新的内容。如果不想覆盖区域中已有的数据，而只是在已有的数据区域之间插入新的数据，例如，将编号为2011007的一行移到2011008一行之前，则以插入方式移动数据。

01 选定需要移动的单元格区域，将鼠标指针指向选定区域的边框上，使鼠标指针变成斜向箭头。

02 按住Shift键的同时按住鼠标左键拖至新位置，鼠标指针将变成I形柱，同时鼠标指针旁边会出现提示，指示被选定区域将插入的位置。

03 释放鼠标后，原位置的数据将向下移动，移动过程如图12.16所示。

图12.16 以插入方式移动单元格

12.5.3 利用剪贴板移动或复制

如果要利用剪贴板移动或复制单元格数据，可以按照下述步骤进行操作：

01 选定要移动或复制数据的单元格区域。

02 要移动单元格区域，单击"开始"选项卡的"剪贴板"组中的"剪切"按钮；要复制单元格区域，单击"开始"选项卡的"剪贴板"组中的"复制"按钮。

03 选定目标单元格区域，或者选定目标区域左上角的单元格。

如何复制时同时复制条件格式产生的颜色？

为了能粘贴条件格式产生的颜色，按两次Ctrl+C快捷键，选中目标单元格，单击剪贴板的内容。

04 单击"开始"选项卡的"剪贴板"组中的"粘贴"按钮 。

12.6 插入行、列或单元格

编辑好表格后发现还需要在表格中添加一些内容，此时可以在原有表格的基础上插入单元格以添加遗漏的数据。

12.6.1 插入行

如果要在工作表中插入新行，可以按照下述步骤进行操作：

（1）在想插入新行的位置选定一整行。

01 单击"开始"选项卡的"单元格"组中的"插入"按钮右侧的向下箭头，从展开的菜单中选择"插入工作表行"命令。

02 新行出现在选定行的上方，如图12.17所示。

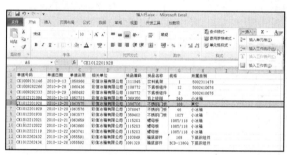

图12.17 插入新行

12.6.2 插入列

如果要向工作表中插入新列，可以按照下述步骤进行操作：

（1）在想插入新行的位置选定一整行。

01 单击"开始"选项卡的"单元格"组中的"插入"按钮右侧的向下箭头，从展开的菜单中选择"插入工作表列"命令。

02 新列出现在选定列的左侧，如图12.18所示。

密技偷偷报　**为什么打开的工作簿（非加载宏工作簿）无法显示出来？**

单击"视图"选项卡→"窗口"选项组→"取消隐藏"按钮，选择需要显示的工作簿。

图12.18 插入新列

> **提示** 右击要插入行的行号,在弹出的快捷菜单中选择"插入"命令,将在右击行的上方插入一个新行;右击要插入列的列号,在弹出的快捷菜单中选择"插入"命令,将在右击列的左侧插入一个新列。

12.6.3 插入单元格

向工作表中插入新单元格的具体操作步骤如下:

01 选择要插入新单元格的位置,然后单击"开始"选项卡的"单元格"组中的"插入"按钮,在弹出的菜单中选择"插入单元格"命令。

02 弹出"插入"对话框,根据需要选中"活动单元格右移"或"活动单元格下移"单选按钮。

03 单击"确定"按钮,结果如图12.19所示。

图12.19 插入单元格

📺 12.7 删除行、列或单元格

删除行、列或单元格时,它们将从工作表中消失,其他的单元格会自动移到删除的位置,以填补留下的空隙。

选择要删除的行,切换到功能区中的"开始"选项卡,单击"单元格"组中的"删除"按钮,从下拉菜单中选择"删除工作表行"命令。

菜鸟充电站 如何让Excel 2010在保存为97-2003格式时不提示兼容性检查?

在"兼容性检查"对话框中,撤选"保存此工作簿时不检查兼容性"复选框即可。

选择要删除的列，切换到功能区中的"开始"选项卡，单击"单元格"组中的"删除"按钮，从下拉菜单中选择"删除工作表列"命令。

 提示 右击要删除行的行号，在弹出的快捷菜单中选择"删除"命令，将删除当前选择的行；右击要删除列的列表，在弹出的快捷菜单中选择"删除"命令，将删除当前选择的列。

选择要删除的单元格，切换到功能区中的"开始"选项卡，单击"单元格"组中的"删除"按钮，从下拉菜单中选择"删除单元格"命令，在弹出的"删除"对话框中根据需要选中"右侧单元格左移"、"下方单元格上移"、"整行"或"整列"单选按钮。

12.8 应用技巧

技巧1：快速将所有员工的工资上调30%

创建一个工资表时，已经输入了每位员工的工资，后来公司决定将每位员工的工资上调30%，这时可以利用"选择性粘贴"命令完成这项工作。具体操作步骤如下：

01 在工作表中一个空白单元格中输入数值1.3，并单击"开始"选项卡中的"复制"按钮。

02 选择要增加工资的数据区域，单击"开始"选项卡的"粘贴"按钮右侧的向下箭头，在展开的菜单中选择"选择性粘贴"命令，如图12.20所示。

图12.20 选择"选择性粘贴"命令

03 弹出"选择性粘贴"对话框，选中"数值"单选按钮，并在"运算"组中单击"乘"单选按钮。

 **密技偷偷报** **如何更改Excel 2010默认的工作表个数？**

在"Excel选项"对话框的"常规"选项中，更改新建工作簿时"包含的工作表数"。

04 单击"确定"按钮，即可使选择区域的数值增加30%，如图12.21所示。

图12.21 增加了员工的工资30%

技巧2：速选所有数据类型相同的单元格

有时需要选择某一类型的数据，但这些数据数量多而且又比较分散，可以利用工具快速选取所有数据类型相同的单元格。下面以选择工作表中所有内容都是文本的单元格为例：

01 切换到功能区中的"开始"选项卡，然后单击"编辑"组中的"查找和选择"按钮，在弹出的菜单中选择"定位条件"命令，打开"定位条件"对话框。

02 选中"常量"单选按钮，然后选中"文本"复选框。

03 单击"确定"按钮，即可选择工作表中的所有文本，如图12.22所示。

图12.22 选择工作表中的文本

Excel 2010的模拟运算表在哪里找出来？

单击"数据"选项卡中的"数据工具"选项组的"模拟分析"→"模拟运算表"。

第13章

编排与设计工作表

　　为了使制作的表格更加美观，还需要对工作表进行格式化。Excel提供了丰富的格式化命令，这些命令能够改变数字的显示方式；设置字符的格式，能够改变数据的对齐方式；还可以为添加表格边框与底纹等。对于数字、日期和时间，Excel带有大量的内置的格式，也可以创建自定义格式。如果不想手动做出所有的细节内容，那么Excel的自动套用格式可以立即给工作表应用漂亮的外观。

　　本章将介绍有关排版工作表的技巧，包括设置数据格式和美化工作表的外观、快速套用工作表格式等。

13.1 设置工作表中的数据格式——职位申请履历表

为了使表格美观或突出某些数据，可以对单元格进行字符格式化。本节将介绍设置数据格式的各种方法，包括设置字体格式（与Word设置方法类似）、对齐方式、数字格式、日期和时间、表格的边框以及添加表格的填充效果等。

13.1.1 设置字体格式

如果要设置单元格中文本的字体格式，可以按照下述步骤进行操作：

01 单击标题所在的单元格。例如，单击单元格A1。

02 单击"开始"选项卡中"字体"列表框右侧的向下箭头，在展开的下拉列表中选择"隶书"。在Excel 2010中，将鼠标指针移到字体名上时，单元格中的文字马上改变为对应的字体样式，可方便地预览字体设置的效果。

03 单击"开始"选项卡中"字号"列表框右侧的向下箭头，从下拉列表中选择20。如果需要更大的字号值，可以直接在"字号"框中输入具体的数值。

04 单击"加粗"按钮 **B**，使其呈按下状态，操作过程如图13.1所示。

图13.1 设置单元格的字体格式

如果要设置字体的颜色，可以按照下述步骤进行操作：

01 选定要设置颜色的单元格。

02 单击"开始"选项卡的"字体"组中"字体颜色"按钮 **A** 右侧的向下箭头，展开颜色板下拉列表，从中选择所需的颜色。

03 如果对颜色板中的色彩都不满意，可以单击其下方的"其他颜色"选项，在弹出的"颜色"对话框中选择更丰富的色彩，如图13.2所示。

菜鸟充电站   Excel 2010中内容重排在哪里找？

选择要重排的区域，"开始"选项卡→"编辑"选项组→"填充"按钮→"两端对齐"命令。

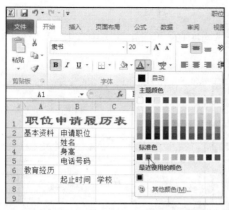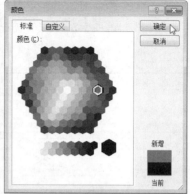

图13.2 设置字体颜色

 要对单元格中的部分字符进行格式化,可以双击该单元格,将插入点置于单元格中,选择要格式化的字符,然后利用前面所讲的方法对其进行设置。

13.1.2 设置数据的对齐方式

为了使表格看起来更加美观,可以改变单元格中数据的对齐方式,但是不会改变数据的类型。数据的对齐方式包括水平对齐和垂直对齐两种,其中水平对齐方式包括靠左、居中和靠右等;垂直对齐方式包括靠上、居中和靠下等。

例如,为了使表格中的内容居中对齐,可以按照下述步骤进行操作:

01 选择需要设置对齐方式的单元格区域。

02 单击"开始"选项卡的"对齐方式"组中的"居中"按钮,如图13.3所示。

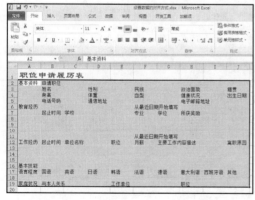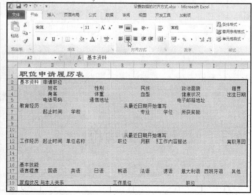

图13.3 居中对齐文本

例如,为了将标题居于表格的中央,可以按照下述步骤进行操作:

 **Excel 2010中如何调整图表系列的次序?**

右击图表,选择"选择数据",在对话框中选择系列,然后单击上移或下移按钮。

01 选择单元格区域A1:J1。

02 单击"开始"选项卡的"对齐方式"组中的"合并后居中"按钮，效果如图13.4所示。

图13.4 将标题居中

例如，要设置文本方向为竖排，可以按照下述步骤进行操作：

01 选择要设置对齐方式的单元格。

02 切换到功能区中的"开始"选项卡，单击"对齐方式"组中的"方向"按钮，在弹出的下拉菜单中选择"竖排文字"命令，如图13.5所示。

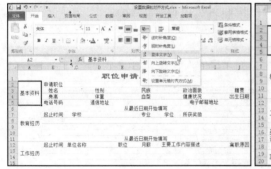

图13.5 竖排文本

13.1.3 设置表格的边框

为了打印带有边框线的表格，可以为表格添加不同线型的边框。具体操作步骤如下：

01 选择要添加边框的单元格区域。

02 切换到功能区中的"开始"选项卡，在"字体"组中单击"边框"按钮，在弹出的菜单中选择"其他边框"命令。

Excel函数与公式中所指的数组通常分为哪几类？

Excel函数与公式中的数组，通常分为常量数组、区域数组、内存数组和命名数组。

03 弹出"设置单元格格式"对话框并切换到"边框"选项卡，如图13.6所示。

图13.6 "边框"选项卡

04 为了给整个表格的外框添加双细线，请从"样式"列表框中选择双细线，然后单击"预置"选项组中的"外边框"按钮。

05 为了给表格中的单元格添加单细线，请从"样式"列表框中选择单细线，然后单击"预置"选项组中的"内部"按钮。

06 设置完毕后，单击"确定"按钮，其效果如图13.7所示。

07 为了看清添加的边框，可以切换到功能区中的"视图"选项卡，撤选"显示"组中的"网格线"复选框，即可将网格线隐藏，如图13.8所示。

图13.7 为表格添加边框

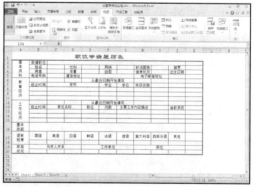

图13.8 隐藏网格线

13.1.4 添加边框的填充效果

Excel默认单元格的颜色是白色，并且没有图案。为了使表格中的重要信息更加醒目，可以为单元格添加底纹。具体操作步骤如下：

01 选定要添加底纹的单元格或区域。

密技偷偷报

Excel 2010绘图工具栏在哪里？

在插入图形并选中图形的状态下，会显示一个绘图工具选项卡。

02 单击"开始"选项卡的"字体"组中的"填充颜色"按钮右侧的向下箭头，从下拉列表中选择所需的颜色，如图13.9所示。

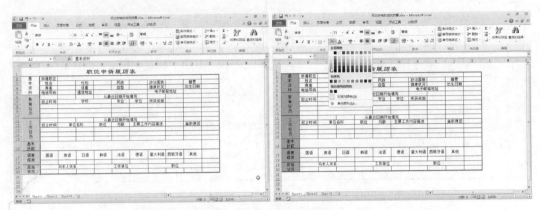

图13.9 设置单元格的底纹

13.2 设置数字格式——销售账款回收表

不同的工作领域会有不同的工作需要，对表格中数字显示的类型也会有不同的要求，Excel中数字的类型有很多种，如日期型、数值型、货币型和文本型等，它们的设置方法基本相同。

13.2.1 快速设置数字格式

"开始"选项卡的"数字"组中提供了几个快速设置数字格式的按钮，如图13.10所示。

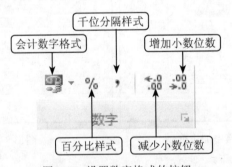

图13.10 设置数字格式的按钮

- 单击"会计数字格式"按钮，可以在原数字前添加货币符号，并且增加两位小数。
- 单击"百分比样式"按钮，将原数字乘以100，再在数字后加上百分号。
- 单击"千位分隔样式"按钮，在数字中加入千位符。
- 单击"增加小数位数"按钮，使数字的小数位数增加一位。

菜鸟充电站

Excel 2010中如何取消网格线的显示？

"视图"选项卡→"显示"选项组→撤选"网格线"复选框。

- 单击"减少小数位数"按钮，使数字的小数位数减少一位。

例如，要为单元格添加货币符号，可以按照下述步骤进行操作：

01 选择要设置格式的单元格或区域。

02 单击"开始"选项卡的"数字"组中"会计数字格式"按钮右侧的向下箭头，从下拉列表中选择"中文（中国）"。

03 此时，选择的数字添加了货币符号，同时增加了两位小数，如图13.11所示。

图13.11 添加货币符号的数字格式

 用户可能发现，不少单元格中出现"###"，这是由于改变数字格式后单元格的列宽太小了，只要调整单元格的列宽，就会显示出完整的数值，如图13.12所示。

图13.12 调整列宽后会显示完整的数值

例如，要将单元格设置为百分比格式，可以按照下述步骤进行操作：

如何在Excel 2010中强制换行？

输入过程中采用Alt+Enter快捷键。

01 选择需要以百分比形式显示的数据单元格或区域。

02 单击"开始"选项卡的"数字"组中"百分比样式"按钮，效果如图13.13所示。

图13.13 显示百分比格式数据

13.2.2　设置日期和时间格式

如果要对单元格中的日期格式进行设置，可以按照下述步骤进行操作：

01 选择要设置日期格式的单元格区域。

02 单击"开始"选项卡的"数字"组中的"数字格式"列表框右侧的向下箭头，从下拉列表中选择"长日期"，效果如图13.14所示。

图13.14 设置长日期格式

13.2.3　自定义数字格式

用户还可以根据需要自定义数字格式，例如，要将百分比格式的数据设置为保留3位小数，可以按照下述步骤进行操作：

01 选择要设置数字格式的单元格区域。

超过15位的数字如何输入？

一种方法是将单元格设置为文本格式，另一种方法是在输入数字前先输入"'"。

02 单击"开始"选项卡的"数字"组右下角的对话框启动器，弹出"设置单元格格式"对话框，并切换到"数字"选项卡中，如图13.15所示。

图13.15 "数字"选项卡

03 在左侧"分类"列表框中选择"百分比"，在右侧的"小数位数"文本框中输入"3"。

04 单击"确定"按钮，即可将选择的数据改为保留3位小数的百分比格式，如图13.16所示。

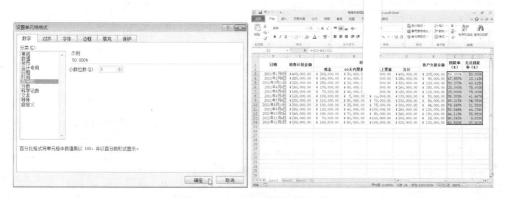

图13.16 自定义了百分比格式

13.3 调整列宽和行高——部门销售计划表

新建工作簿文件时，工作表中每列的宽度与每行的高度都相同。如果所在列的宽度不够，而单元格数据过长，则部分数据就不能完全显示出来。这时应该对列宽进行调整，使得单元格数据能够完整的显示。

行的高度一般会随着显示字体的大小变化而自动调整，但是用户也可根据需要调整行高。

如果隐藏了B列，如果让它显示出来？

选中A到C列，单击鼠标右键，在弹出的快捷菜单中选择"取消隐藏"命令。

13.3.1　使用拖动法调整列宽

如果要使用鼠标拖动法调整列宽，则将鼠标指针移到目标列的右边框线上，待鼠标指针呈双向箭头显示时，按下鼠标左键并拖动鼠标即可改变列宽，如图13.17所示。到达目标位置后，释放鼠标左键即可调整该列的列宽。

图13.17　使用拖动法调整列宽

13.3.2　使用鼠标调整行高

如果要使用鼠标拖动法调整行高，则将鼠标指针移到目标行的下边框线上，待鼠标指针呈双向箭头显示时，按下鼠标左键并拖动鼠标即可改变行高，如图13.18所示。到达目标位置后，释放鼠标左键即可调整该行的行高。

图13.18　使用鼠标调整行高

13.3.3　精确设置列宽与行高

如果要精确设置列宽与行高，可以按照下述步骤进行操作：

Excel中行与列如何互换？

利用复制功能，然后选择性粘贴，选中"转置"复选框，单击"确定"按钮即可。

01 选定要调整的列或行。

02 单击"开始"选项卡的"单元格"组中的"格式"按钮右侧的向下箭头，从展开的下拉菜单中选择"列宽"（"行高"）命令，弹出如图13.19所示的"列宽"对话框（"行高"对话框）。

图13.19 "列宽"或"行高"对话框

03 在文本框中输入具体的列宽值（行高值）。

04 单击"确定"按钮。

 如果希望Excel根据键入的内容自动调整行高和列宽，则从"格式"下拉菜单中选择"自动调整行高"命令（"自动调整列宽"命令）。

13.3.4 隐藏或显示行和列

对于表格中某些敏感或机密数据，有时不希望让其他人看到，可以将这些数据所在的行或列隐藏起来，待需要时再将其显示出来。例如，要将示例表格中的4月所在的列隐藏起来，可以按照下述步骤进行操作：

01 右击表格中要隐藏列的列号，例如，第E列，在弹出的快捷菜单中选择"隐藏"命令。

02 此时，该列就会被隐藏起来，如图13.20所示。

 如何在Sheet2中完全引用Sheet1输入的数据？

利用工作组功能，按住Shift或Ctrl键，同时选定Sheet1、Sheet2工作表。

图13.20 隐藏表格中的第E列

03 要重新显示第E列，则需要同时选择相邻的D列和F列，然后右击选择的区域，在弹出的快捷菜单中选择"取消隐藏"命令。

提示 另一种隐藏或显示行和列的方法是，选择要隐藏的行或列，然后切换到功能区中的"开始"选项卡，单击"单元格" | "格式" | "隐藏和取消隐藏"命令。

13.4 一键快速设置表格格式——销售人员日程安排表

Excel 2010中提供了"表"功能，可以将工作表中的数据套用"表"格式，即可实现快速美化表格外观的功能，具体操作步骤如下：

01 选择要套用格式的单元格区域，然后切换到功能区中的"开始"选项卡，在"样式"组中单击"套用表格格式"按钮，弹出选择表格格式的菜单，如图13.21所示。

图13.21 "套用表格格式"菜单

02 单击任意一种表格格式，弹出"套用表格式"对话框，确认表数据的来源区域正确。

菜鸟充电站 如何让空单元格自动填为0？
选中需要更改的区域，利用查找功能，指定查找内容为空，替换为0。

如果希望标题出现在套用格式后的表中，则选中"表包含标题"复选框。

03 单击"确定"按钮，即可将表格式套用在选择的数据区域中，如图13.22所示。

图13.22 套用表格格式

 如果要把表格转换为普通的区域，则单击"设计"选项卡的"工具"组中的"转换为区域"命令，弹出提示对话框时单击"是"按钮即可。

13.5 应用技巧

技巧1：让文本在单元格内自动换行

如果工作表中有大量单元格的文本需要换行，每次都使用Alt+Enter快捷键手动换行，还是很麻烦，可以让文本在单元格内自动换行。具体操作步骤如下：

01 选定要自动换行的单元格。

02 单击"开始"选项卡的"对齐方式"组中的"自动换行"按钮，即可使单元格内的文本自动换行。

技巧2：在单元格中设置斜线

在制作简单的分栏表格时，可以很容易设置斜线表头。具体操作步骤如下：

01 在单元格中输入分栏标题，按Alt+Enter快捷键换行，接着输入第二个标题。

02 在第一个标题文字前加上几个空格，设置成斜线分隔的形式，如图13.23所示。

图13.23 输入标题

 如何快速地调整Excel页面的显示比例？

在Excel工作表中按住Ctrl键不放，滚动鼠标滚轮即可放大或者缩小显示工作表。

03 右击该单元格，在弹出的快捷菜单中选择"设置单元格格式"命令，打开"设置单元格格式"对话框。

04 切换到"边框"选项卡，在"边框"组中单击相应的按钮设置单元格边框和斜线，如图13.24所示。

05 单击"确定"按钮，即可为单元格添加斜线，如图13.25所示。

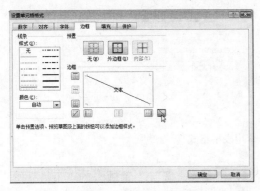

图13.24 "边框"选项卡

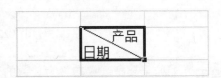

图13.25 添加斜线

菜鸟充电站 如何设置文本旋转角度？

打开"设置单元格格式"对话框切换到"对齐"选项卡，在"方向"组中即可设置文本旋转角度。

第14章

使用公式与函数

Excel作为一种专业的表格处理软件，以其强大的功能及丰富的函数应用著称。Excel可以对一些数据资料进行分析和复杂运算，例如，在家庭理财方面，根据家庭的支出与收入状况，可以快速而准确地统计出每月收支汇总数据。本章将介绍公式与函数的基本操作，包括创建公式、使用函数等。

14.1 创建公式

公式是对单元格中数据进行分析的等式，它可以对数据进行加、减、乘、除或比较等运算。公式可以引用同一工作表中的不同单元格、同一工作簿中不同工作表中的单元格，或者其他工作簿中工作表中的单元格。

Excel 2010中的公式遵循一个特定的语法，即最前面是等号（=），后面是参与计算的元素（运算数）和运算符。每个运算数可以是不改变的数值（常量）、单元格或区域的引用、标志、名称或函数。例如，在下面的公式中，结果等于8乘以9再加7。

=7+8*9

14.1.1 基本概念

1. 函数

函数是预先编写的公式，可以对一个或多个值执行运算，并返回一个或多个值。函数可以简化和缩短工作表中的公式，尤其是用公式执行很长或复杂的计算时。

2. 参数

公式或函数中用于执行操作或计算的数值称为参数。函数中使用的常见参数类型有数值、文本、单元格引用或单元格名称、函数返回值等。

3. 常量

常量是不用计算的值。例如，日期2008-6-16、数字248以及文本"编号"等，都是常量。如果公式中使用常量而不是对单元格的引用，则只有在更改公式时其结果才会更改。

4. 运算符

运算符是指一个标记或符号，指定表达式内执行的运算的类型。如算术、比较、逻辑和引用运算符等。

14.1.2 输入公式——商品营业额统计

为了更好地销售商品，公司根据客户群时商品制定不同的价格，并给予不同的折扣率等。本节将介绍输入公式计算折扣价。

01 单击要输入公式的单元格E4，并输入等号（=）。

02 根据"折扣价=市场单价*折扣率"，单击选中单元格C4，然后输入运算符"*"，再单击选中单元格D4，如图14.1所示。

如何同时在多个工作表中输入相同的数据？

首先按住Ctrl键选中需要输入数据的多个工作表，然后输入所需的数据即可。

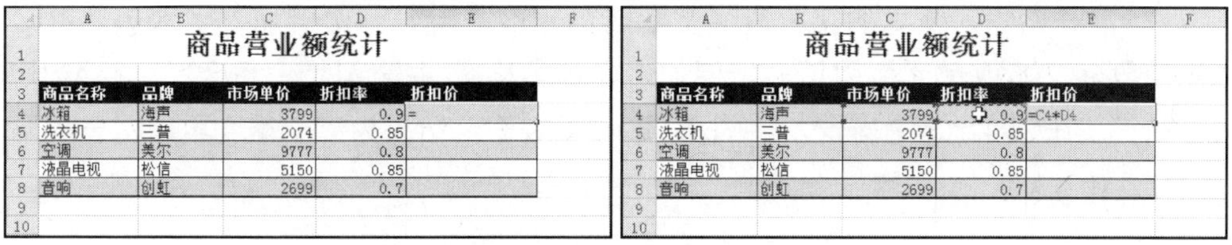

图14.1 输入运算符和选择引用单元格

03 输入完毕后，按回车键或者单击编辑栏中的"输入"按钮 ✓，即可在单元格E4中显示计算结果，如图14.2所示。

图14.2 显示计算结果

14.1.3 公式中的运算符

使用运算符可以把常量、单元格引用、函数以及括号等连接起来构成表达式。常用运算符有算术运算符、文本运算符、比较运算符和引用运算符。

1. 算术运算符

算术运算符用来完成基本的数学运算，如加法、减法、乘法和除法等。算术运算符如表14.1所示。

表14.1 算术运算符

算术运算符	功能	示例
+	加	10+5
-	减	10-5
-	负数	-5
*	乘	10*5
/	除	10/5
%	百分号	5%
^	乘方	5^2

2. 文本运算符

在Excel中，可以利用文本运算符（&）将文本连接起来。在公式中使用文本运算符

为何输入的文本或其他数据在单元格中没有显示？

单元格格式可能设置为隐藏其中的数据，例如单元格的文本颜色设置与单元格的背景颜色相同。

时，以"="开始输入文本的第一段（文本或单元格引用），然后加入文本运算符（&）输入下一段（文本或单元格引用）。例如，在单元格A1中输入"一季度"，在A2中输入"销售额"，在C3单元格中输入"=A1&"累计"&A2"，结果为"一季度累计销售额"。

3. 比较运算符

比较运算符可以比较两个数值并产生逻辑值TRUE或FALSE。比较运算符如表14.2所示。

表14.2　比较运算符

比较运算符	功能	示例
=	等于	A1=A2
<	小于	A1<A2
>	大于	A1>A2
<>	不等于	A1<>A2
<=	小于等于	A1<=A2
>=	大于等于	A1>=A2

4. 引用运算符

引用运算符可以将单元格区域合并计算，如表14.3所示。

表14.3　引用运算符

引用运算符	含义	示例
：（冒号）	区域运算符，对两个引用之间、包括两个引用在内的所有单元格进行引用	SUM(A1:A5)
，（逗号）	联合运算符，将多个引用合并为一个引用	SUM(A2:A5,C2:C5)
（空格）	交叉运算符，表示几个单元格区域所重叠的那些单元格	SUM(B2:D3 C1:C4)（这两个单元格区域的共有单元格为C2和C3）

14.1.4　运算符的优先级

当公式中同时用到多个运算符时，就应该了解运算符的运算顺序。例如，公式"=8+12*3"应先做乘法运算，再做加法运算。Excel将按照表14.4所示的优先级顺序进行运算。

如果公式中包含了相同优先级的运算符，如公式中同时使用加法和减法运算符，则按照从左到右的原则进行计算。

要更改求值的顺序，请将公式中要先计算的部分用圆括号括起来。例如，公式"=(8+12)*3"就是先用8加12，再用结果乘以3。

如何删除分页符？

将光标移动到分页符上，当光标变成双箭头时，按下鼠标左键将分页符拖出打印区域即可将其删除。

表14.4 运算符的运算优先级

运算符	说明	优先级
-	负号（如-2）	1
%	百分号	2
^	乘方	3
*和/	乘和除	4
+和—	加和减	5
&	文本运算符	6
=,<,>,>=,<=,<>	比较运算符	7

14.1.5 编辑公式

编辑公式与编辑正文的方法一样。如果要删除公式中的某些项，则在编辑栏中用鼠标选定要删除的部分，然后按Backspace键或者Delete键。如果要替换公式中的某些部分，则先选定被替换的部分，然后进行修改。

编辑公式时，公式将以彩色方式标识，其颜色与所引用的单元格的标识颜色一致，以便于跟踪公式，帮助用户查询分析公式，如图14.3所示。

图14.3 引用的单元格显示不同的颜色

14.2 单元格的引用方式——商品促销价格管理

引用的作用是标识工作表的单元格或单元格区域，并指明公式中使用的数据位置。通过引用，可以在公式中使用工作表不同部分的数据，或者在多个公式中使用同一单元格的数值，还可以引用相同工作簿中不同工作表中的单元格。

默认情况下，Excel使用A1引用类型，即用字母表示列，用数字表示行。例如，F4表示引用了第F列与第4行交叉处的单元格。如果要引用单元格区域，则输入区域左上角的单元格引用，然后是冒号（:）和区域右下角的单元格引用，如B4:D6表示从单元格B4与D6之间所围的区域。如果要引用整行或整列，需输入起始行号（列字母），然后输入冒号，再

什么是三维引用？

三维引用就是指对跨越工作簿中两个或多个工作表的区域的引用。

输入结束行号（或列字母），如2:8表示引用第2行至第8行的所有单元格。

14.2.1 相对引用、绝对引用和混合引用

Excel划分单元格的方式有相对引用、绝对引用和混合引用3种。下面以"商品促销价格管理"为例，介绍单元格的引用方式。

1. 相对引用

公式中的相对单元格引用是基于包含公式和单元格引用的单元格的相对位置。如果公式所在单元格的位置改变，则引用也随之改变。在相对引用中，用字母表示单元格的列号，用数字表示单元格的行号，如A1、B2等。

例如，在"商品促销价格管理"工作簿中复制"折扣价"，具体操作步骤如下：

01 单击单元格E4，显示公式为"=C4*D4"。

02 指向单元格E4右下角的填充柄，鼠标指针变为十形时，按住鼠标左键不放向下拖动到要复制公式的区域。

03 释放鼠标后，即可完成复制公式的操作。这些单元格中会显示相应的计算结果，如图14.4所示。

图14.4 复制带相对引用的公式

2. 绝对引用

绝对引用指向工作表中固定位置的单元格，它的位置与包含公式的单元格无关。在Excel中，通过对单元格引用的"冻结"来达到此目的，即在列标和行号前面添加"$"符。例如，用$A$1表示绝对引用。当复制含有该引用的单元格时，$A$1是不会改变的。

例如，希望计算每种商品的促销价，可以按照下述步骤进行操作：

01 选择单元格F4，其中公式为"=C4*(1-I3)"，即求出"冰箱"的促销价。

02 拖动单元格F4右下角的填充柄向下复制公式时，公式中相对引用的单元格地址会自动更新。当选择单元格F5时，其公式为"=C5*(1-I4)"，会发现所得到的结果并不是我们希望的，如图14.5所示。

如何加快包含数据表的工作表中的计算速度？

在"Excel选项"对话框的"公式"选项中，选中"计算选项"组中的"除数据表外，自动重算"单选按钮。

图14.5 复制公式时引用单元格自动更新

03 此时,将单元格F4的公式改为"=C4*(1-I3)",当复制公式后,F5中的公式为"=C5*I3",F6中的公式为"=C6*I3"。I3的位置没有因复制而改变,如图14.6所示。

图14.6 复制公式时绝对引用不发生变化

3. 混合引用

混合引用是指公式中参数的行采用相对引用,列采用绝对引用;或列采用相对引用、行采用绝对引用,如$A1,A$1。公式中相对引用部分随公式复制而变化,绝对引用部分不随公式复制而变化。

例如,还以"商品促销价格管理"为例,在单元格F4中输入公式"=$C4*(1-I$3)"。向下复制公式时,单元格F5中的公式变为"=$C5*(1-I$3)",此时相对引用的行4变为行5,而绝对引用的行不发生变化,如图14.7所示。

图14.7 复制公式时部分引用发生变化

14.2.2 引用其他工作表中的单元格

还可以在工作簿中引用其他工作表的单元格(也称为"三维引用"),例如,要引用工作表Sheet2的单元格B4,则在公式中输入Sheet2!B4,即用感叹号"!"将工作表引用和单元格引用分开。如果工作表已经命名,则使用工作表名字再加上单元格引用。

14.2.3 使用单元格引用

前面介绍了单元格的各种引用方法,接下来介绍怎样在实际操作中灵活地使用这些单

什么是方案?

方案是指可在工作表模型中替换的一组命名输入值。

元格的引用。在定义公式时，可以手动输入单元格的引用，也可通过鼠标单击选择单元格的引用。

1. 手动输入地址

可以像输入普通文字一样，向单元格中输入引用的地址。缺点是效率低，容易出错。一般在修改公式时使用这种方法。

2. 用鼠标提取地址

通常情况下，可以用鼠标在工作表中拖动来直接提取单元格的引用地址。单击某个单元格，则会产生该单元格的引用地址。拖动鼠标选定单元格区域，则会产生该区域的引用地址。

14.3　使用自动求和——产品销售统计

求和计算是一种最常用的公式计算，可以将诸如"=D4+D5+D6+D7+D8+D9+D10+D11+D12+D13+D14+D15"这样的复杂公式转变为更简洁的形式"=SUM(D4:D15)"。

自动求和的具体操作步骤如下：

01 选定要计算求和结果的单元格B15。

02 切换到功能区中的"开始"选项卡，在"编辑"组中单击"求和"按钮右侧的向下箭头，从展开的菜单中单击"求和"命令，Excel将自动出现求和函数SUM以及求和数据区域，如图14.8所示。

图14.8　自动显示求和函数与数据区域

03 如果Excel推荐的数据区域并不是想要的，则输入新的数据区域；如果Excel推荐的数据区域正是自己想要的，则按Enter键确认，如图14.9所示。

什么是加载项？

加载项是指为Microsoft Office提供自定义命令或自定义功能的补充程序。

图14.9 显示求和函数的计算结果

除了利用"自动求和"按钮一次求出一组的总和外，还能够利用"自动求和"按钮一次输入多个求和公式，具体操作步骤如下：

01 选定要求和的一列数据的下方单元格或者一行数据的右侧单元格。

02 切换到功能区中的"开始"选项卡，单击"编辑"组中的"求和"按钮。

如图14.10所示，分别在选定区域下方的空白单元格中填入相应的求和结果。本例就是求出产品的"销量"、"产品单价"和"销售额"的总计。

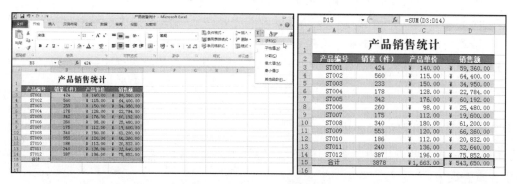

图14.10 自动求出一组数据的总计

14.4 使用函数——各分店商品营业额

函数是预定义的内置公式。它使用被称为参数的特定数值，按照被称为语法的特定顺序进行计算。例如，SUM函数对单元格或单元格区域执行相加运算，PMT函数在给定的利率、贷款期限和本金数额基础上计算偿还额。

参数可以是数字、文本、逻辑值、数组、错误值或者单元格引用；也可以是常量、公

某些行或列打印到了错误的页面上，该如何处理？

（1）缩小页边距；（2）调整分页符；（3）设置工作表按一页宽度打印；（4）更改纸张方向。

式或其他函数。给定的参数必须能够产生有效的值。

函数的语法以函数名称开始，后面分别是左圆括号、以逗号隔开的各个参数和右圆括号。如果函数以公式的形式出现，则在函数名称前面键入等号（=）。

14.4.1 常用函数的说明

在提供的众多函数中有一部分是经常使用的，下面介绍几个常用函数。

- 求和函数：一般格式为SUM（计算区域），功能是求出指定区域中所有数的和。
- 求平均值函数：一般格式为AVERAGE（计算区域），功能是求出指定区域中所有数的平均值。
- 求个数函数：一般格式为COUNT（计算区域），功能是求出指定区域中数据个数。
- 条件函数：一般格式为IF（条件表达式，值1，值2），功能是当条件表达式为真时，返回值1；当条件表达式为假时，返回值2。
- 求最大值函数：一般格式为MAX（计算区域），功能是求出指定区域中最大的数。
- 求最小值函数：一般格式为MIN（计算区域），功能是求出指定区域中最小的数。
- 求四舍五入值函数：一般格式为ROUND（单元格，保留小数位数），功能是对该单元格中的数按要求保留位数，进行四舍五入。
- 还贷款额函数：一般格式为PMT（月利率，偿还期限，贷款总额），功能是根据给定的参数，求出每月的还款额。
- 排位：一般格式为RANK（查找值，参照的区域），功能是返回一个数字在数字列表中的排位。

14.4.2 输入函数

如果用户对某些常用的函数及其语法比较熟悉，则可以直接在单元格中输入公式，具体操作步骤如下：

01 选定要输入函数的单元格。

02 输入等号（=）。

03 输入函数名的第一个字母时，Excel会自动列出以该字母开头的函数名，如图14.11所示。

04 输入所需的函数名，例如MAX和左括号。Excel会出现一个带有语法和参数的工具提示，如图14.12所示。

如何只打印偶数行？

在打印工作表之前，先隐藏奇数行即可。

图14.11 自动显示相关的函数名

图14.12 显示函数的语法和参数提示

05 选定要引用的单元格或区域，如图14.13所示。

06 输入右括号，然后按回车键。Excel将在函数所处的单元格中显示公式的计算结果，如图14.14所示。

图14.13 选定单元格区域

图14.14 求出"冰箱"的最高销售额

14.4.3 使用向导插入函数

Excel 2010提供了几百个函数，想熟练掌握所有的函数难度很大，可以使用编辑栏上的"插入函数"按钮。例如，要求出每种商品的平均值，可以按照下述步骤进行操作：

01 选定要插入函数的单元格。

02 单击编辑栏上的"插入函数"按钮 f_x，弹出如图14.15所示的"插入函数"对话框。

什么是数字签名？

数字签名是指宏或文档上电子的、基于加密的安全验证戳，此签名确认该宏或文档来自签发者且没有被篡改。

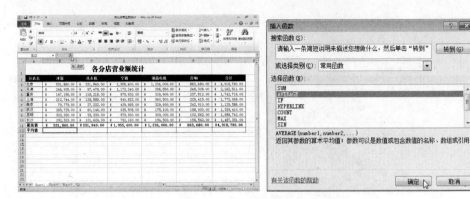

图14.15 "插入函数"对话框

03 在"或选择类别"下拉列表框中选择要插入的函数类型，然后从"选择函数"列表框中选择要使用的函数。

04 单击"确定"按钮，弹出如图14.16所示的"函数参数"对话框。

05 在参数框中输入数值、单元格引用或区域。

06 单击"函数参数"对话框中的"确定"按钮，在单元格中显示公式的计算结果。

在Excel 2010中，所有要求用户输入单元格引用的编辑框都可以使用这样的方法输入，首先用鼠标单击编辑框，然后使用鼠标选定要引用的单元格区域（选定单元格区域时，对话框会自动缩小）。如果对话框挡住了要选定的单元格，则单击编辑框右边的缩小按钮 将对话框缩小，如图14.17所示。选择结束时，再次单击该按钮恢复对话框。

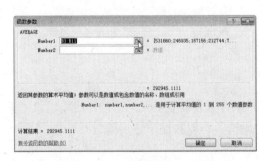

图14.16 "函数参数"对话框

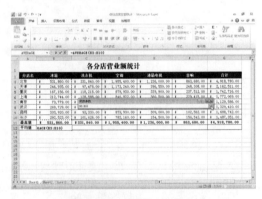

图14.17 缩小对话框

07 单击"确定"按钮，即可求出"冰箱"的平均值。拖动该单元格右下角的填充柄，可以通过复制公式求出其他商品的平均值，如图14.18所示。

什么是对象的链接？

链接对象是指链接的数据存储在源文件中，目标文件中仅存储源文件的地址，显示链接数据的图形。

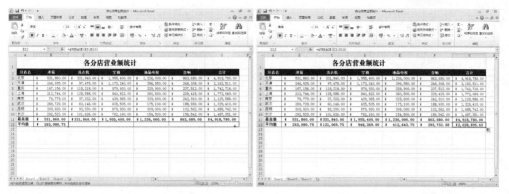

图14.18 复制公式求出其他商品的平均值

 14.4 应用技巧

技巧1：快速定位所有包含公式的单元格

如果用户需要确定哪些单元格中包含了计算公式，可以通过"定位条件"命令来快速定位包含公式的单元格，具体操作步骤如下：

01 打开要查看包含公式的工作表，切换到功能区中的"开始"选项卡，在"编辑"选项组中单击"查看和选择"按钮，在弹出的菜单中选择"定位条件"命令。

02 打开"定位条件"对话框，选中"公式"单选按钮，然后可以根据需要选择包含公式的类型。

03 设置好后单击"确定"按钮，即可在当前工作表中自动选中所有包含公式的单元格。

技巧2：将公式结果转化成数值

在Excel中，当单击输入了公式的单元格时，在编辑栏中将自动显示相应的公式。用户如果不希望在编辑栏中显示公式，可以将其转换为计算结果，具体操作步骤如下：

01 右击要将公式转换为计算结果的单元格，在弹出的菜单中选择"复制"命令复制该数据，然后再次右击该单元格，在弹出的菜单中选择"选择性粘贴"命令。

02 打开"选择性粘贴"对话框，在"粘贴"选项组内选中"数值"单选按钮。单击"确定"按钮即可。当再次选择包含公式的单元格时，在编辑栏中将只显示计算结果，而不显示公式了。

将数据保存或发布为网页时，旋转文本显示不正确，应该如何处理？

将Excel数据保存或发布为网页时，不能使用旋转或竖排文本，旋转或竖排文本将转换为横排文本。

第15章

使用图表分析数据

　　使用表格可以很好地表现数据，但如果希望能更形象地体现数据的发展趋势，则使用图表更为直观有效。在Excel中，可以使用工作表中的数据创建各种类型的图表。本章将介绍图表的使用，重点介绍根据Excel工作表创建图表、编辑图表的方法。

15.1 图表概述

Excel中的图表，即将表格中的数据用图形来表现的一种形式。可以将工作表中单元格的数值显示为柱形图、条形图、折线图、饼图和股价图等各种图形，供数据分析使用。

在学习创建图表之前，先了解图表中常用的一些术语。如图15.1显示了一个二维图表中的各个元素。

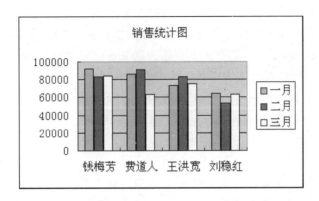

图15.1 二维图表中的各个元素

三维图表中有两个墙、一个基底和几个角点。如图15.2所示显示了一个三维图表中的各个元素。

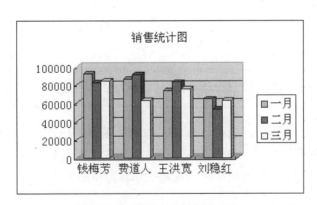

图15.2 三维图表中的各个元素

下面主要介绍图表中的一些常用术语。

密技偷偷报 复制和粘贴格式的快捷键是什么？

复制和粘贴格式的快捷键Ctrl+Shift+C和Ctrl+Shift+V。

- 图表区域：整个图表及其包含的元素。
- 绘图区：在二维图表中，以坐标轴为界并包含全部数据系列的区域。在三维图表中，绘图区以坐标轴为界并包含数据系列、分类名称、刻度线和坐标轴标题的区域。
- 图表标题：标示与图表相关的名称，可以自动与坐标轴对齐或者在图表顶端居中。
- 数据点：对应于类别数据的一个独立数值。
- 数据系列：绘制在图表中的一组相关数据点，来源于工作表中的行或列。图表中的每个数据系列都具有特定的颜色或图案。
- 坐标轴：是出现在除了饼图以外的所有类型图表中的水平或垂直参考线。在二维图表中，水平的X轴被称为分类轴，因为数据的分类一般沿这条线绘制；垂直的Y轴被称为数值轴，因为数值一般沿这条线显示。对于三维图表，增加了一个系列轴，它用来表示在图表区域中显示多个数据系列。
- 网格线：可添加到图表中以方便查看和计算数据的线条。网格线是坐标轴上刻度线的延伸，并穿过绘图区。Excel根据工作表数据创建坐标值。主要网格线标出了轴上的主要间距。用户还可在图表上显示次要网格线，用于标出主要间距之间的间隔。
- 图例：位于图表中适当位置处的一个方框，内含各个数据系列名。数据系列名左侧有一个标识数据系列的小方块，称为图例项标识，它标识该数据系列中数据图形的形状、颜色及填充图案等特征。
- 背景墙及基底：三维图表中包围在三维图形周围的区域，用于显示维度和边界尺寸。图表的绘图区包含两个背景墙和一个基底，可以选定并对其格式化。当选定背景墙和基底的一角后，可以拖动图表进行旋转，以便显示同一图表的不同角度和视图。

15.2 创建图表——产品价格变动

图表既可以放在工作表上，也可以放在工作簿的图表工作表上。直接出现在工作表上的图表称为嵌入式图表，图表工作表是工作簿中仅包含图表的特殊工作表。嵌入式图表和图表工作表都与工作表中的数据相链接，并随工作表数据的更改而更新。

15.2.1 一键创建图表

Excel默认的图表类型为柱形图，用户可以快速创建一个图表工作表，具体操作步骤如下：

01 在工作表中选定要创建图表的数据。

02 按F11键，即可创建默认的图表工作表，如图15.3所示。

 如何快速填充单元格？

选定单元格区域按下Ctrl+D快捷键，将选定范围内最顶层单元格的内容和格式复制到下方单元格。

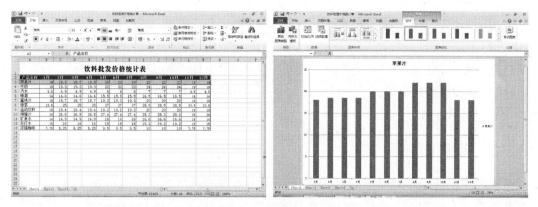

图15.3 创建图表工作表

15.2.2 利用图表命令创建图表

如果要利用图表命令创建图表，可以按照下述步骤进行操作：

01 在工作表中选定要创建图表的数据。

02 切换到功能区中的"插入"选项卡，单击"图表"组中的"饼图"按钮，从下拉列表中选择需要的图表类型，如图15.4所示。

03 如图15.5所示，创建一个三维饼图。

图15.4 选择图表类型

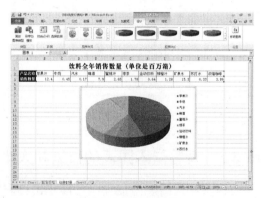

图15.5 创建三维饼图

15.2.3 从非相邻的数据区域创建图表

数据系列还可以产生在非相邻的区域中，具体操作步骤如下：

01 选定第一组包含所需数据的单元格区域。

02 按下Ctrl键，继续选定其他单元格区域。

03 单击"插入"选项卡的"图表"组中的图表类型，再从弹出的列表中选择所需的类型。

密技偷偷报

如何快速打开"定位"对话框？

（1）按下Ctrl+G快捷键；（2）直接按下F5键。

15.3 图表的基本操作

创建图表并将其选择后，功能区将多出3个选项卡，即"图表工具-设计"、"图表工具-布局"和"图表工具-格式"选项卡。通过这3个选项卡中的命令按钮，可以对图表进行各种设置和编辑方法。

15.3.1 选择图表项

对图表中的图表项进行修饰之前，应单击图表项将其选择。有些成组显示的图表项（如数据系列和图例等）各自可以细分为单独的元素，例如，为了在数据系列中选择一个单独的数据标记，先单击数据系列，再单击其中的数据标记。

另外一种选择图表项的方法是：单击图表的任意位置将其激活，然后切换到"图表工具-布局"选项卡，单击"图表元素"列表框右侧的向下箭头，从展开的下拉列表中选择要处理的图表项，如图15.6所示。

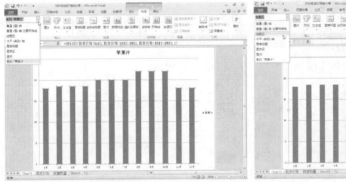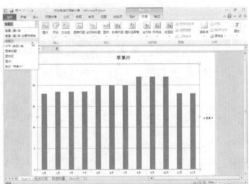

图15.6 选择图表项

15.3.2 调整嵌入图表的位置和大小

要调整嵌入图表的位置，可以单击图表将其选择，然后在图表上按住鼠标左键并拖动。在拖动的过程中，出现一个虚线框指示当前的位置，到达所需的位置时，释放鼠标左键。

要调整嵌入式图表的大小，只需在选择图表后，将鼠标指针移到某个句柄上，当鼠标指针变成双向箭头时，按住鼠标左键拖动，即可调整图表的大小，如图15.7所示。

如何快速应用或取消倾斜格式设置？

按下Ctrl+I快捷键或者按下Ctrl+3快捷键。

图15.7 调整嵌入图表的位置和大小

15.3.3 将嵌入图表转换为图表工作表

单击嵌入图表将其选择，然后切换到功能区中的"图表工具-设计"选项卡，在"位置"组中单击"移动图表"按钮，在弹出的"移动图表"对话框内选中"新工作表"单选按钮，并指定新工作表名称，最后单击"确定"按钮，如图15.8所示。

图15.8 "移动图表"对话框

15.3.4 向图表中添加数据

无论用户创建的是嵌入式图表还是图表工作表，都可以向图表中添加数据。向图表中添加数据最简单的方法是复制工作表中的数据并粘贴到图表之中，具体操作步骤如下：

01 选择要添加到图表中的单元格区域。

02 单击"开始"选项卡的"剪贴板"组中的"复制"按钮，如图15.9所示。

03 单击图表将其选择。如果希望Excel自动将数据粘贴到图表中，则单击"开始"选项卡的"剪贴板"组中的"粘贴"按钮，或者单击"粘贴"按钮的向下箭头，从下拉列表中选择"选择性粘贴"命令，如图15.10所示。

密技偷偷报　如何快速地使用"撤消"或"重复"命令撤消或恢复上一次自动更正操作？

按下Ctrl+Shift+Z组合键，可以使用"撤消"或"重复"命令撤消或恢复上一次自动更正操作。

图15.9 单击"复制"按钮

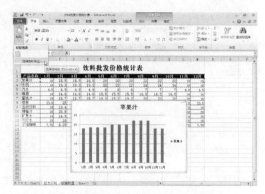
图15.10 选择"选择性粘贴"命令

04 弹出"选择性粘贴"对话框，选择所需的选项，单击"确定"按钮，结果如图15.11所示。

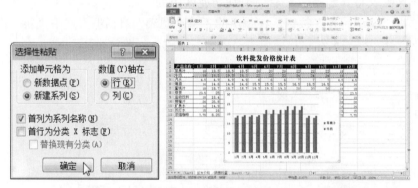
图15.11 向图表中添加数据

15.3.5 删除数据系列

当工作表中某项数据被删除时，图表内相应的数据系列会消失。如果不想删除工作表中的数据，仅想删除图表的数据系列，则在图表中单击该数据系列（该数据系列的名字会出现在"名称"框中），然后按Delete键即可。

15.4 为图表添加标签

用户可以将图表中的某些元素显示出来，也可以将不需要的某些元素隐藏起来。

15.4.1 为图表添加图表标题

很多时候，在创建的图表是没有图表标题的，或者默认的图表标题不能满足用户的实

菜鸟充电站

什么是主题？

主题就是一组统一的设计元素，使用颜色、字体和图形设置文档的外观。

际需要，此时就可以为图表重新添加并设置图表标题。具体操作步骤如下：

01 单击图表将其选择。

02 切换到功能区中的"图表工具-布局"选项卡，单击"标签"组中的"图表标题"按钮，从弹出的下拉列表中选择一种放置标题的方式，如图15.12所示。

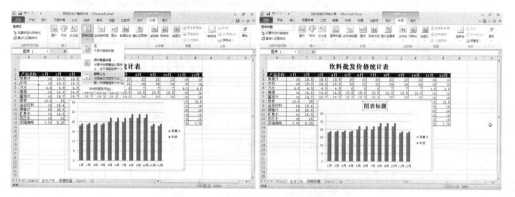

图15.12 选择图表标题的放置方式

03 在文本框中输入标题文本，如图15.13所示。

04 右击标题文本，在弹出的快捷菜单中选择"设置图表标题格式"命令，如图15.14所示。

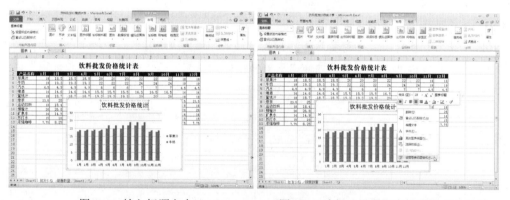

图15.13 输入标题文本   图15.14 选择"设置图表标题格式"命令

 用户还可以在选择图表标题后，切换到功能区中的"图表工具-布局"或"图表工具-格式"选项卡，然后在"当前所选内容"组中单击"设置所选内容格式"按钮。

05 在"设置图表标题格式"对话框中可以为标题设置格式，然后单击"关闭"按钮，如图15.15所示。

 如何快速地创建图表？

按下Alt+F1组合键可以创建当前范围中数据的图表。

图15.15 设置图表标题格式

15.4.2 显示与设置坐标轴标题

默认情况下创建的图表，坐标轴标题也是不会显示出来的，但为了使用户能够体会图表所表达的含义，很多时候需要将坐标轴标题显示出来，并适当设置其格式。具体操作步骤如下：

01 单击图表将其选择。

02 切换到功能区中的"图表工具-布局"选项卡，单击"标签"组中的"坐标轴标题"按钮，在弹出的下拉列表中选择"主要横坐标轴标题"或"主要纵坐标轴标题"，再选择一种放置标题的方式，如图15.16所示。

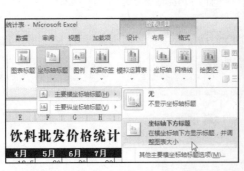

图15.16 设置坐标轴标题

插入新工作表的快捷键是什么？

按下Alt+Shift+F1组合键即可插入新的工作表。

03 此时，在图表的相应位置出现坐标轴标题文本框，单击标题文本框，输入标题内容，并设置为黄色底纹、橙色边框，如图15.17所示。

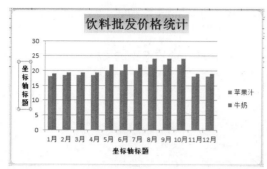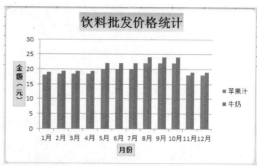

图15.17 设置坐标轴标题

15.4.3 显示与设置图例

图例用来解释说明图表中使用的标志或符号，用于区分不同的数据系列。Excel一般采用数据表中的首行或首列文本作为图例。图例主要说明图表中各种不同色彩的图形所代表的数据系列。显示与设置图例的具体操作步骤如下：

01 单击要添加图例的图表。

02 切换到功能区中的"图表工具-布局"选项卡，单击"标签"组中的"图例"按钮，从弹出的下拉列表中选择选择一种放置图例的方式，Excel会根据图例的大小重新调整绘图区的大小，如图15.18所示。

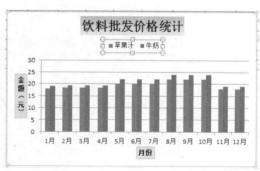

图15.18 设置图例的放置方式

15.4.4 显示数据标签

默认状态下，创建的图表中是没有数据标签的。例如，柱形图中的各数据点没有大小标记；饼图中没有各数据点所占的比例。这种表示方式只能让人看到图表中各数据系列的

密技偷偷报 **如何设置才能使合并计算的结果自动更新？**

在"合并计算"对话框中勾选"创建指向源数据的链接"复选框，源数据改变时结果也会自动更新。

大概意义，不能看到数据系列所代表的精确数值。如果需要同时看到图表以及其中各数据点所代表的值，可以为图表添加数据标签。具体操作步骤如下：

01 选择图表，在"图表工具-布局"选项卡下单击"数据标签"按钮，从弹出的下拉列表中选择"其他数据标签选项"命令。

02 弹出"设置数据标签格式"对话框，在"标签选项"选项卡下的"标签包括"选项组中勾选需要显示的标签内容，例如勾选"类别名称"、"值"复选框等，如图15.19所示。

图15.19 设置标签选项

03 在"填充"选项中选择"纯色填充"单选按钮，然后设置橙色作为标签的填充颜色，如图15.20所示。设置完毕后，单击"关闭"按钮。此时在图表中自动为每个系列添加了数据标签，如图15.21所示。

图15.20 设置标签的填充颜色　　　　　图15.21 为图表添加标签

如何将编辑栏展开或折叠起来？

按下Ctrl+Shift+U组合键将在展开和折叠编辑栏之间切换。

15.5　更改图表类型——员工业绩统计

图表类型的选择是相当重要的，选择一个能够最佳表现数据的图表类型，有助于更清晰地反映数据的差异和变化。Excel提供了若干种标准的图表类型和自定义的类型，用户在创建图表时可以选择所需的图表类型。当对创建的图表类型不满意时，可以更改图表的类型，具体操作步骤如下：

01 如果是一个嵌入式图表，则单击将其选中；如果是图表工作表，则单击相应的工作表标签将其选中。

02 切换到功能区中的"图表工具-设计"选项卡，单击"更改图表类型"按钮，弹出如图15.22所示的"更改图表类型"对话框。

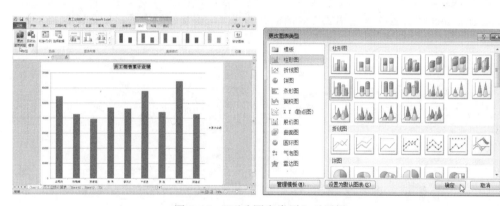

图15.22 "更改图表类型"对话框

03 在"图表类型"列表框中选择所需的图表类型，再从右侧选择所需的子图表类型。

04 单击"确定"按钮，结果如图15.23所示。

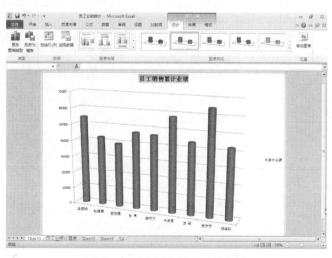

图15.23 更改图表类型后的效果

 **密技偷偷报**　　**如何快速打开剪贴板？**

连续按两次Ctrl+C组合键，则会显示剪贴板。

15.6　设置图表格式

用户可以格式化整个图表区或者每次格式化一个图表项。图表的格式包括图表的外观、颜色、文字和数字的格式。

15.6.1　改变三维图表的角度

如果要改变三维图表的角度，可以按照下述步骤进行操作：

01 如果是一个嵌入式图表，则单击将其选中；如果是图表工作表，则单击相应的工作表标签将其选中。

02 切换到功能区中的"图表工具-布局"选项卡，单击"背景"组中的"三维旋转"按钮，弹出"设置图表区格式"对话框并选择"三维旋转"选项，如图15.24所示。

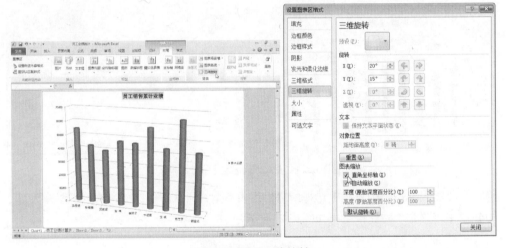

图15.24 设置三维旋转

03 在"三维旋转"选项中可以指定旋转的角度，或者选中"直角坐标轴"复选框。

04 单击"关闭"按钮，即可看到三维图表的效果，如图15.25所示。

如何多次使用格式刷功能？

选定需要引用格式的内容，再双击"格式刷"按钮，此时格式刷功能可以多次使用。

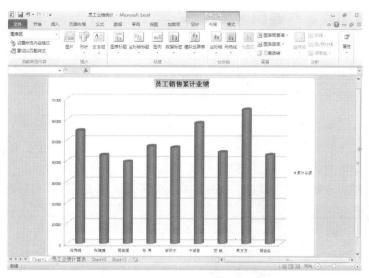

图15.25 改变了三维图表的角度

15.6.2 应用预设图表样式

Excel 2010中为用户提供了很多预设的图表样式,这样具有专业性的图表样式大大满足了用户的需求,免去用户手动逐项地对图表进行设置,直接选择喜欢的样式套用即可。具体操作步骤如下:

01 如果是一个嵌入式图表,则单击以将其选中;如果是图表工作表,则单击相应的工作表标签以将其选中。

02 切换到功能区中的"图表工具-设计"选项卡,在"图表样式"组中选择一种样式,即可快速改变图表的样式,如图15.26所示。

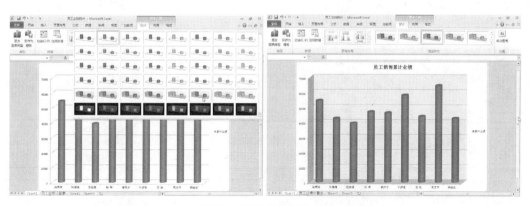

图15.26 快速设置图表样式

如何快速选定所有工作表?

右击工作表标签,在弹出的快捷菜单中选择"选定全部工作表"命令。

15.6.3 设置图表区与绘图区格式

图表区是放置图表及其他元素（包括标题与图形）的大背景。单击图表的空白位置，当图表最外框四角出现8个句柄时，表示选定了该图表区。绘图区是放置图表主体的背景。

设置图表区和绘图区格式的具体操作步骤如下：

01 从"图表工具-布局"选项卡的"图表元素"列表框中选择"图表区"，选择图表的图表区。

02 单击"设计所选内容格式"按钮，弹出"设置图表区格式"对话框。

03 单击左侧列表框中的"填充"选项，在右侧可以设置填充效果。例如，本例以纹理作为填充色，如图15.27所示。

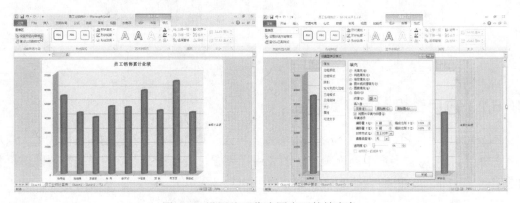

图15.27 设置纹理作为图表区的填充色

04 还可以进一步设置边框颜色、边框样式或三维格式等，然后单击"关闭"按钮。

05 从"图表工具-布局"选项卡的"图表元素"列表框中选择"绘图区"，选择图表的绘图区。

06 重复步骤2~4，可以设置绘图区的格式，如图15.28所示。

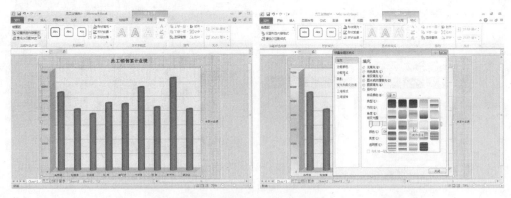

图15.28 设置绘图区的格式

菜鸟充电站

如何快速修改单元格的次序？

在拖放选定的一个或多个单元格到新位置的同时，按住Shift键可以快速修改单元格的次序。

15.7 迷你图的使用——股票走势分析

迷你图是Excel 2010中的新增功能，它是工作表单元格中的一个微型图表，可以提供数据的直观表示。使用迷你图可以显示数值系列中的趋势（例如，季节性增加或减少、经济周期），或者可以突出显示最大值和最小值。在数据旁边添加迷你图可以达到最佳的对比效果。

15.7.1 插入迷你图

迷你图可以通过清晰简明的图形表示方法显示相邻数据的趋势，而且迷你图只占用少量空间。下面为一周的股票情况插入迷你图，比较一周内每只股票的走势。

01 选择要创建迷你图的数据范围，然后切换到"插入"选项卡中，单击"迷你图"选项组中的一种类型，例如单击"折线图"。

02 弹出"创建迷你图"对话框，在"选择放置迷你图的位置"框中指定放置迷你图的单元格，如图15.29所示。

图15.29 "创建迷你图"对话框

03 单击"确定"按钮，返回工作表中，此时在单元格G3中自动创建出一个图表，该图表表示"中联重科"一周来的波动情况。

04 用同样的方法，为其他两只股票也创建迷你图，如图15.30所示。

如何通过一次按键创建Excel图表？

选择需要绘制的数据，并按F11键。

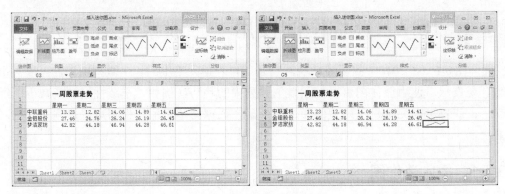

图15.30 创建迷你图

15.7.2 更改迷你图类型

如同更改图表类型一样，还可以根据自己的需要更改迷你图的图表类型，不过迷你图的图表类型只有3种。

01 选择要更改类型的迷你图所在单元格。

02 在"迷你图工具-设计"选项卡中，单击"类型"组中的"柱形图"按钮，此时单元格中的迷你图变成了柱形。

03 用同样的方法，为其他单元格重新设置图表类型，如图15.31所示。

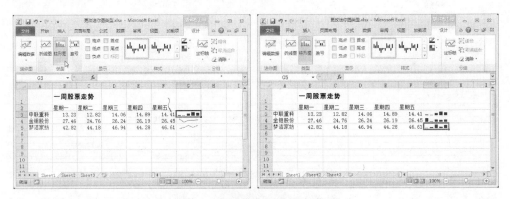

图15.31 更改迷你图的图表类型

15.7.3 显示迷你图中不同的点

在迷你图中可以显示出数据的高点、低点、首点、尾点、负点和标记等，这样能够让用户更容易观察迷你图的一些重要的点。

01 选择要更改类型的迷你图所在单元格。

02 在"迷你图工具-设计"选项卡中，从"显示"组中选择要显示的点，例如，选中"高

菜鸟充电站 如何快速输入当前的日期和时间？

选择单元格，按Ctrl+；快捷键输入当前的日期；按Ctrl+Shift+；快捷键输入当前的时间。

点"和"低点"复选框，即可显示迷你图中不同的点，如图15.32所示。

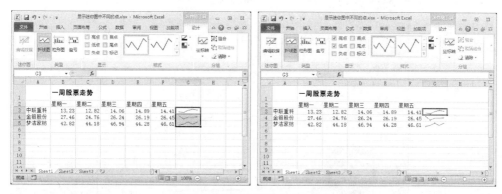

图15.32 显示迷你图中重要的点

15.7.4 清除迷你图

用户想删除已经创建的迷你图，若直接选中迷你图所在的单元格后，按下Delete键时会发现迷你图并没有删除。

如果要删除某个单元格中的迷你图，可以选中该单元格，然后在"迷你图工具-设计"选项卡中，单击"清除"按钮右侧的向下箭头，从展开的下拉列表中选择"清除所选的迷你图"选项。

15.8　应用技巧

技巧1：创建带有图片的图表

一个半透明的图表系列可以使图表更加美观，将图表中的数据系列设置为图形或图片，亦可增强图表的视觉冲击力。

`01` 复制要设置为数据系列的图片或图形。

`02` 单击选定图表，然后单击绘图区中的图表系列，选定图表系列。

`03` 单击"开始"选项卡，然后直接单击"剪贴板"组中的"粘贴"按钮，即可将数据系列变成图形或图片，如图15.33所示。

密技偷偷报

如何快速编辑单元格内容？

选择单元格，按F2键，编辑单元格内容后，按Enter键确认所做改动。

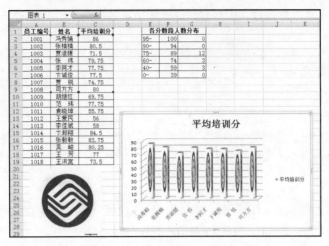

图15.33 创建带有图片的图表

技巧2：改变圆环图或饼图中扇区的角度

圆环图和饼图中所有扇区的绘制顺序是由工作表中的数据顺序决定的，使用以下方法可以改变圆环图或饼图中扇区的角度。具体操作步骤如下：

01 在圆环图或饼图中单击要改变的扇区。

02 单击"图表工具"→"格式"→"当前所选内容"→"设置所选内容格式"按钮，弹出如图15.34所示的"设置数据点格式"对话框。

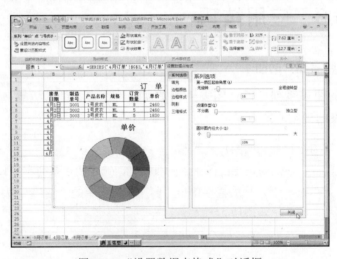

图15.34 "设置数据点格式"对话框

03 单击对话框左侧的"系列选项"选项。

04 在"第一扇区起始角度"组中指定在圆环图或饼图中开始绘制第一扇区的角度。对于圆环图，还可以在"圆环图内径大小"组中指定圆环图内径的大小。

05 设置完毕后，单击"确定"按钮。

菜鸟充电站 如何让文本框与工作表网格线合二为一？

绘制文本框时，按住Alt键并拖动鼠标插入一个文本框，就能保证文本框的边界与工作表网格线重合。

第16章

PowerPoint 2010的基本操作

    PowerPoint是Microsoft公司推出的系列产品之一,作为专门用来制作演示文稿的软件,它越来越受到人们的重视。利用PowerPoint不但可以创建演示文稿,还可以制作广告宣传和产品演示的电子版幻灯片。在办公自动化日益普及的今天,PowerPoint还可以为人们提供一个更高效的、更专业的平台。本章将介绍PowerPoint的基础知识,这是PowerPoint入门内容,对于使用过PowerPoint旧版本的用户,可以浏览本章的内容,以掌握PowerPoint的新功能和新界面。

16.1　PowerPoint 2010窗口简介

单击"开始"→"所有程序"→"Microsoft Office"→"Microsoft PowerPoint 2010"命令后，即可启动PowerPoint 2010，并且打开如图16.1所示的PowerPoint 2010窗口。

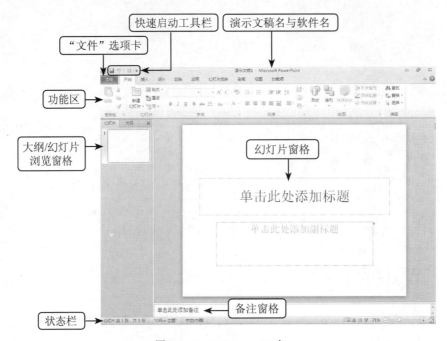

图16.1　PowerPoint 2010窗口

16.2　PowerPoint的视图方式

PowerPoint为用户提供了多种不同的视图模式，每种视图都将用户的处理焦点集中在演示文稿的某个要素上。

16.2.1　普通视图

当启动PowerPoint并创建一个新演示文稿时，通常会直接进入到普通视图中，可以在其中输入、编辑和格式化文字，管理幻灯片以及输入备注信息。要从其他视图切换到普通视图中，可以单击"视图"选项卡上的"普通视图"按钮，如图16.2所示。

在PowerPoint 2010 窗口中，退出PowerPoint 2010 的快捷键是什么？

按下Alt+F4组合键即可退出PowerPoint 2010。

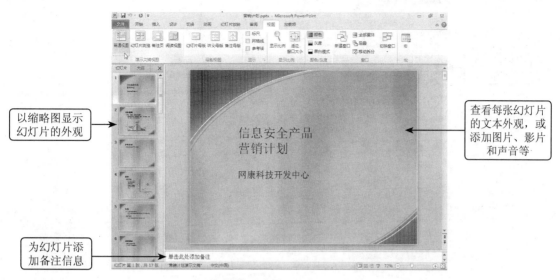

以缩略图显示
幻灯片的外观

查看每张幻灯片
的文本外观，或
添加图片、影片
和声音等

为幻灯片添
加备注信息

图16.2 普通视图下的缩略图模式

普通视图是一种三合一的视图方式，将幻灯片、大纲和备注页视图集成到一个视图中。

在普通视图的左窗格中，有"大纲"选项卡和"幻灯片"选项卡。单击"大纲"选项卡，可以便捷地输入演示文稿要介绍的一系列主题，更易于把握整个演示文稿的设计思路；单击"幻灯片"选项卡，系统将以缩略图的形式显示演示文稿的幻灯片，易于展示演示文稿的总体效果，如图16.3所示。

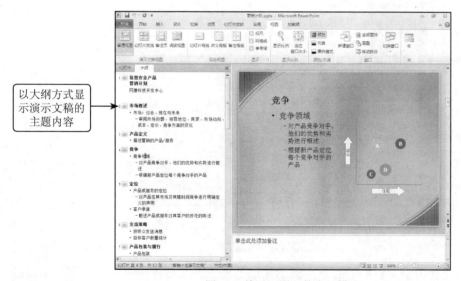

以大纲方式显
示演示文稿的
主题内容

图16.3 普通视图下的大纲模式

用户还可以拖动窗格之间的分隔条，调整窗格的大小，如图16.4所示。当左窗格太小时，会以图标的形式显示左侧的选项卡。

密技偷偷报　　使用哪个功能键可以在程序的不同区域之间移动？

F6。

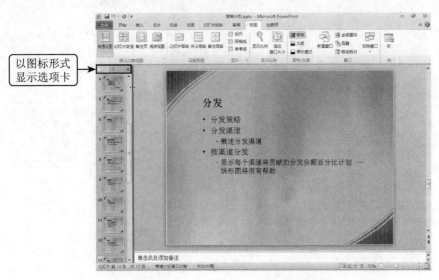

以图标形式
显示选项卡

图16.4 缩小左侧窗格的大小

16.2.2 幻灯片浏览视图

单击"视图"选项卡的"演示文稿视图"组中的"幻灯片浏览"按钮,即可切换到幻灯片浏览视图中,如图16.5所示。

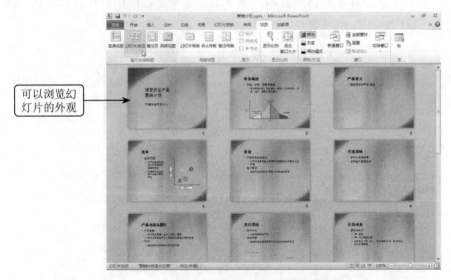

可以浏览幻灯片的外观

图16.5 幻灯片浏览视图

在幻灯片浏览视图中,能够看到整个演示文稿的外观。在该视图中可以对演示文稿进行编辑,包括改变幻灯片的背景设计、调整幻灯片的顺序、添加或删除幻灯片和复制幻灯片等。

菜鸟充电站

在幻灯片浏览视图中如何调整幻灯片的顺序?

直接在幻灯片浏览视图中,按住某张幻灯片进行拖动即可。

16.2.3　备注页视图

单击"视图"选项卡的"演示文稿视图"组中的"备注页"按钮，即可切换到备注页视图中，如图16.6所示。一个典型的备注页视图会看到在幻灯片图像的下方带有备注页方框。当然，还可以打印一份备注页作为参考。

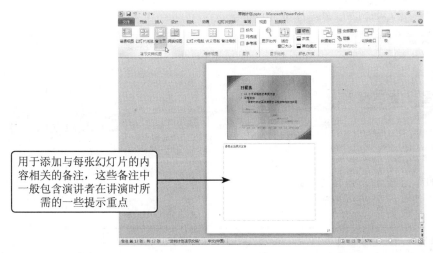

用于添加与每张幻灯片的内容相关的备注，这些备注中一般包含演讲者在讲演时所需的一些提示重点

图16.6　备注页视图

16.2.4　阅读视图

切换到功能区中的"视图"选项卡，在"演示文稿视图"组中单击"阅读视图"按钮，即可切换到阅读视图，如图16.7所示。阅读视图是利用自己的计算机查看演示文稿。

单击下方的按钮，可以播放其他幻灯片，或者切换到其他视图

图16.7　阅读视图

如果你希望在一个设有简单控件以方便审阅的窗口中查看演示文稿，而不想使用全屏的幻灯片放映视图，则可以在自己的计算机上使用阅读视图。如果要更改演示文稿的视图

使用哪个快捷键可以快速在PowerPoint中插入新幻灯片？

按Ctrl+M快捷键可以快速向演示文稿中插入一张新幻灯片。

模式,可以随时从阅读视图切换到其他的视图。

16.3　创建演示文稿

演示文稿是PowerPoint中的文件,它由一系列幻灯片组成。幻灯片包括醒目的标题、详细的说明文字、生动的图片以及多媒体组件等元素。

PowerPoint提供了多种新建演示文稿的方法,例如,利用"设计模板"与"空演示文稿"等。

16.3.1　新建空白演示文稿

如果用户对创建文稿的结构和内容已经比较了解,则可以从空白的演示文稿开始设计。具体操作步骤如下:

01 单击"文件"选项卡,在弹出的菜单中选择"新建"命令,选择中间窗格中的"空白演示文稿"选项,如图16.8所示。

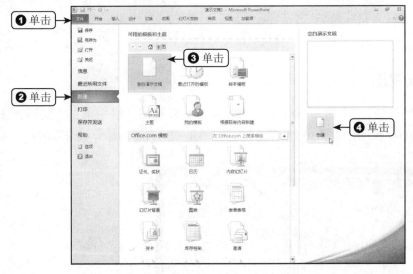

图16.8 新建空白演示文稿

02 单击"创建"按钮,即可创建一个空白演示文稿。

03 向幻灯片中输入文本,插入各种对象。

16.3.2　利用模板新建演示文稿

构建演示文稿非常注重其华丽性和专业性,因为这样才能充分感染用户。PowerPoint只是提供在演示文稿设计时所需的工具。真正好的演示文稿设计,必须要有好的美术概

在PowerPoint中如果想再执行跟上一次相同的操作,有什么简单的办法吗?

按F4键可轻松实现在PowerPoint中执行同一动作。

念。不过，如果用户没有什么美术基础，也不必太沮丧，因为PowerPoint可以用模板来构建缤纷靓丽的、具有专业水平的演示文稿。具体操作步骤如下：

01 单击"文件"选项卡，在弹出的菜单中选择"新建"命令，单击中间窗格中的"样本模板"，在弹出的窗口中会显示已安装的模板，如图16.9所示。

图16.9 选择已安装的模板

02 单击要使用的模板，然后单击"创建"按钮，即可根据当前选定的模板创建演示文稿，如图16.10所示。

图16.10 利用模板创建演示文稿

提示 如果已安装的模板不能达到制作要求，可以在"新建"窗口的中间窗格的"Office.com模板"区域中选择准备使用的模板样式，然后单击"下载"按钮即可下载使用。

什么是剪辑？

剪辑是一个媒体文件，包含图片、声音、动画或电影。

16.3.3　根据现有演示文稿新建演示文稿

用户可以根据现有的演示文稿新建演示文稿，具体操作步骤如下：

01　单击"文件"选项卡，在弹出的菜单中选择"新建"命令，单击中间窗格的"根据现有内容新建"选项，如图16.11所示。

02　打开如图16.12所示的"根据现有演示文稿新建"对话框，找到并选定作为模板的现有演示文稿，然后单击"新建"按钮即可。

图16.11　选择"根据现有内容新建"选项　　　图16.12　"根据现有演示文稿新建"对话框

16.4　保存演示文稿

在PowerPoint中创建演示文稿时，演示文稿临时存放在计算机的内存中。退出PowerPoint或者关闭计算机后，就会丢失存放在内存中的信息。为了永久性地使用演示文稿，必须将它保存到磁盘上。

第一次保存演示文稿时，需要选择演示文稿保存的路径，输入演示文稿的保存名称。具体操作步骤如下：

01　单击"文件"选项卡，在弹出的菜单中选择"保存"命令，打开如图16.13所示的"另存为"对话框。

02　在"文件名"文本框中输入一个新文件名。

03　要在不同的文件夹中保存演示文稿，可以单击"保存位置"列表框右侧的向下箭头，从下拉列表中选择不同的文件夹。

04　单击"保存"按钮，即可将演示文稿保存到相应的位置。

为什么某些字体会在演示文稿中丢失？

在另外的计算机上放映演示文稿时，某些TrueType字体可能不可用，可嵌入某些字体。

图16.13 "另存为"对话框

16.5 幻灯片的基础操作

一般来说，一个演示文稿中会包含多张幻灯片，对这些幻灯片进行管理已成为维护演示文稿的重要任务。在制作演示文稿的过程中，可以新建、删除与复制幻灯片等。

16.5.1 新建幻灯片

启动PowerPoint 2010后，将默认新建一个名为"演示文稿1"的演示文稿，其中自动包含一张幻灯片。新建幻灯片有两种方法：一种是新建默认版式的幻灯片，另一种是新建不同版式的幻灯片。

1. 新建默认版式的幻灯片

新建默认版式的幻灯片时，是根据演示文稿默认主题的幻灯片版式来创建的，具体操作步骤如下：

01 启动PowerPoint，自动创建一个名称为"演示文稿1"的演示文稿。切换到功能区中的"开始"选项卡，在"幻灯片"组中单击"新建幻灯片"按钮。

02 经过以上操作后，就完成了默认版式幻灯片的新建，如图16.14所示。

哪种格式的图片需要在图像编辑程序中编辑其颜色？

位图、.jpg、.gif或.png格式的图片文件需要在图像编辑程序中编辑其颜色。

图16.14 新建默认的幻灯片

2. 新建不同版式的幻灯片

新建不同版式幻灯片是通过"幻灯片"组中，新建幻灯片下拉按钮，在其展开的版式库中选择相应的版式，即可创建指定版式的幻灯片。

01 启动PowerPoint，自动创建一个名称为"演示文稿1"的演示文稿。切换到功能区中的"开始"选项卡，在"幻灯片"组中单击"新建幻灯片"按钮的向下箭头，从弹出的下拉菜单中选择一种版式。

02 经过以上操作后，就完成了指定版式幻灯片的新建，如图16.15所示。

图16.15 新建不同版式的幻灯片

16.5.2 更改已有幻灯片的版式

如果要更改现有幻灯片的版式，可以按照下述步骤进行操作：

01 打开要更改版式的幻灯片。

02 切换到功能区中的"开始"选项卡，在"幻灯片"组中单击"版式"按钮，从弹出的下拉菜单中选择一种版式，即可快速更改当前幻灯片的版式，如图16.16所示。

菜鸟充电站　在一张幻灯片中，经常要插入多个对象，如何让它们排列得整整齐齐呢？

选中多个需要对齐的对象，在"格式"选项卡中单击"对齐"按钮，选择一种对齐方式。

图16.16 应用了新的版式

16.5.3 选择幻灯片

如果要对幻灯片进行操作，需要选择幻灯片。既可以选择单张幻灯片，也可以选择多张幻灯片。

在普通视图中选择单张幻灯片，可以单击"大纲"选项卡中的幻灯片图标，或者单击"幻灯片"选项卡中的幻灯片缩图。

在幻灯片浏览视图中选择多张连续的幻灯片，先单击第一张幻灯片的缩图，使该幻灯片的周围出现边框，然后按住Shift键并单击最后一张幻灯片的缩图。

在幻灯片浏览视图中选择多张不连续的幻灯片，先单击第一张幻灯片的缩图，然后按住Ctrl键，再分别单击要选择的幻灯片缩图，如图16.17所示。

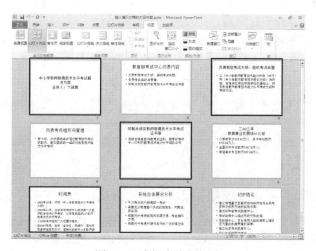

图16.17 选择多张幻灯片

16.5.4 删除幻灯片

如果要在幻灯片浏览视图中删除某张幻灯片，可以按照下述步骤进行操作：

有时需要借用制作好的演示文稿中的某一张（或多张）幻灯片，如何将其复制过来？
选中需要借用的幻灯片，执行"复制"操作，然后在当前演示文稿中执行"粘贴"操作即可。

> 01 在幻灯片浏览视图中，选择要删除的幻灯片。

> 02 按Delete键。

16.5.5　调整幻灯片的顺序

如果要在幻灯片浏览视图中调整幻灯片的顺序，可以按照下述步骤进行操作：

> 01 在幻灯片浏览视图中，选定要移动的幻灯片。

> 02 按住鼠标左键拖动，拖动时会出现一个竖线来表示选定幻灯片将要放置的新位置。

> 03 释放鼠标左键，选定的幻灯片将出现在插入点所在的位置，如图16.18所示。

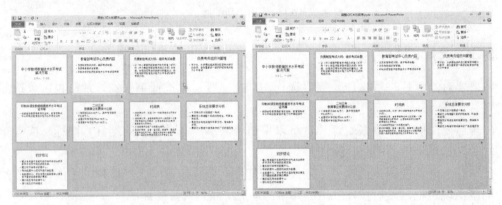

图16.18　利用鼠标拖动移动幻灯片

另外，还可以使用"剪切"和"粘贴"按钮来调整幻灯片的顺序，具体操作步骤如下：

> 01 在幻灯片浏览视图中，选定要移动的幻灯片。

> 02 单击"开始"选项卡的"剪贴板"组中的"剪切"按钮，将选定的幻灯片删除并存放到剪贴板中。

> 03 在要插入幻灯片的两个幻灯片之间的位置单击，则该位置出现一个竖线。

> 04 单击"开始"选项卡"剪贴板"组中的"粘贴"按钮，将剪贴板中的幻灯片粘贴到新的位置。

16.5.6　复制幻灯片

制作演示文稿的过程中，可能有几张幻灯片的版式和背景等都是相同的，只是其中的部分文本不同而已。这时可以复制幻灯片，然后对复制后的幻灯片进行修改即可。

如果要在幻灯片浏览视图中复制幻灯片，可以按照下述步骤进行操作：

> 01 在幻灯片浏览视图中，选定要复制的幻灯片。

> 02 按住Ctrl键，然后按住鼠标左键拖动选定的幻灯片。

> 03 在拖动过程中，出现一个竖条表示选定幻灯片的新位置。

> 04 释放鼠标左键，再松开Ctrl键，选定的幻灯片被复制到目的位置。

菜鸟充电站　对于一些没有设置动画的演示文稿来说，如何将其保存为图片呢？

打开"另存为"对话框，在"保存类型"下拉列表框中选择一种图形类型。

16.6　应用技巧

技巧1：设置PowerPoint的默认视图

每次启动PowerPoint 2010后，进入的都是默认的普通视图。如果用户希望在启动PowerPoint 2010后直接进入自己常使用的视图模式，可以通过设置来实现。具体操作步骤如下：

01 启动PowerPoint 2010，单击"文件"选项卡，在弹出的菜单中单击"选项"命令。

02 打开"PowerPoint选项"对话框，选择左侧的"高级"选项，在右侧的"显示"选项组中，在"用此视图打开全部文档"下拉列表中选择所需的视图即可，如图16.19所示。

图16.19 设置默认视图

技巧2：将旧的演示文稿转换为PowerPoint 2010文档

如果用户打开的是旧的演示文稿，可以将其转换为PowerPoint 2010文档。具体操作步骤如下。

01 单击"文件"选项卡，从弹出的菜单中选择"转换"命令，弹出如图16.20所示的"另存为"对话框。

图16.20 "另存为"对话框

02 单击"保存"按钮，即可将文档转换为最新的文件格式。

 在欣赏某篇演示文稿时，发现其中的一些图片非常精美，如何将其保存下来？

右击需要保存的图片，在弹出的快捷菜单中选择"另存为图片"命令。

第17章

为幻灯片添加对象

前面已经介绍了如何在幻灯片中加入所要表达的文字，但是仅仅加入文字让人觉得太平淡了。如果能够在幻灯片中加入漂亮的图片、图表和表格等对象，就会使演示文稿更加生动、有趣和富有吸引力。

本章将介绍向幻灯片中插入各种对象的技巧，包括插入表格、插入图片、制作相册集、插入SmartArt图形以及插入影片等。

17.1 插入对象的方法

在PowerPoint 2010中新建幻灯片时，只要选择含有内容的版式，就会在内容占位符上出现内容类型选择按钮。单击其中的一个按钮，即可在该占位符中添加相应的内容对象，如图17.1所示。

图17.1 利用占位符插入对象

17.2 插入表格

如果需要在演示文稿中添加有规律的数据，可以使用表格来完成。PowerPoint中的表格操作远比Word简单得多。本节将介绍在演示文稿中插入表格的方法。

17.2.1 向幻灯片中插入表格

如果要向幻灯片中插入表格，可以按照下述步骤进行操作：

01 单击内容版式中的"插入表格"按钮，弹出如图17.2所示的"插入表格"对话框。

02 在"列数"文本框中输入需要的列数，在"行数"文本框中输入需要的行数。

03 单击"确定"按钮，将表格插入到幻灯片中，如图17.3所示。

如何将演示文稿保存为自动播放的文件？

打开"另存为"对话框，在"保存类型"下拉列表中选择"PowerPoint放映（*.ppsx）"。

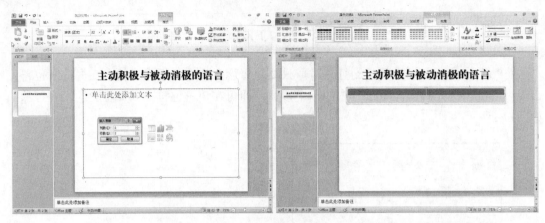

图17.2 "插入表格"对话框　　　　　　图17.3 创建的表格

 要向已有的幻灯片中插入表格，请单击"插入"选项卡中的"表格"按钮，在弹出的菜单中选择表格的行数和列数。

1. 向表格中输入文本

创建表格后，插入点位于表格左上角的第一个单元格中，此时可以在插入点位置输入文本，如图17.4所示。当一个单元格内的文本输入完毕后，按Tab键进入到下一个单元格中，也可以直接用鼠标单击下一个单元格。如果希望回到上一个单元格中，则按Shift+Tab快捷键。

如果输入的文本较长，则会在当前单元格的宽度范围内自动换行，此时自动增加该行的行高。

主动积极与被动消极的语言

主动积极	被动消极
我选择去……	我必须去……
我能……	我无能为力
我打算……	他就是这样一个人
试试看有没有其他可能性	除非…才能……
我可以控制自己的情绪	他们是不会接受的

图17.4 向表格中输入文本

2. 选择表格中的项目

在对表格进行操作之前，需要了解如何选择表格中的项目。

要选择一行，可以单击该行中的任意单元格，然后切换到功能区中的"布局"选项卡，在"表"组中单击"选择"按钮，在弹出的菜单中选择"选择行"命令。

 演示文稿中包含了许多照片，能不能将其空间压缩一下呢？

选中照片，在"格式"选项卡中单击"压缩图片"按钮，在对话框中进行相关设置。

要选择一列，可以单击该列中的任意单元格，然后切换到功能区中的"布局"选项卡，在"表"组中单击"选择"按钮，在弹出的菜单中选择"选择列"命令。

要选择整个表格，可以单击表格中的任意单元格，然后切换到功能区中的"布局"选项卡，在"表"组中单击"选择"按钮，在弹出的菜单中选择"选择表格"命令。

要选择一个或多个单元格，可以用按下鼠标并拖动鼠标经过这些单元格的方法来选择它们。

17.2.2　修改表格的结构

对于已经创建的表格，用户仍然能够修改表格的行数和列数等结构。

1. 插入新行或新列

如果要插入新行，可以按照下述步骤进行操作：

01 将插入点置于表格中希望插入新行的位置。

02 切换到功能区中的"布局"选项卡，在"行和列"组中单击"在上方插入"按钮或者"在下方插入"按钮，如图17.5所示。

图17.5　插入新行命令

如果要插入新列，可以按照下述步骤进行操作：

01 将插入点置于表格中希望插入新列的位置。

02 切换到功能区中的"布局"选项卡，在"行和列"组中单击"在左侧插入"按钮或者"在右侧插入"按钮。

2. 合并与拆分单元格

如果要将多个单元格合并为一个单元格，可以按照下述步骤进行操作：

01 选择要进行合并的多个单元格。

02 切换到功能区中的"布局"选项卡，在"合并"组中单击"合并单元格"按钮。

要将一个大的单元格拆分成多个小的单元格，首先单击要拆分的单元格，然后切换到功能区中的"布局"选项卡，在"合并"组中单击"拆分单元格"按钮。

17.2.3　设置表格格式

在表格幻灯片中，插入和编辑表格之后，还需要对表格进行格式化，以增强幻灯片的感染力，给观众留下深刻的印象。

1. 利用表格样式快速设置表格格式

用户可以利用PowerPoint 2010提供的表格样式快速设置表格的格式，具体操作步骤如下：

如果编辑好的演示文稿不想让别人打开或修改，应用怎么办？

单击"文件"选项卡，选择"信息"→"保护演示文稿"→"用密码进行加密"命令。

01 选择要设置格式的表格。

02 切换到功能区中的"设计"选项卡，在"表格样式"组中选择一种样式，如图17.6所示。用户可以单击右侧的按钮，滚动显示其他的样式。

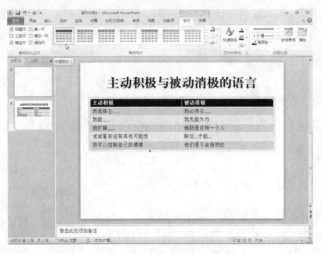

图17.6 快速设置表格格式

2. 添加表格边框

如果要为表格添加边框，可以按照下述步骤进行操作：

01 选择要添加边框的表格。

02 利用"设计"选项卡的"绘图边框"组中的"笔样式"、"笔划粗细"与"笔颜色"，分别设置线条的样式、粗细与颜色。

03 单击"设计"选项卡中"边框"按钮右侧的向下箭头，从展开的下拉列表中选择为表格的哪条边添加边框，如图17.7所示。

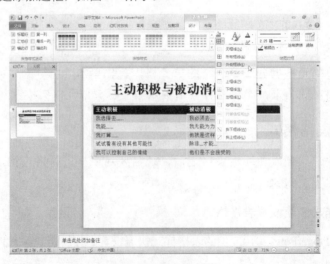

图17.7 添加表格边框

菜鸟充电站　**如何使播放窗口可以随意调节？**

按住Alt键不放，再按"D、V"字母键进入播放状态，此时的窗口可以随意调节大小。

3. 填充表格颜色

如果要获得好的演示效果，可以为表格填充颜色，具体操作步骤如下：

01 要改变一个单元格的填充颜色，可以将插入点置于该单元格中；要改变多个单元格的填充颜色，可以选定这些单元格或者整个表格。

02 单击"设计"选项卡中"填充颜色"按钮右侧的向下箭头，展开"填充颜色"列表。

03 单击"填充颜色"列表中提供的颜色方块，即可为选择的单元格填充此颜色，如图17.8所示。

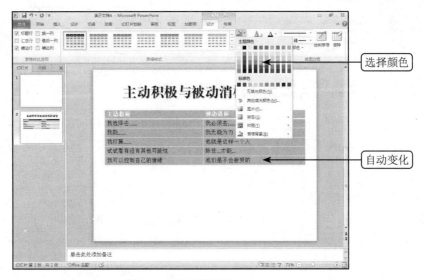

图17.8 填充表格颜色

　　如果希望以图片、渐变和纹理来填充单元格，请选择"填充颜色"列表中的"图片"、"渐变"和"纹理"选项，并进一步进行设置。

17.2.4 利用表格创建公司资料幻灯片

利用表格可以灵活创建公司资料幻灯片，具体操作步骤如下：

01 新建表格幻灯片，插入7行3列的表格。

02 选择要合并的单元格，然后单击"布局"选项卡的"合并"组中的"合并单元格"按钮，将单元格合并。

03 在单元格中输入内容，并在单元格中输入文字以及插入图片。插入图片时，只需将光标置于单元格中，切换到功能区中的"插入"选项卡，在"插图"组中单击"图片"按钮，然后选择要插入的图片。

04 为表格和单元格分别设置填充色，以便与演示文稿的主体相协调。如图17.9所示就是为表格和单元格设置了不同填充色的效果。

密技偷偷报　　如何让Flash动画在演示文稿中顺利播放？

将Flash动画和演示文稿保存在同一文件夹中，使用控件插入Flash动画时指定相对路径。

261

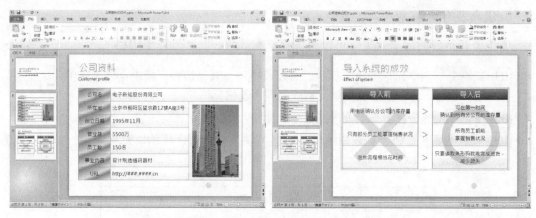

图17.9 利用表格创建公司资料表

17.2.5 制作列举各家竞争产品的表格

表格是最适合用来比较商品的规格、价格等各种包含数字的条件。将要比较的重点放在列的标题中，并在各行输入简洁有力的内容，这比用文章说明更让人容易理解。具体操作步骤如下：

|01| 新建表格幻灯片，插入5行4列的表格。

|02| 在单元格中输入文本，然后将表格和单元格的颜色进行设置，以便与演示文稿的主体相协调。如图17.10所示就是为表格和单元格设置了不同填充色的效果。

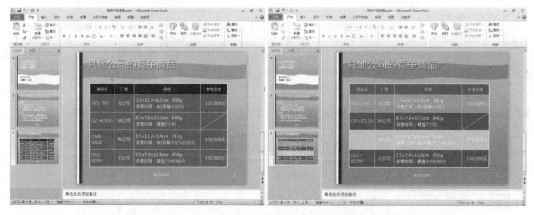

图17.10 制作列举各家竞争产品的表格

17.3 用图表说话

好的图表可以代替一千句话，而不是要用一千句话去解释图表。不要总想把表格数据放到图表中，图表比表格更简单明了。

菜鸟充电站　在编辑文稿时，由于死机或停电，经常造成文稿的丢失，能不能抢救回来呢？

"文件"选项卡→"选项"，打开"PowerPoint选项"对话框，选择"保存"选项，选中"保存自动恢复信息时间间隔"复选框。

17.3.1 在幻灯片中插入图表

插入图表的具体操作步骤如下：

01 单击内容占位符上的"插入图表"按钮，或者单击"插入"选项卡中的"图表"按钮，弹出如图17.11所示的"插入图表"对话框。

图17.11 "插入图表"对话框

02 从左侧的列表框中选择图表类型，然后在右侧列表中选择子类型，再单击"确定"按钮。

03 此时，自动启动Excel，让用户在工作表的单元格中直接输入数据，如图17.12所示。

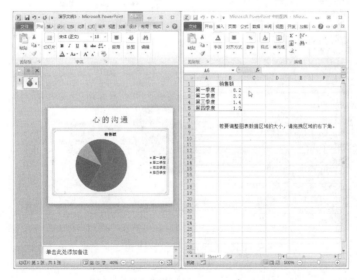

图17.12 同时显示PowerPoint与Excel

04 如果更改工作表中的数据，那么PowerPoint中的图表也会自动更新，如图17.13所示。

密技偷偷报

如果用户要与其他人分享创建的相册，应该使用哪种操作？

用户可以将其作为电子邮件附件来发送、将其发布到Web或进行打印。

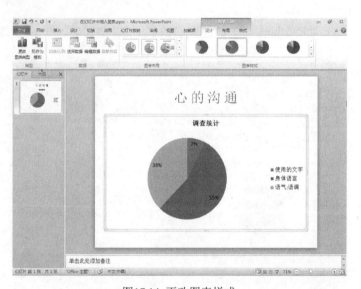

图17.13 自动更新图表

05 输入数据后，可以单击Excel窗口右上角的"关闭"按钮，并单击PowerPoint窗口右上角的"最大化"按钮。

06 用户可以利用"设计"选项卡中的"图表布局"工具与"图表样式"工具快速设置图表的格式，如图17.14所示。

图17.14 更改图表样式

17.3.2 图解销售趋势的柱形图

柱形图是用视觉的方式呈现多个项目之间数值的多少。在幻灯片中，可以利用绘制有立体视觉效果的立体柱形图来增强美感。具体操作步骤如下：

菜鸟充电站　要更改相册图片的显示顺序，应该怎样操作？

在"相册"对话框中，选择一个图片名称，然后单击箭头按钮上下移动该名称。

01 新建一张幻灯片，其版式为"标题和内容"，单击占位符中的"插入图表"按钮，打开"插入图表"对话框，并选择合适的图表类型。

02 根据需要修改图表的数据，结果如图17.15所示。

03 还可以更改图表的类型，例如，将刚创建的图表改为三维堆积柱形图，如图17.16所示。

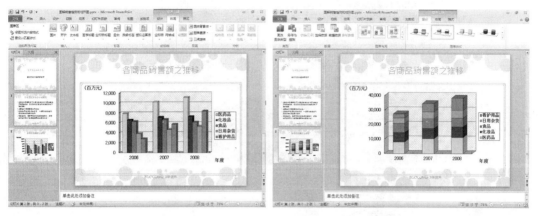

图17.15 创建的柱形图　　　　图17.16 修改图表类型

提示　如果要改变三维立体柱形图的角度，可以选择图表，切换到功能区中的"布局"选项卡，在"背景"组中单击"三维旋转"按钮，打开"设置图表区域"对话框，在"三维旋转"选项组中设置"X"和"Y"的数值，如图17.17所示。

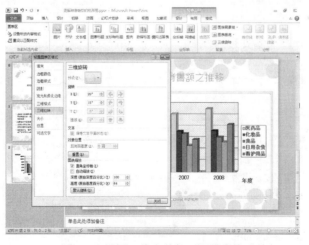

图17.17 设置三维立体柱形图的角度

17.3.3　剖析占有率的圆形图

想要以视觉的方式呈现出自己公司的产品在市场上的占有率时，可以使用圆形图。在

怎样更改相册中图片的外观？

可以通过选择版式、向图片中添加框架、选择主题、并执行其他操作更改图片的外观。

演示文稿的幻灯片中,可以将需要注意的项目移到圆形图的正面,或者将它与圆形图分离。具体操作步骤如下:

01 新建一个图表幻灯片,创建一个三维饼图,如图17.18所示。

图17.18 创建三维饼图

> **提示** 饼图分割块的数目不要太多,如果要表达信息太多时,可以考虑使用复合饼图或复合条饼图;把认为最重要的数据扇区从12点位置开始,并用比较突出的颜色显示;用合适的颜色或用"分离型饼图"抽离强调块从而突出最重要的块。

02 还可以根据需要,对饼图进行修饰。例如,要将圆形图的一部分进行分离,可以选择该部分,然后拖动光标将其分离,如图17.19所示。

图17.19 饼图分离

"可以撤消操作"的次数可以更改吗?

可以修改。"文件"选项卡→"选项",打开"PowerPoint 选项"对话框→"高级",在"最多可取消操作数"文本框中设置。

03 如果要更改数据标签显示的内容，可以选择图表，然后切换到功能区中的"布局"选项卡，在"标签"组中单击"数据标签"按钮，在弹出的菜单中选择"其他数据标签选项"命令，打开"设置数据标签格式"对话框，选中"类别名称"、"值"、"百分比"、"显示引导线"复选框，如图17.20所示。

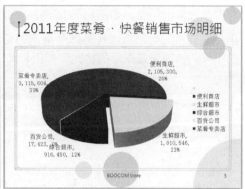

图17.20 "设置数据标签格式"对话框

04 要将强调的项目移到前面，可以选择图表，切换到功能区中的"布局"选项卡，在"背景"选项组中单击"三维旋转"按钮，打开"设置图表区格式"对话框，选择"三维旋转"选项，然后在"X"中输入数值，如图17.21所示。

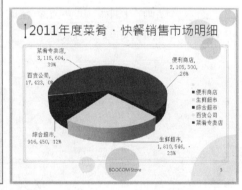

图17.21 设置旋转角度

17.4 插入剪贴画

为了让演示文稿更出色，经常需要在幻灯片中插入剪贴画，这些剪贴画都是专业美术

如何精确移动文本框位置？

选中对象后，按住Ctrl键，并按方向键移动，可以以更小的间距移动。

家设计的。用户只需通过简单的操作，即可将剪贴画放到幻灯片中。

插入剪贴画的具体操作步骤如下：

01 显示要插入剪贴画的幻灯片。

02 切换到功能区中的"插入"选项卡，在"插图"组中单击"剪贴画"按钮，弹出"剪贴画"任务窗格。

03 在"搜索文字"文本框中输入要插入剪贴画的关键文字，然后单击"搜索"按钮，即可显示搜索的结果，如图17.22所示。

04 单击要插入的剪贴画，将剪贴画插入到幻灯片中。用户还可以利用"格式"选项卡上的工具，快速设置图片的格式，如图17.23所示。

图17.22 "剪贴画"任务窗格   图17.23 设置图片的格式

另一种插入剪贴画的方法是，新建一张带有内容占位符版式的幻灯片，然后单击内容占位符上的"插入剪贴画"图标，即可在新建的幻灯片中插入剪贴画。如图17.24所示就是在幻灯片中分别插入不同剪贴画后的效果。

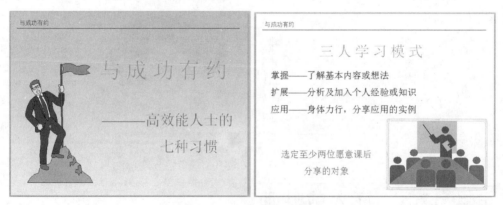

图17.24 插入剪贴画

使用文本框创建的文本会显示在大纲视图中吗？

不会。只有在文本占位符中输入的文本才会出现在大纲视图中。

17.5 为幻灯片配上图片

好图胜千言，越是抽象的概念越适合用图说话。PPT要尽量少用文字，多用图片，因为图片的视觉冲击力明显要强过文字。

如果要向幻灯片中插入图片，可以按照下述步骤进行操作：

01 在普通视图中，显示要插入图片的幻灯片。

02 切换到功能区中的"插入"选项卡，在"插图"组中单击"图片"按钮，弹出如图17.25所示的"插入图片"对话框。

图17.25 "插入图片"对话框

03 找到含有需要的图片文件的驱动器和文件夹。

04 单击文件列表框中的文件名或者单击要插入的图片。

05 然后再单击"插入"按钮，将图片插入到幻灯片中，如图17.26所示。

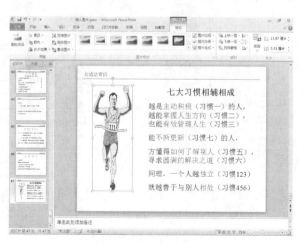

图17.26 在幻灯片中插入图片

密技偷偷报　项目符号列表中文本位置不变，而只是项目符号位置改变，需要怎么操作？

单击该项目并拖动首行缩进标记，则项目符号列表中的项目符号缩进。

17.6 制作相册集

如果用户希望向演示文稿中添加一大组喜爱的图片，而又不想自定义每张图片，则可以使用PowerPoint 2010轻松地创建一个作为相册的演示文稿，然后进行播放，宛如一场个人作品发表会。

创建相册的具体操作步骤如下：

01 切换到功能区中的"插入"选项卡，在"插图"组中单击"相册"按钮，从其列表中选择"新建相册"命令，弹出如图17.27所示的"相册"对话框。

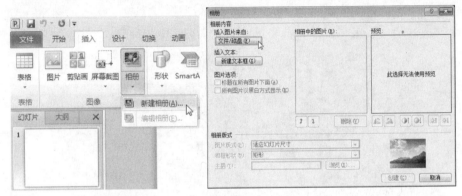

图17.27 "相册"对话框

02 单击"插入图片来自"之下的"文件/磁盘"按钮，弹出如图17.28所示的"插入新图片"对话框。

选择图片

图17.28 "插入新图片"对话框

03 定位包含要添加到相册中的图片的磁盘或文件夹后，单击所需的图片文件，然后单击"插入"按钮。

04 重复步骤3的操作，向相册中添加所需的所有图片。

想要项目符号列表包含项目符号和文本一起缩进又该怎么做呢？

单击该项目拖动左缩进标记，则项目符号列表中所有行缩进，项目符号也随之缩进。

05 单击"新建文本框"按钮，可以插入说明性的文本框（需要在相册建立以后再编辑）。

06 插入的图片可以用"上移"及"下移"按钮调整其顺序。

07 选择其中一张图片，还可以利用"相册"对话框中的按钮调整其亮度、对比度等属性，如图17.29所示。

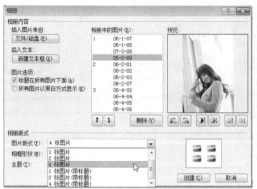

图17.29 调整相册的图片

08 在"相册版式"选项组中，可执行下列操作：

要选择相册中幻灯片上图片和文本框的版式，请选择"图片版式"列表框中的版式。

要为图片选择相框形状，请在"相框形状"列表框中选择形状。

要为相册选择设计模板，请单击"浏览"按钮，然后在"选择设计模板"对话框中选择要使用的设计模板，再单击"选择"按钮。

09 单击"创建"按钮，系统自动创建标题幻灯片，如图17.30所示。

图17.30 创建的标题幻灯片

可以不可以使用图片作为项目符号？

用户可以在"项目符号和编号"对话框中进行设置。

[10] 切换到其他的幻灯片，就可以看到包含图片的幻灯片，如图17.31所示。

图17.31 查看其他相册幻灯片

17.7 应用技巧

技巧1：给图片设置形状

用户可以给图片设置形状来达到特殊的效果，具体操作步骤如下：

01 在幻灯片中绘制图形将其选中，然后单击"格式"选项卡的"形状样式"组中的"启动对话框"按钮，弹出如图17.32所示的"设置图片格式"对话框。

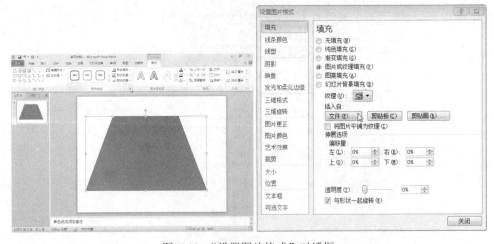

图17.32 "设置图片格式"对话框

02 单击"填充"选项，在右侧选中"图片或纹理填充"单选按钮，然后单击"文件"按钮，弹出"插入图片"对话框，选中要填充的图片，如图17.33所示。

怎么样清除文本的格式？

单击"字体"组中的"清除所有格式"按钮，即可清除选中的文字所有格式，只留下纯文本。

03 单击"确定"按钮，返回"设置图片格式"对话框，可以把图片设置成半透明的效果，只需拖动"透明度"滑块，如图17.34所示。

图17.33 "插入图片"对话框

图17.34 拖动"透明度"滑块

04 单击"关闭"按钮，即可看到设置后的效果，如图17.35所示。

图17.35 给图片设置形状

技巧2：利用PowerPoint抠图并不难

PowerPoint 2010包含的一个高级图片编辑选项是自动删除不需要的图片部分（如背景），以强调或突出图片的主题或删除杂乱的细节。

01 选中要去除背景的图片，在"格式"选项卡中单击"删除背景"按钮，如图17.36所示。

02 进入"背景消除"选项卡，在图片的周围可以看到一些浅蓝色的控点，拖动控点可以调整删除的背景范围，将其调整到合适位置后释放鼠标，如图17.37所示。

密技偷偷报

为了查看打印效果，可以把幻灯片在黑白视图中显示吗？

可以在"视图"选项卡的"颜色/灰度"选项组中单击"灰度"或"黑白模式"按钮即可。

图17.36 单击"删除背景"按钮   图17.37 调整背景范围

03 单击"背景消除"选项卡的"关闭"组中的"保留更改"按钮。经过以上操作后，就
完成了删除图片背景的操作，如图17.38所示。

图17.37 删除图片背景

技巧3：将幻灯片文本转换为SmartArt图形

将幻灯片文本转换为SmartArt图形是一种将现有幻灯片转换为专业设计插图的快速方法。例如，只通过一次单击，就可以将一张幻灯片转换为SmartArt图形。用户可以从许多内置布局中进行选择，以有效传达消息或想法。

将幻灯片文本转换为SmartArt图形的具体操作步骤如下：

01 单击包含要转换的幻灯片文本的占位符。单击"开始"选项卡的"段落"组中的"转换为SmartArt图形"按钮，如图17.39所示。

02 在库中，单击所需的SmartArt图形布局，如图17.40所示。若要查看完整的布局集合，请单击"其他SmartArt图形"选项。

菜鸟充电站   剪裁是通过删除图片的哪部分来减小图片的大小？

剪裁是通过删除图片的垂直或水平边缘部分来减小图片的大小。

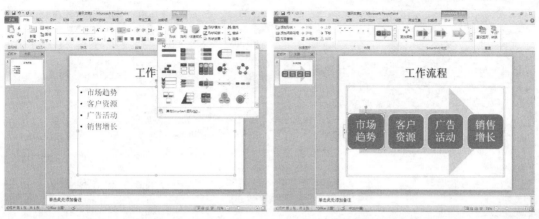

图17.39 单击"转换为SmartArt图形"按钮　　　图17.40 选择SmartArt图形布局

为图片添加剪贴画、艺术字或图片需要使用哪个选项卡中的命令？

需要使用"插入"选项卡中的命令。

第18章
演示文稿的高级美化方法

　　制作一个完美的演示文稿，除了需要有杰出的创意和优秀的素材之外，提供专业效果的演示文稿外观也同样非常重要。一个好的演示文稿，应该具有一致的外观风格，这样才能产生良好的效果。PowerPoint的一大特色就是可以使演示文稿中的幻灯片具有一致的外观。

18.1 制作风格统一的演示文稿——母版的基本操作

所谓幻灯片母版，实际上就是一张特殊的幻灯片，它可以被看作是一个用于构建幻灯片的框架。在演示文稿中，所有的幻灯片都基于该幻灯片母版而创建。所以，如果更改了幻灯片母版，则会影响所有基于该母版而创建的演示文稿幻灯片。

18.1.1 进入幻灯片母版

要进入母版视图，请切换到功能区中的"视图"选项卡，在"演示文稿视图"组中单击"幻灯片母版"按钮，如图18.1所示为幻灯片母版视图。

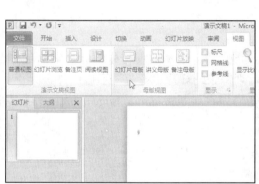

图18.1 幻灯片母版视图

在幻灯片母版视图中，包括几个虚线框标注的区域，分别是标题区、对象区、日期区、页脚区和数字区，也就是前面所说的占位符。用户可以编辑这些占位符，并设置文字的格式，以便在幻灯片中输入文字时采用默认的格式。

18.1.2 一次更改所有的标题格式

幻灯片母版通常含有一个标题占位符，其余部分根据选择版式的不同，可以是文本占位符、图表占位符或者图片占位符等。

在标题区中单击"单击此处编辑母版标题样式"字样，即可激活标题区，选定其中的提示文字，并且改变其格式。例如，将标题文本格式改为华文行楷、带下划线格式、添加文字阴影，如图18.2所示。

单击"幻灯片母版"选项卡上的"关闭母版视图"按钮，返回到普通视图中，会发现每张幻灯片的标题格式均发生改变，如图18.3所示。为了查看整体的效果，可以切换到幻

可不可以使用"图片工具—格式"选项卡中的命令将图片等距离排列？

不可以。

灯片浏览视图中浏览。

图18.2 设置标题的文本格式　　　　　　图18.3 改变所有幻灯片标题的格式

18.1.3　为全部幻灯片贴上Logo标志

用户可以在母版中加入任何对象（如图片、图形等），从而使每张幻灯片中都自动出现该对象。例如，如果在母版中插入一幅图片，则每张幻灯片中都会显示该图片。

为了使每张幻灯片中都出现某个Logo标志，可以在母版中插入该Logo。例如，需要插入一幅图片，可以按照下述步骤进行操作：

01　在幻灯片母版中，切换到功能区中的"插入"选项卡，在"插图"组中单击"图片"按钮，打开如图18.4所示的"插入图片"对话框。

02　选择所需的图片，单击"插入"按钮，然后对图片的大小和位置进行调整。

03　单击"幻灯片母版"选项卡上的"关闭母版视图"按钮，切换到幻灯片浏览视图，发现每张幻灯片中均出现插入的Logo图片，如图18.5所示。

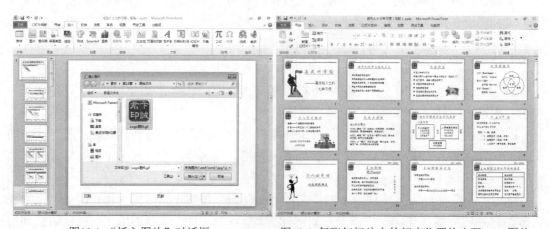

图18.4 "插入图片"对话框　　　　　　图18.5 每张幻灯片中的相应位置均出现Logo图片

菜鸟充电站

可以使用哪个对话框中的命令来设置线条颜色吗？

可以使用"设置图片格式"对话框中的命令来设置线条颜色。

18.1.4　一次更改所有文字格式

要一次更改所有文字格式时，可以进行编辑母版文字。母版文字分为第一层到第五层，可以根据层次设置文字格式。另外，在幻灯片内想要更改所有文字格式的层次时，请单击"降低列表级别"按钮或"增加列表级别"按钮。

一次更改所有文字格式的具体操作步骤如下：

01 在幻灯片母版中切换到"两栏内容"版式，选择第一层文字，然后改变字体和颜色，如图18.6所示。

02 单击"幻灯片母版"选项卡上的"关闭母版视图"按钮，切换到幻灯片视图，发现幻灯片中第一层文字的字体和颜色都已改变，如图18.7所示。

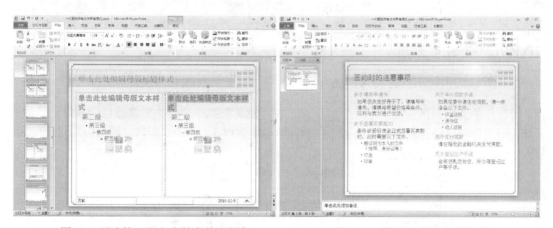

图18.6 更改第一层文字的字体和颜色　　　　图18.7 一次更改所有文字格式

18.2　设置演示文稿的主题

所谓主题就是指将一组设置好的颜色、字体和图形外观效果整合到一起，即一个主题中结合了这3个部分的设置结果。如果希望版式有别于整个母版的颜色和字体等外观，可以设置某个版式的主题。设置演示文稿的主题有两种渠道：直接选择要使用的预设主题样式；或者更改现有主题的颜色、字体或效果从而得到新的主题样式。

18.2.1　选择要使用的主题样式

PowerPoint 2010中预置了许多主题，用户可以直接从中选择使用。具体操作步骤如下：

01 打开要使用主题的演示文稿。

02 切换到功能区中的"设计"选项卡，在"主题"组中单击想要的文档主题，或者单击右侧的"其他"按钮以查看所有可用的主题，如图18.8所示。

　密技偷偷报　**按哪个方向拖动图片，图片不会变形？**

沿图片的对角线方向拖动缩放图片，图片长宽比例不会改变，图片不会变形。

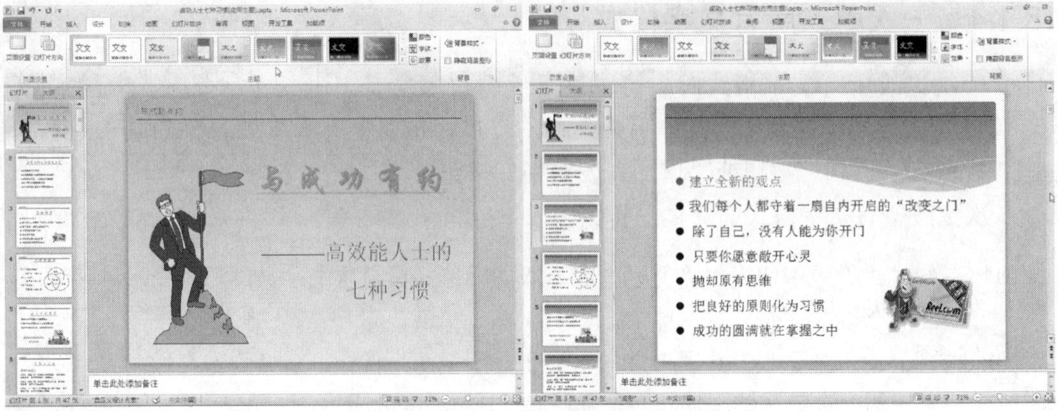

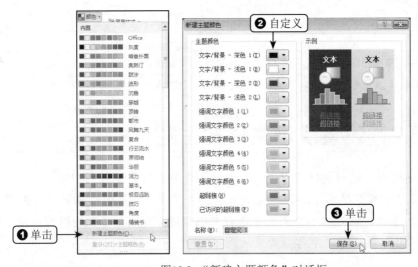

图18.8 要应用的主题

18.2.2 自定义主题

如果默认的主题不符合需求，还可以自定义主题。具体操作步骤如下：

01 切换到功能区中的"设计"选项卡，在"主题"组中单击"主题颜色"按钮，从展开菜单中选择"新建主题颜色"命令，弹出如图18.9所示的"新建主题颜色"对话框。

图18.9 "新建主题颜色"对话框

02 在"主题颜色"下，单击要更改的主题颜色元素对应的按钮，然后选择所需的颜色。

03 为将要更改的所有主题颜色元素重复步骤2的操作。

04 在"名称"文本框中，为新的主题颜色输入一个适当的名称。

05 单击"保存"按钮。

06 切换到功能区中的"设计"选项卡，在"主题"组中单击"字体颜色"按钮，从下拉

可以把另一个程序中的数据复制到幻灯片的图表中吗？

可以。用户可以复制该数据，然后打开图表的Excel数据表，把该数据粘贴到相应的位置。

菜单中选择"新建主题字体"命令，弹出如图18.10所示的"新建主题字体"对话框，指定字体并命名后单击"保存"按钮。

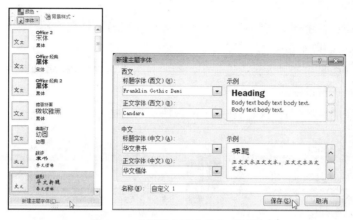

图18.10 "新建主题字体"对话框

07 切换到功能区中的"设计"选项卡，在"主题"组中单击"主题效果"按钮，从下拉菜单中选择要使用的效果（用于指定线条与填充效果）。

08 设置完毕后，单击"设计"选项卡的"主题"组右下角的"其他"按钮，从下拉菜单中选择"保存当前主题"命令，在弹出的对话框中输入文件名并单击"保存"按钮，如图18.11所示。保存自定义主题后，可以在主题菜单中看到创建的主题。

图18.11 "保存当前主题"对话框

18.3 设置幻灯片背景

在PowerPoint 2010中也可以为演示文稿中的幻灯片添加背景或水印，使演示文稿独具特色或者明确标示演示主办方。PowerPoint允许为单张或所有幻灯片设置背景。

要添加一张新幻灯片，并且要在该幻灯片上插入一个图表，应该选择哪种版式？
带内容占位符的幻灯片。

18.3.1 向演示文稿中添加背景样式

向演示文稿中添加背景样式的具体操作步骤如下：

01 单击要添加背景样式的幻灯片。要选择多个幻灯片，请单击第一个幻灯片，然后在按住Ctrl键的同时单击其他幻灯片。

02 切换到功能区中的"设计"选项卡，在"背景"组中单击"背景样式"按钮的向下箭头，展开"背景样式"菜单。

03 右击所需的背景样式，然后在弹出的快捷菜单中执行下列操作之一，如图18.12所示。

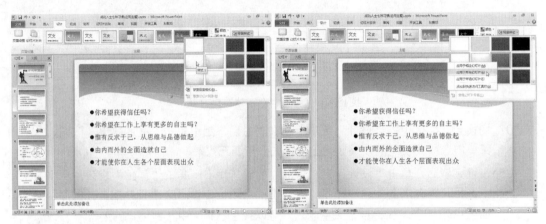

图18.12 为幻灯片应用背景

要将该背景样式应用于所选幻灯片，请单击"应用于所选幻灯片"。

要将该背景样式应用于演示文稿中的所有幻灯片，请单击"应用于所有幻灯片"。

要替换所选幻灯片和演示文稿中使用相同幻灯片母版的任何其他幻灯片的背景样式，请单击"应用于相应幻灯片"。该选项仅在演示文稿中包含多个幻灯片母版时可用。

18.3.2 自定义演示文稿的背景样式

如果内置的背景样式不符合需求，可以自定义演示文稿的背景样式。具体操作步骤如下：

01 单击要添加背景样式的幻灯片。要选择多个幻灯片，请单击第一个幻灯片，然后在按住Ctrl键的同时单击其他幻灯片。

02 切换到功能区中的"设计"选项卡，在"背景"组中单击"背景样式"按钮的向下箭头，展开"背景样式"菜单。

03 选择"设置背景格式"命令，弹出如图18.13所示的"设置背景格式"对话框。

菜鸟充电站　自定义布局或格式不能保存，如果希望再次使用相同的布局或格式，应该怎样操作？

可以将图表另存为图表模板。

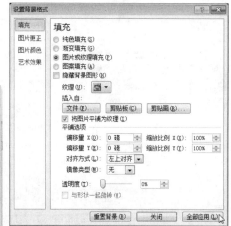

图18.13 "设置背景格式"对话框

04 设置以填充方式或图片作为背景。如果选择"填充"选项，则可以指定以"纯色填充"、"渐变填充"和"图片或纹理填充"等，并可以进一步设置相关的选项。

05 设置完毕后，单击"关闭"按钮。

 18.4 应用技巧

技巧1：为幻灯片替换模板

现有的幻灯片模板有时不一定能够满足用户需要，此时，用户可以替换现有模板，具体操作步骤如下：

01 单击"视图"选项卡，然后单击"演示文稿视图"选项组中的"普通视图"按钮，切换到普通视图。此时在窗口左侧会显示"幻灯片"窗格。

02 在"幻灯片"窗格中选中需要替换模板的幻灯片，单击"设计"选项卡，然后单击"主题"组中"所有主题"列表框右下角的"其他"按钮，在弹出的列表中会显示出所有可用的版式，将鼠标移动到每一个版式上时都会在幻灯片中显示出该版式的预览效果。

03 右击合适的模板，在弹出的快捷菜单中选择"应用于选定幻灯片"命令，则仅将模板应用于选中的幻灯片；如果选择"应用于所有幻灯片"命令，则将模板应用于演示文稿中所有的幻灯片，如图18.14所示。

只能在图表中绘制一个数据系列吗？

不对。可以在图表中绘制一个或多个数据系列。

图18.14 为幻灯片替换模板

技巧2：隐藏幻灯片的背景图形

幻灯片的背景图形是可以隐藏的。当不需要背景图形时可以将图形隐藏，需要时又可以将其显示出来。

隐藏幻灯片的背景图形的具体操作步骤如下：

01 切换到需要更改背景样式的幻灯片。

02 切换到功能区中的"设计"选项卡，选中"背景"组内的"隐藏背景图形"复选框，即可将当前幻灯片的背景图形隐藏；撤选"隐藏背景图形"复选框，即可将隐藏的背景图形显示出来。

可以将文本转换为SmartArt 图形吗？

可以。单击"开始"选项卡中的"段落"组中的"转换为SmartArt图形"按钮即可。

第19章

放映演示文稿

　　制作电子幻灯片的最终目的只有一个，就是为观看放映幻灯片。如果拥有一台大的显示器，在一个小型会议室里用显示器放映就可以了；如果观众很多，可以用一个计算机投影仪或液晶投影板在一个大的屏幕上放映幻灯片。

　　本章将介绍如何将静态的幻灯片制作成动态的幻灯片、设置放映方式、启动幻灯片放映和对幻灯片进行标注等。

19.1 演示文稿由静态到动态的转变

演示文稿由静态到动态的转变，就是为幻灯片中的对象添加动画和交互效果，让演示文稿更富有生机和活力。

19.1.1 快速创建基本的动画

如果想要将观众的注意力集中在要点上，并且有效地控制信息流以及提高观众对演示文稿的兴趣，使用动画是一种很好的方法。用户可以将演示文稿中的文本、图片、形状、表格、SmartArt图形和其他对象制作成动画。

PowerPoint 2010提供了"标准动画"功能，可以快速创建基本的动画。具体操作步骤如下：

01 在普通视图中，单击要制作成动画的文本或对象。

02 切换到功能区中的"动画"选项卡，从"动画"组中的"动画"列表中选择所需的动画效果，如图19.1所示。

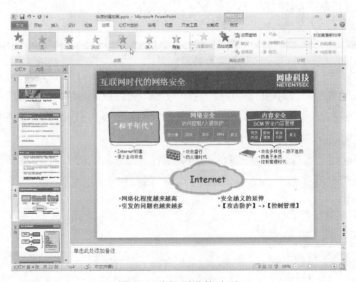

图19.1 选择预设的动画

19.1.2 自定义动画

如果要为幻灯片中的文本和其他对象设置动画效果，可以按照下述步骤进行操作：

01 在普通视图中，显示包含要设置动画效果的文本或者对象的幻灯片。

02 单击"高级动画"组中的"添加效果"按钮，弹出"添加效果"下拉菜单。例如，为了给幻灯片的标题设置进入的动画效果，可以选择"进入"选项中的一种动画效果，如图19.2所示。

03 如果"进入"选项中列出的动画效果不能满足用户的需求，则单击"更多进入效果"
命令，如图19.3所示。

图19.2 选择"进入"的动画效果　　　　图19.3 选择"更多进入效果"命令

04 打开如图19.4所示的"添加进入效果"对话框。选中"预览效果"复选框，可以立即
预览选择的动画效果。如图19.5所示是预览过程中的效果。

05 单击"确定"按钮。

图19.4 "添加进入效果"对话框　　　　图19.5 预览效果

19.1.3 为对象添加第二种动画效果

用户为幻灯片中的对象添加一种动画效果后，还可以再添加另一种动画效果。具体操
作步骤如下：

01 选择刚添加动画效果的对象。

要显示连续的流程可以选择哪种SmartArt图形？

可以选择循环类型。

02 在"计时"组中,从"开始"下拉列表框中选择每个效果的开始时间,如图19.6所示。例如,设置第二个效果的开始时间为"上一动画之后",即前一个动画结束后就开始执行。如果从"开始"下拉列表框中选择"单击时",则必须单击鼠标,才会进行下一个动画。

03 除了"进入"、"强调"和"退出"等效果之外,用户还可以设置路径,让图片按照指定的路径移动。如图19.7所示,用户可以利用直线、曲线、多边形或圆形等多种方式绘制自定义路径。如果是使用多边形,可以采用鼠标双击结束多边形路径的绘制。

图19.6 设置开始时间　　　　　　　　图19.7 自定义动画路径

04 如果用户不想自定义路径,也可以单击图中的"其他动作路径"命令,弹出如图19.8所示的"添加动作路径"对话框,从数十种已经设置好的路径中挑选。

05 设置完毕后,单击"确定"按钮。此时,为同一对象添加了两种动画效果,如图19.9所示。对象前显示的数字,表示此动画在该页的播放次序。

图19.8 使用内置的动作路径　　　　　　图19.9 为同一对象添加了两种动画效果

菜鸟充电站　创建组织结构图可以选择哪种SmartArt图形?

可以选择层次结构类型。

19.1.4 删除动画效果

删除自定义动画效果的方法很简单，可以通过下面2种方法来完成：

● 选择要删除动画的对象，然后在"动画"选项卡的"动画"组中，选择"无"。
● 在"动画"选项卡的"高级动画"组中，单击"动画窗格"按钮，打开动画窗格，在列表区域中右击要删除的动画，然后在弹出的快捷菜单中单击"删除"命令。

19.2　设置幻灯片的切换效果

所谓幻灯片切换效果，就是指两张连续的幻灯片之间的过渡效果，也就是从前一张幻灯片转到下一张幻灯片之间要呈现出什么样貌。用户可以通过设置幻灯片的切换效果，使幻灯片以多种不同的方式出现在屏幕上，并且可以在切换时添加声音。

设置幻灯片切换效果的操作步骤如下：

01 在普通视图左侧的"幻灯片"选项卡中，单击某个幻灯片缩略图。

02 切换到功能区中的"切换"选项卡，在"切换到此幻灯片"组中单击一个幻灯片切换效果，如图19.10所示。如果要查看更多的切换效果，可以单击"快速样式"列表右侧的"其他"按钮。

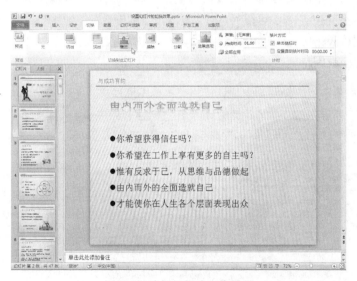

图19.10 选择幻灯片切换效果

03 要设置幻灯片切换效果的速度，请在"持续时间"文本框中输入幻灯片切换的速度值，如图19.11所示。

04 在"声音"下拉列表框中选择幻灯片换页时的声音，如图19.12所示。如果选中"播放下一段声音之前一直循环"选项，则会在进行幻灯片放映时连续播放声音，直到出现下一个声音。

幻灯片设计的作用是什么？

幻灯片设计可以针对构成幻灯片的颜色、字体和效果等进行统一的设计。

289

图19.11 指定幻灯片切换效果的速度　　　　图19.12 设置幻灯片切换时播放的声音

05 在"换片方式"组中，可以设置幻灯片切换的换页方式。如"单击鼠标时"或"设置自动换片时间"。

06 如果单击"全部应用"按钮，则会将切换效果应用于整个演示文稿。

19.3　使用超链接

　　超链接是指从一个网页指向一个目标的连接关系，该目标可以是另一个网页，也可以是相同网页上的不同位置；还可以是一个图片、一个电子邮件地址、一个文件、甚至是一个应用程序。在PowerPoint中也可以通过在幻灯片内插入超链接，使用户直接跳转到其他幻灯片、其他文档或因特网上的网页中。

01 在普通视图中，选择要作为超链接的文本或图形对象。

02 切换到功能区中的"插入"选项卡，在"链接"组中单击"超链接"按钮，弹出如图19.13所示的"插入超链接"对话框。

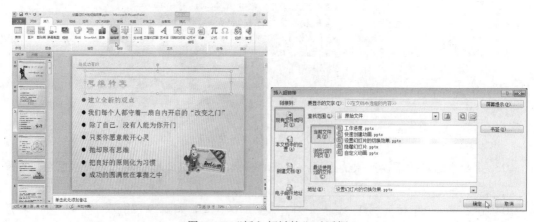

图19.13　"插入超链接"对话框

背景的作用是什么？

背景是针对幻灯片背景，可以有不同的填充方式。

03 此时，"要显示的文字"文本框中显示的是步骤1中选定的内容，若是文字，则可以直接进行编辑。

04 在"链接到"中选择超链接的类型：

如果选择"现有文件或网页"图标，在右侧选择此超链接要链接到的文件或Web页的地址，可以通过"当前文件夹"、"浏览过的网页"和"最近使用过的文件"按钮，从得到的文件列表中选择需要链接的文件名。

如果要跳转到文本中的某张幻灯片上，就选择"本文档中的位置"图标，然后在右侧的窗格中可以选择"第一张幻灯片"、"最后一张幻灯片"、"上一张幻灯片"或"下一张幻灯片"，如图19.14所示。

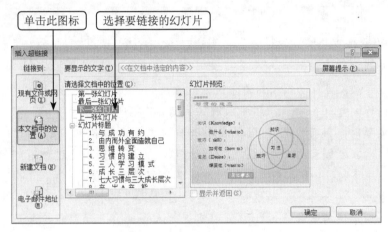

图19.14 超链接到本文档中的位置

05 设置完毕后，单击"确定"按钮。

放映演示文稿时，如果将鼠标指针移到超链接上，鼠标指针变成手形，单击鼠标就可以跳转到相应的链接位置。

19.4 设置放映方式

默认情况下，演示者需要手动放映演示文稿。例如，通过按任意键完成从一张幻灯片切换到另一张幻灯片动作。然而，还可以创建自动播放演示文稿，用于商贸展示或展台。自动播放幻灯片的转换方式是设置每张幻灯片在自动切换到下一张幻灯片前，在屏幕上停留的时间。

切换到功能区中的"幻灯片放映"选项卡，在"设置"组中单击"设置幻灯片放映"按钮，弹出如图19.15所示的"设置放映方式"对话框。

密技偷偷报

如果要一次性修改演示文稿中所有幻灯片的背景应该怎么操作？

用户可以在幻灯片母版视图中一次性修改幻灯片母版的背景。

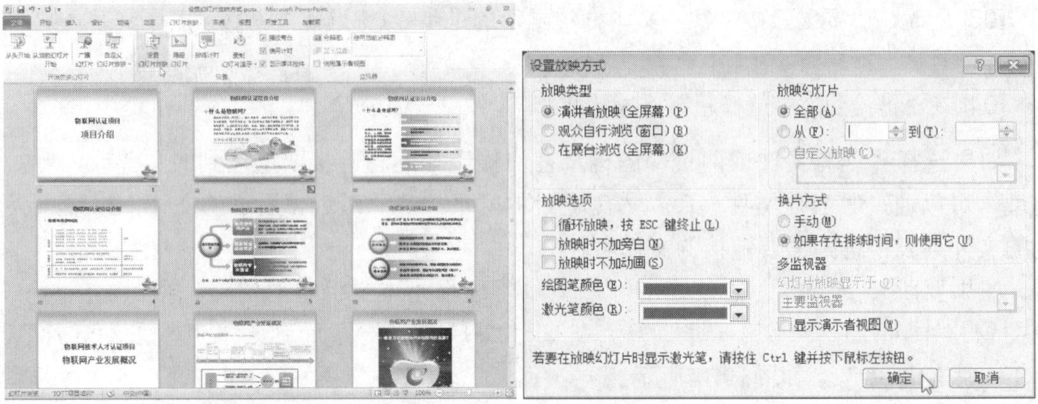

图19.15 "设置放映方式"对话框

用户可以按照在不同场合运行演示文稿的需要，选择3种不同的方式放映幻灯片。

- 演讲者放映（全屏幕）：这是最常用的放映方式，由演讲者自动控制全部放映过程。还可以采用自动或人工的方式运行放映，并且可以改变幻灯片的放映流程。
- 观众自行浏览（窗口）：这种放映方式可以用于小规模的演示。以这种方式放映演示文稿时，演示文稿会出现在小型窗口内，并提供相应的操作命令，允许移动、编辑、复制和打印幻灯片。在此方式中，观众可以通过该窗口的滚动条从一张幻灯片移到另一张幻灯片，同时打开其他程序。
- 在展台浏览（全屏幕）：这种方式可以自动放映演示文稿。例如，在展览会场或会议中经常使用这种方式，它可以实现无人管理。自动放映的演示文稿是不需要专人播放幻灯片就可以发布信息的最佳方式，能够使大多数控制都失效，这样观众就不能改动演示文稿。当演示文稿自动运行结束，或者某张人工操作的幻灯片已经闲置一段时间，它都会自动重新开始。

💻 19.5 放映幻灯片

如果要放映幻灯片，既可以在PowerPoint程序中打开演示文稿后放映，也可以在不打开演示文稿的情况下直接放映。

19.5.1 在PowerPoint中启动幻灯片放映

在PowerPoint中打开演示文稿后，启动幻灯片放映的操作方法有以下几种。

- 单击状态栏右侧的"幻灯片放映"按钮。
- 单击"幻灯片放映"选项卡上的"从头开始"按钮。
- 按F5键。

菜鸟充电站　　如何删除幻灯片母版？

选中要删除的幻灯片母版，按下Delete键即可。

19.5.2 在不打开PowerPoint时启动幻灯片放映

如果要将演示文稿保存为以放映方式打开的类型，具体操作步骤如下：

01 打开要保存为幻灯片放映文件类型的演示文稿。

02 单击"文件"选项卡，在弹出的菜单中选择"另存为"命令，打开如图19.16所示的"另存为"对话框。此时，在"保存类型"下拉列表框中选择"PowerPoint放映"选项。

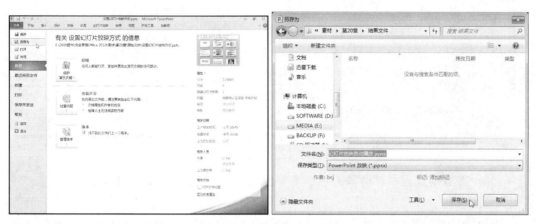

图19.16 "另存为"对话框

03 在"文件名"文本框中输入新名称，然后单击"保存"按钮。

保存为幻灯片放映类型的文件扩展名是.ppsx。从"我的电脑"或者"Windows资源管理器"中打开这类文件，它会自动放映。

19.6 在放映幻灯片的过程中进行编辑

在演示文稿进行幻灯片放映状态后，可以一张一张按顺序播放，也可以根据实际需要，使用鼠标和键盘进行有选择地跳跃播放。本节将介绍如何在幻灯片放映过程中快速切换或定位至指定幻灯片、如何在放映过程中切换到其他程序中以及如何使用墨迹对幻灯片中重点内容进行标记。

19.6.1 切换与定位幻灯片

切换幻灯片就是指放映过程中幻灯片内容的转换，定位是指快速跳转到特定的位置。在幻灯片放映过程中可以使用快捷菜单和幻灯片放映工具栏来实现幻灯片的切换与定位。具体操作步骤如下：

01 打开要放映的演示文稿。

02 切换到功能区中的"幻灯片放映"选项卡，在"开始放映幻灯片"组中单击"从头开

密技偷偷报　　可以把母版保存下来以便在另外的演示文稿中使用吗？

修改母版后，可以将演示文稿保存为一个新的设计模板，以便在其他演示文稿中使用。

始"命令，即可放映演示文稿。

03 在放映的过程中，右击屏幕的任意位置，利用弹出快捷菜单中的命令，控制幻灯片的放映，如图**19.17**所示。

图19.17 控制幻灯片的放映

另外，在放映过程中，屏幕的左下角会出现"幻灯片放映"工具栏，单击按钮，也会弹出其子菜单。

从子菜单中选择"下一张"命令，可以切换到下一张幻灯片；选择"上一张"命令，可以返回到上一张幻灯片。

如果用户是根据排练时间自动放映，在实际放映时遇到意外的情况（如有观众提问等），需要暂停放映，则从子菜单中选择"暂停"命令。

如果要继续放映，则从子菜单中选择"继续执行"命令（暂停放映后，原"暂停"命令会变为"继续执行"命令）。

如果要提前结束放映，则从子菜单中选择"结束放映"命令。

如果要快速切换到某张幻灯片，则从子菜单中选择"定位至幻灯片"命令，然后选择要定位的幻灯片名称，如图**19.18**所示。

图19.18 选择要放映的幻灯片名称

哪种母版可以保证整个幻灯片风格下，能将每张幻灯片均出现的内容一次性编辑？

幻灯片母版。

19.6.2　使用墨迹对幻灯片进行标注

在演示文稿放映过程中，演讲者可能需要在幻灯片中书写或标注一个重要的项目。在PowerPoint 2010中，不仅可在播放演示文稿时保存所使用的墨迹，而且可将墨迹标记保存在演示文稿中，下次放映时依然可以显示。

要标注幻灯片，可以按照下述步骤进行操作：

01 进入幻灯片放映状态，单击"幻灯片放映"工具栏上的指针箭头，然后单击"笔"或"荧光笔"选项。

02 用鼠标在幻灯片上进行书写，如图19.19所示。

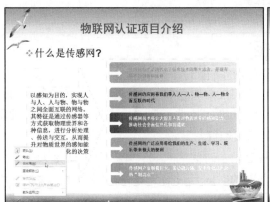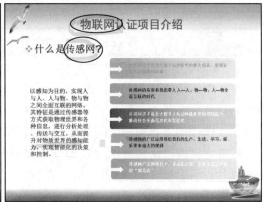

图19.19　标注幻灯片

03 如果要使鼠标指针恢复箭头形状，单击"幻灯片放映"工具栏上的指针箭头，然后单击"箭头"选项即可。

04 要在放映过程中更改绘图笔的颜色，可以单击"幻灯片放映"工具栏上的指针箭头，从弹出的菜单中选择"墨迹颜色"选项，然后选择所需的颜色，如图19.20所示。

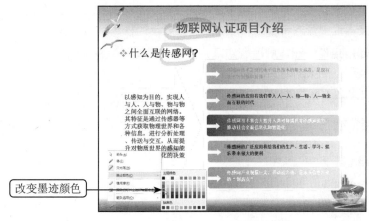

图19.20　更改墨迹的颜色

如何使两幅图片同时动作？

按住Shift键同时选中两幅图片，把两幅图片组合起来，然后为该组合设置动画效果即可。

05 当退出幻灯片放映状态时，会弹出如图19.21所示的对话框，提示是否保留墨迹注释。

图19.21 是否保留墨迹注释

19.7 设置放映时间

前面介绍了幻灯片的基本放映功能。在放映幻灯片时，可以通过单击的方法人工切换每张幻灯片。另外，还可以将幻灯片设置成自动切换的特性，例如，在展览会上，会发现许多无人操作的展台前的大型投影仪自动切换每张幻灯片。

用户可以通过两种方法设置幻灯片在屏幕上显示时间的长短：第一种方法是人工为每张幻灯片设置时间，再运行幻灯片放映查看设置的时间是否恰到好处；第二种方法是使用排练计时功能，在排练时自动记录时间。

19.7.1 人工设置放映时间

如果要人工设置幻灯片的放映时间（例如，每隔6秒就自动切换到下一张幻灯片），可以按照下述步骤进行操作：

01 切换到幻灯片浏览视图中，选择要设置放映时间的幻灯片。

02 单击"切换"选项卡，在"计时"组中选中"在此之后自动设置动画效果"复选框，然后在右侧的文本框中输入希望幻灯片在屏幕上显示的秒数，如图19.22所示。

03 如果单击"全部应用"按钮，则所有幻灯片的换片时间间隔将相同；否则，设置的是选定幻灯片切换到下一张幻灯片的时间。

04 设置其他幻灯片的换片时间间隔。

此时，在幻灯片浏览视图中，会在幻灯片缩略图的左下角显示每张幻灯片的放映时间。

 菜鸟充电站 更改幻灯片的起始编号的方法？

打开"页面设置"对话框，在"幻灯片编号起始值"框中输入起始编号即可。

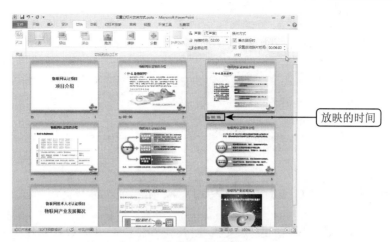

图19.22 设置幻灯片的放映时间

19.7.2 使用排练计时

演艺人员对于彩排的重要性是非常清楚的；领导在每次发表演示之前都要进行多次的演练。演示时可以在排练幻灯片放映的过程中自动记录幻灯片之间切换的时间间隔。具体操作步骤如下：

01 打开要使用排练计时的演示文稿。

02 切换到功能区中的"幻灯片放映"选项卡，在"设置"组中单击"排练计时"按钮，系统将自动切换到幻灯片放映视图，如图19.23所示。

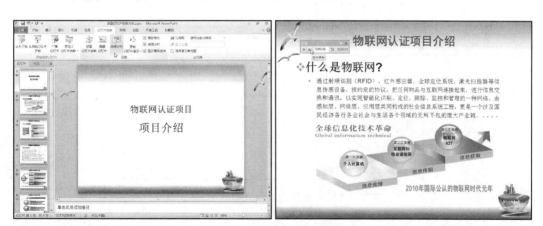

图19.23 幻灯片放映时，开始计时

03 在放映过程中，屏幕上会弹出如图19.24所示的"录制"工具栏。要播放下一张幻灯片，请单击"下一项"按钮，即可在"幻灯片放映时间"文本框中开始记录新幻灯片的时间。

什么是动画效果？

放映时各个主要对象不是一次全部显示，而是按照某个规律，以动画的方式逐个显示出来。

04 排练放映结束后，会弹出如图19.25所示的对话框显示幻灯片放映所需的时间，如果单击"是"按钮，则接受排练的时间；如果单击"否"按钮，则取消本次排练。

图19.24 "录制"工具栏　　　　　　　图19.25 显示幻灯片放映所需的时间

19.8 打包演示文稿

将演示文稿打包是创建一个包以便其他人可以在大多数计算机上观看此演示文稿。此包的内容包括演示文稿中链接或嵌入项目，如视频、声音和字体，还包括添加到包中的所有其他文件。打包是为了避免在放映时出现数据丢失等情况。

如果要对演示文稿进行打包，可以按照下述步骤进行操作：

01 打开要打包的演示文稿。

02 单击"文件"选项卡，在弹出的菜单中单击"保存并发送"命令，然后选择"将演示文稿打包成CD"命令，再单击"打包成CD"按钮，如图19.26所示。

图19.26 选择"打包成CD"按钮

03 弹出如图19.27所示的"打包成CD"对话框，在"将CD命名为"文本框中输入打包后演示文稿的名称。

04 单击"添加文件"按钮，可以添加多个演示文稿。

05 单击"选项"按钮，弹出如图19.28所示的"选项"对话框，可以设置是否包含链接的文件，是否包含嵌入的TrueType字体，还可以设置打开文件的密码等。

什么是幻灯片切换效果？

是一张幻灯片显示完毕到下一张幻灯片完全显示在屏幕上之前的一个过渡效果。

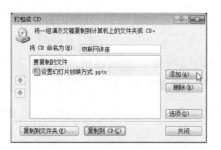

图19.27 "打包成CD"对话框

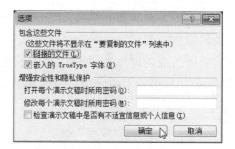

图19.28 "选项"对话框

06 单击"确定"按钮，保存设置并关闭"选项"对话框，返回到"打包成CD"对话框。

07 单击"复制到文件夹"按钮，打开"复制到文件夹"对话框，可以将当前文件复制到指定的位置。

08 单击"复制到CD"按钮，弹出如图19.29所示的"Microsoft PowerPoint"对话框，提示程序会将链接的媒体文件复制到你的计算机，直接单击"是"按钮。

09 弹出如图19.30所示的"正在将文件复制到CD"对话框并复制文件，复制完成后，用户可以关闭"打包成CD"对话框，完成打包操作。

图19.29 "Microsoft PowerPoint"对话框

图19.30 正在复制

10 打开光盘文件，可以看到打包的文件夹和文件，如图19.31所示。

图19.31 显示打包的文件

19.9 将演示文稿创建为视频文件

在PowerPoint 2010中新增了将演示文稿转变成视频文件功能，可以将当前演示文稿创建为一个全保真的视频，此视频可通过光盘、Web或电子邮件分发。创建的视频中包含所

在幻灯片浏览视图中可以查看幻灯片的动画效果吗？

可以。单击设置了动画效果的幻灯片缩略图左下方的动画图标即可预览到动画效果。

有录制的计时、旁白和激光笔势，还包括幻灯片放映中未隐藏的所有幻灯片，并且保留动画、转换和媒体等。

创建视频所需的时间视演示文稿的长度和复杂度而定。在创建视频时间可继续使用PowerPoint应用程序。下面介绍将当前演示文稿创建为视频的操作。

01 单击"文件"选项卡，在展开的菜单中单击"保存并发送"命令，在"文件类型"选项组中单击"创建视频"选项。

02 在右侧的"创建视频"选项下，单击"计算机和HD显示"选项，在弹出的下拉列表中选择视频文件的分辨率，如图19.32所示。

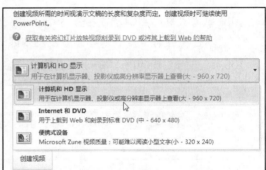

图19.32 选择视频文件的分辨率

03 如果要在视频文件中使用计时和旁白，可以单击"不要使用录制的计时和旁白"下拉列表按钮，在弹出的下拉列表中单击"未录制任何计时和旁白"选项。如果演示文稿已经添加了计时和旁白，则选择"录制计时和旁白"选项。

04 弹出如图19.33所示的"录制幻灯片演示"对话框，选中"幻灯片和动画计时"和"旁白和激光笔"复选框，单击"开始录制"按钮，它与前面介绍的录制幻灯片演示操作相同。

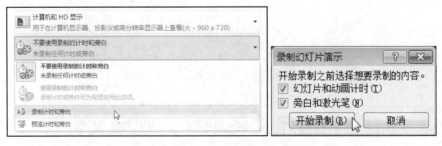

图19.33 "录制幻灯片演示"对话框

05 进入幻灯片放映状态，弹出"录制"工具栏，在其中显示当前幻灯片放映的时间，用

怎样使用动作路径设置某种退出效果？

用户可以直接在幻灯片中将该动作路径终点拖动至幻灯片以外。

户可以进行幻灯片的切换,并将演讲者排练演讲的方式、操作时间及使用激光笔等全部记录下来,如图19.34所示。

06 当完成幻灯片演示录制后,在"文件"选项卡的"创建视频"选项下,则选中了"使用录制的计时和旁白"选项,然后单击"创建视频"按钮,如图19.35所示。

图19.34 录制幻灯片　　　　　　　　　　图19.35 单击"创建视频"按钮

07 弹出如图19.36所示的"另存为"对话框,在"保存位置"下拉列表框中选择视频文件保存的位置,在"文件名"文本框中输入视频文件名,然后单击"保存"按钮。

08 此时,在PowerPoint演示文稿的状态栏中,会显示演示文稿创建为视频的进度,如图19.37所示。当完成制作视频进度后,则完成了将演示文稿创建为视频的操作。

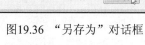

图19.36 "另存为"对话框　　　　　　　　图19.37 显示制作视频进度

以后,只要双击创建的视频文件,即可开始播放该演示文稿,如图19.38所示。

如何快速为所有幻灯片中某个对象添加同一动画效果?

进入幻灯片母版视图,在幻灯片母版中添加该对象,并为其设置动画效果即可。

图19.38 播放创建的视频文件

 19.10 应用技巧

技巧1：将幻灯片上的墨迹注释一起打印

如果幻灯片已加入墨迹注释，而在打印该演示文稿时，也想将所有墨迹注释一起打印出来，可以通过打印设置来实现。具体操作步骤如下：

01 单击"文件"选项卡，在弹出的菜单中单击"打印"命令。

02 在中间窗格的"设置"选项组中，单击"整页幻灯片"列表框右侧的向下箭头，选中"打印批注和墨迹标记"复选框。

技巧2：利用预演（彩排）成功演示

每次大型的晚会都要进行多次彩排，主持人和演艺人员对于彩排的重要性都很清楚。另外，政府领导或专家在每次发表演讲之前也要进行多次的演练。

其实，每位演示者在正式演讲之前，也要进行必要的预演。下面列举几条使预演更加有效的建议：

演示内容要准备充分，对内容胸有成竹。并不是演示者要记得演示文稿的每句话，也不要在讲台上逐字读出手稿的内容。演示者在演示时，只要偶尔看一下笔记，就很自然地想起接下来要演示的内容。

变文字为有声语言。主要运用生活化、大众化的语言。慎用文语，仅作点缀之用。避免同音不同义或容易混淆的词语。不随便用简略语，可以适当增加语气词。

演示时要有自信。在预演时，要学会放松心情，如果一个演示者在观众面前紧张，观众也会比较紧张。另外，演示者也不要走向另一个极端，呆板的站立着，或者把手生硬的背在身后。正确的方法是使用自然的体态动作，就像对一些熟人讲话一样。

借助一些小道具。一个长的木条或者激光的指示器能够帮助引起观众对屏幕上重要内

302

 如果幻灯片还没放映完，声音已经播放完了，怎么办？

打开"声音选项"对话框，选中"循环播放，直到停止"单选按钮，会重复播放该声音文件。

容的注意，而不像PowerPoint内置的书写工具，让演示者只能局限于电脑的键盘和鼠标。

在房间里来回走动。如果可能的话，演示者可以带着无线麦克风在房间中走动。如果演示者必须手动操控幻灯片，演示者也可以使用讲台来存放笔记、小道具或者操作键盘和鼠标，但不能把讲台当作演示者和观众之间的障碍。

在一些观众面前预演。剧院经常会邀请一些人来参加彩排，在正式演出之前进行全真预演。有了观众后，可以得到观众的反馈意见，笑声可能会引起在彩排时不需要的停顿，以前彩排时令导演大笑不止的内容可能因为某个原因在观众面前反映平平。演示者在真正的观众面前，就会发现有时所表达的根本不是自己想表达的内容，或者至少没有成功地表达自己的观点。

密技偷偷报

可以在演示文稿中加入多个音乐吗？

可以。不过添加后，最好分别设置好播放和结束时间或者使用不同的触发器控制声音播放。

第20章

走进数码视听时代

随着互联网的发展，以及数码设备和电脑价格的不断下降，人们的业余生活变得更加丰富多彩。本章将介绍如何使用电脑听音乐、看电影、观看网络电视以及将数码相机中的照片导入电脑并进行编修等。

20.1 使用Windows Media Player听音乐和看电影

在Windows 10中内置了Windows Media Player 12（以下简称Media Player），使用它可以播放当前各种流行格式的音频、视频、MPEG文件、MP3文件与MIDI文件，还可以复制CD等。

20.1.1 使用Media Player播放音乐CD

想听音乐吗？请将要播放的CD唱片放入光驱中，屏幕上会弹出如图20.1所示的"自动播放"对话框，只要选择"播放音频CD"选项，然后单击"确定"按钮，即可开始播放CD唱片，如图20.2所示。

图20.1 "自动播放"对话框

图20.2 显示可视化效果

20.1.2 使用Media Player播放硬盘中的音乐文件

如果音乐文件已经保存在自己电脑的硬盘中，也可以自行启动Media Player。具体操作步骤如下：

01 单击任务栏上的 ▶ 按钮，或者选择"开始"→"所有程序"→"Windows Media Player"命令，进入如图20.3所示的Media Player的主窗口。

使用插入影片命令添加视频文件后，可以在放映中对视频播放加以控制吗？

可以通过使用触发器来实现。

图20.3 Media Player的主窗口

02 按Alt键显示菜单栏，然后选择"文件"菜单中的"打开"命令（或者直接按Ctrl+O快捷键），在弹出如图20.4所示的"打开"对话框中选择要打开的音乐文件，然后单击"打开"按钮，即可开始播放，如图20.5所示。

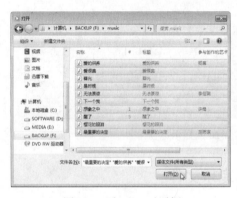

图20.4 "打开"对话框

图20.5 播放选中的文件

20.1.3 播放DVD

除了音乐文件以外，用户购买或租来的DVD影音光盘，以及用DV拍摄的短片等各种格式的影音文件，也都可以用Media Player欣赏。

01 将DVD光盘放入光驱，会自动弹出"自动播放"对话框，选择"播放DVD电影使用Windows Media Player"，然后单击"确定"按钮，如图20.6所示。

02 系统自动打开Windows Media Player播放器，并开始播放DVD，如图20.7所示。

菜鸟充电站　使用插入文件中的声音命令插入的声音是不是可以插入任何格式的声音文件？

使用入文件中的声音命令插入的声音只是链接到演示文稿中，与声音格式无关。

图20.6 "自动播放"对话框

图20.7 开始播放DVD

03 如果要全屏观看，可以右击播放画面，在弹出的快捷菜单中选择"全屏"命令，如图20.8所示。

04 如果要退出全屏状态，可以右击播放画面，在弹出的快捷菜单中选择"退出全屏"命令，如图20.9所示。

图20.8 选择"全屏"命令

图20.9 选择"退出全屏"命令

20.1.4 将影音文件传到手机中播放

随身携带、欣赏影片内容已成为目前的潮流，凡是U盘、手机、PSP游戏机等各种设备都已经能播放影音文件。下面介绍如何通过Media Player将影音文件传到手机中播放。

01 利用传输线（或蓝牙设备）将手机连接到电脑的主机上，然后打开Media Player，单击右上角的"同步"选项卡，如图20.10所示。

图20.10 "同步"选项卡

进入幻灯片放映的快捷键是什么？

快捷键是Shift+F5。

02 只要将影音文件拖到手机下面的"同步列表"中，如图20.11所示。单击"开始同步"按钮，即可开始同步，如图20.12所示。

图20.11 拖到"同步列表"中　　　　　　　　图20.12 单击"开始同步"按钮

03 单击左侧的手机图标将其展开，然后单击"同步状态"选项，可以查看文件的传输进度，如图20.13所示。

04 同步处理完成后，即可中断手机的连线，接着就可以随时随地在手机上聆听最爱的歌曲了，如图20.14所示。

图20.13 正在同步的状态　　　　　　　　图20.14 同步完成

20.2　几种常用播放软件的使用

除了Windows自带的Media Player播放软件外，为了让人们能够轻松地欣赏多媒体作品，市场上出现了许多不错的媒体播放软件，如暴风影音、千千静听和酷狗等。

20.2.1　使用暴风影音看影视

暴风影音是暴风网际公司推出的一款视频播放器，该播放器兼容大多数的视频和音频

如何快速从放映方式返回原来的视图方式？

按Esc键可以快速从放映方式返回原来的视图方式。

格式。用户可以到暴风影音的官方网站http://www.baofeng.com/下载并安装最新版本的软件。

安装完毕后，选择"开始"→"所有程序"→"暴风影音"→"暴风影音"命令，或者双击桌面上快捷方式图标，即可启动暴风影音，其界面如图20.15所示。

1. 播放硬盘中的文件

若用户要播放本地硬盘上的影音文件，可以在暴风影音的主界面中直接单击"打开文件"按钮，或者选择右上角的"主菜单"→"打开文件"命令，在弹出如图20.16所示的"打开"对话框中选择要播放的文件，然后单击"打开"按钮，即可开始播放，如图20.17所示。

图20.15 暴风影音界面

图20.16 打开影音文件

图20.17 开始播放文件

2. 在线播放视频

利用暴风影音还可以在线播放影音文件，单击右侧的"在线视频"选项卡，单击要观看的视频，或者在右上角的搜索栏搜索要观看的视频，如图20.18所示。

另外，可以单击右下角的"暴风盒子"按钮 ，在弹出的"中国网络电视暴风台"窗口中搜索视频，如图20.19所示。

密技偷偷报

如果在一些比较严肃的场合，用户不想放映时出现幻灯片中的动画应该如何设置？

打开"设置放映方式"对话框，在"放映选项"选项组中勾选"放映时不加动画"复选框。

图20.18 在线播放影视节目　　　　图20.19 从暴风盒子中选择要播放的文件

> **提示　暴风影音的截屏功能**
>
> 　　暴风影音的截屏功能很简单，只要按F5键，图片就默认存储在"我的文档"中的图片文件夹中。如果想改变保存路径的话，只要在主菜单中选择"高级选项"→"截图设置"命令，就可以手动改变默认路径了。

20.2.2　使用千千静听欣赏音乐

　　千千静听是一款完全免费的音乐播放软件，集播放、音效、转换和歌词等众多功能于一身。其小巧精致、操作简捷、功能强大的特点，深受用户喜爱，是目前国内最受欢迎的音乐播放软件之一。用户可以到千千静听的官方网站http://ttplayer.qianqian.com/下载并双击安装。

　　安装完毕后，选择"开始"→"所有程序"→"千千静听"命令，或者双击桌面上快捷方式图标，启动千千静听。

　　千千静听默认的界面由主控窗口、均衡器窗口、播放列表窗口、歌词秀窗口和音乐窗窗口，5个窗口组成，如图20.20所示。

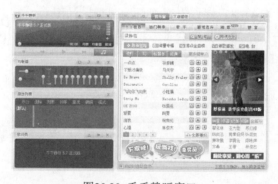

图20.20 千千静听窗口

菜鸟充电站　要拼写和语法检查器忽略某文本，还会不会标记该文本内的其他拼写或语法错误？

不会标记该文本内的任何拼写或语法错误。

- 均衡器窗口：单击均衡器窗口的"配置文件"按钮，可以选择"流行音乐"、"摇滚"、"金属乐"等音乐风格进行播放，会得到不同的音乐视听效果。
- 播放列表窗口：单击"播放列表"窗口的"添加"图标进行音乐文件或文件夹的添加。添加完毕后，双击要播放的文件名开始播放选定的文件。

> **提示** 有时电脑或列表中的歌曲多了，可能会有重复的，可以使用千千静听进行删除。先把电脑中的歌曲添加到播放列表中，单击工具栏上"删除"按钮选择"重复的文件"命令即可删掉重复的歌曲。

- 歌词秀窗口：单击"显示桌面歌词"按钮，歌词将自动出现在桌面上，如图20.21所示。单击右上角的"总在最前"选项，可以让歌词秀窗口一直保持在最前方。右击歌词秀窗口空白部分，选择"编辑歌词"命令，如图20.22所示，即可对歌词进行编辑和调整等操作。

图20.21 显示桌面歌词

图20.22 编辑歌词

- 音乐窗窗口：音乐窗的打开和关闭可以通过F11或者主控窗口的音乐窗按钮  进行控制，它集合了千千推荐、热门榜单、歌手、搜索及下载等丰富的音乐内容和功能，并及时更新。

单击"播放"按钮歌曲会直接添加到当前播放列表中并播放该歌曲。单击"添加"按钮歌曲会添加到列表，如果有多个列表，会提示用户选择希望添加的播放列表。单击"下载"按钮可以下载该歌曲，并在"下载管理"窗口显示下载进度（见图20.23），还可以通过右上角的"下载设置"按钮更改下载路径等相关参数。

图20.23 下载管理窗口

密技偷偷报 如果选取的文字包含超链接，中文简繁转换之后超链接会不会消失？

选取的文字包含超链接在中文简繁转换之后超链接会消失。

千千静听还提供了自动关机服务，右击千千静音窗口的空白处来选择"选项"→"常规"选项卡，选中"自动关闭计算机"，然后设置定时关机的时间，单击"全部保存"按钮即可。

20.2.3 使用酷狗播放音乐

酷狗音乐软件是广受欢迎的免费音乐下载播放软件之一，其强大的流行音乐搜索、高速的音乐下载、完美的音乐播放效果为用户带来美妙的音乐体验。用户只需登录http://www.kugou.com/下载并双击安装软件。

安装完毕后，运行酷狗音乐2011，当用户听到熟悉的"Hello，KuGou"经典启动音乐后，就会弹出酷狗2011主窗口，如图20.24所示。

图20.24 酷狗音乐2011主窗口

使用酷狗2011听音乐操作也十分简单，在搜索栏输入歌曲的名称或者歌手名字，单击"音乐搜索"按钮，然后双击要播放的歌曲即可。酷狗2011的音乐窗、均衡器和歌词秀的使用方法和千千静听大同小异，下面仅介绍酷狗的网络收音机功能。

酷狗提供了网络收音机功能，方便爱好电台的用户在线收听广播节目。单击"热点"选项卡右侧的"网络收音机"按钮，先展开电台所在的地区，然后双击想要收听的电台即可开始收听，如图20.25所示。

 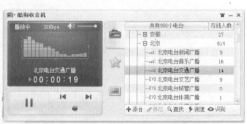

图20.25 网络收音机

 打包后又更改了原先演示文稿，那么打包文件夹中的演示文稿也会自动更改吗？

不会自动更改。如果打包之后文件被更改，只有重新使用"打包到CD"命令重新打包。

20.3 观看网络电视

网络电视就是基于宽带网络的，能够播放或者收看电视、电影等内容的在线媒体点播技术，随着宽带的普及，网络电视日益走红，目前的网络电视直播软件很多，如SopCast、PPS、PPLive、QQLive等，下面主要介绍PPS的使用方法。

PPS网络电视是集P2P直播点播于一身的网络电视软件，能够在线收看电影、电视剧、体育直播、游戏竞技、动漫、综艺、新闻以及财经资讯等。播放流畅，是网民喜爱的装机必备软件之一。用户可以登录http://www.pps.tv下载并安装该软件。

PPS网络电视的使用方法很简单：双击桌面上的"PPS网络电视"图标，打开如图20.26所示的窗口。

单击左侧"频道列表"窗口中的频道分类，然后双击要播放的频道或节目，在右侧的播放窗口中就可以观看了，如图20.27所示。

图20.26 PPS网络电视窗口　　　　　　　图20.27 在线播放窗口

 如果网速不够快会导致播放不连续，用户可以先将收看的节目暂停，待其缓冲完毕后再开始播放，这样就可以连续播放了。

通过PPS，除了能够在线收看网络上的影视资源外，还可以直接播放本地的影音资源，使用起来非常方便。具体操作方法如下：单击PPS网络电视主界面窗口左上方的"本地"选项卡，然后在右侧的搜索空白框内键入自己要查看的资源名称，还可以选择搜索视频文件还是音频文件，最后单击"搜索"图标按钮，所有搜索结果逐一罗列在搜索结果窗口内，双击影音名称就可以欣赏，如图20.28所示。

另外，有些用户想同时欣赏自己喜欢的两个节目，PPS网络电视的画中画功能可以帮助用户实现这一愿望。具体操作步骤如下：双击一个需要播放的节目，当节目开始播放之后，再选择需要在画中画中播放的另一个节目，右击选择"画中画播放"命令。此时，节目便在播放界面右下角的小画面中播放了，如图20.29所示。

 演示文稿中的墨迹注释可以打包吗？

最好将墨迹注释删除。一般对含有墨迹注释的文稿打包时，可能不能正常复制墨迹注释。

313

图20.28 播放本地资源　　　　　　　　图20.29 右下角画中画功能的小画面

 对于画中画的小画面大小，可以在1倍和1.5倍两种尺寸之间进行调整。如果不习惯小画面默认的显示位置，可以直接用鼠标将其拖动到自己喜欢的任意位置。此外，小画面中播放的画中画节目可以和主画面中播放的节目进行切换。右击画中画的小画面，随后执行其中的"切换"命令，即可将两个播放的节目进行对换。如果要关闭小画面，则单击右上角的"关闭"按钮即可。

20.4 数码相片的编修

现在，数码相机已经进入千家万户，成为普通大众的消费品。本节将介绍如何把U盘和相机中的照片导入电脑中并对照片进行简单的编修。

20.4.1 把U盘和相机中的照片或多媒体文件导入电脑中

1. U盘的使用

U盘，又称优盘，全称是USB接口的闪存盘，是一种小型的硬盘。U盘体积小便于携带、存储容量大、价格便宜、性能可靠。

当U盘插入电脑的USB接口时（见图20.30），系统自动弹出如图20.31所示的扫描并修复磁盘的对话框。

如何让PowerPoint一打开就全屏显示？

每次开启演示文稿时，不会直接显示为全屏，此时只需要将演示文稿存为PPS格式即可。

图20.30 U盘连接电脑 　　　　　图20.31 扫描并修复磁盘对话框

　　单击"扫描并修复"后，弹出如图20.32所示的"自动播放"窗口，用户可根据需要选择文件的自动播放方式，单击"打开文件夹以查看文件"选项，系统便在资源管理器中打开可移动磁盘，如图20.33所示。

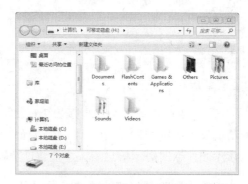

图20.32 自动播放窗口 　　　　　图20.33 在资源管理器中打开U盘

2. 导入U盘中的图片和视频

如果要导入U盘中的图片和视频，可以按照下述步骤进行操作：

01 插入U盘，在弹出的如图20.32所示的窗口中单击"导入图片和视频"选项，系统自动弹出如图20.34所示的"导入图片和视频"对话框，输入要标记图片的名字单击"导入"按钮，弹出如图20.35所示的导入进度框。

图20.34 导入对话框 　　　　　图20.35 导入进度框

如何确定幻灯片具有相同样式？

用户做完多张幻灯片后，不太确定所有的是否格式一致。可以利用"样式检查"功能来检查。

02 导入完毕后，系统自动打开如图20.36所示的"已导入的图片和视频"文件夹，其文件默认保存在图片库中。

如果还需要导入其他的文件，也可以在资源管理器中打开U盘，手动选择要导入的文件，选中要导入到计算机中的文件，右击在弹出的快捷菜单中选择"复制"命令，打开本地磁盘上要存放文件夹的位置，在空白处右击，在弹出的快捷菜单中选择"粘贴"命令即可，如图20.37所示。

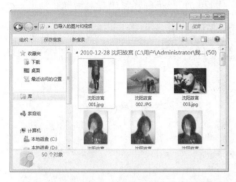

图20.36 "已导入的图片和视频"文件夹 　　　　图20.37 复制U盘中的文件（此处最好加图）

3. U盘的维护

在U盘使用完毕后，最好不要直接拔下U盘，先关闭所有关于U盘的窗口，然后单击任务栏右下角的安全删除硬件设备图标，再选择"弹出"命令（见图20.38）。当右下角出现"安全地移除硬件"的提示信息后，才能将U盘从机箱上拔下，如图20.39所示。

图20.38 弹出U盘 　　　　　　　　　　图20.39 安全地移除硬件

 当U盘正在进行读写时，一定不可以拔下U盘，否则有可能损坏U盘。另外，U盘不可以进行碎片整理，否则影响其使用寿命。

20.4.2 数码相机的使用和维护

数码相机的外观、部分功能及操作与普通相机差不多，但是数码相机与传统相机还有些不同。数码相机不使用胶卷，相片记录在存储卡上。拍摄后把数码相机与电脑连接，可以方便地将照片传输到电脑中并进行各种处理。

 如何将.ppsx的演示文稿转化成.pptx的演示文稿？

用户把演示文稿另存为或在保存演示文稿的时候，将其后缀名更改为.pptx。

1. 数码相机与电脑的连接

大部分数码相机可以通过USB线与电脑连接，建议用户参考数码相机使用手册上的说明进行连接。这里介绍大部分相机常规的连接方式：

01 准备一根相机专用的数据线，一端连接相机，一端连接电脑的USB接口，如图20.40所示。

图20.40 用数据线连接相机和电脑

02 如果是第一次连接，电脑的任务栏会显示"发现新硬件"向导，并自动安装相应的驱动程序，直到显示"成功安装了设备驱动程序"，如图20.41所示。

03 随后会弹出如图20.42所示的"自动播放"窗口，从中选择"导入图片和视频"选项。

图20.41 成功连接了数码相机　　　　图20.42 单击"导入图片和视频"

04 在弹出的"导入图片和视频"对话框中为照片添加标记，单击"导入"按钮。

05 导入完成后，这些照片会存放在"已导入的图片和视频"文件夹中。导入的照片位于Windows的图像素材库中。

2. 删除数码相机中的照片和视频

删除数码相机中的照片和视频既可以通过数码相机本身进行操作，也可以在相机连接到电脑的情况下通过电脑来删除。

01 打开"计算机"窗口，单击"便携设备"组的相机盘符，如图20.43所示。

02 双击这个相机图标，可以进入相机中的文件夹，包括"固定存储"和"可移动存储"两个文件夹，如图20.44所示。双击"可移动存储"图标，在其中可以看到"DCOM"的文件夹，这是相机专门用来存储照片的文件夹。

在PowerPoint 2010中所说的插入"剪辑管理器"中的影片是否包括gif 格式的图片？

包括gif格式的图片。

图20.43 相机盘符

图20.44 查看相机中的文件夹

03 打开该文件夹就可以查看相机中的照片或者视频，选中要删除的文件，按Delete键删除。

20.4.3 使用光影魔术手对照片进行编修

光影魔术手是nEo iMAGING发布的一个对数码照片画质进行改善及效果处理的软件。它相对于Photoshop等专业图像软件而言，显得十分小巧用易用，不需要任何专业的图像技术，就可以制作出专业胶片摄影的色彩效果。用户可以登录http://www.neoimaging.cn/下载并安装此软件。

光影魔术手的使用方法很简单：双击桌面上的"光影魔术手"图标，打开如图20.45所示的窗口。

这里简单介绍光影魔术手的两种基本用法。

1. 数码暗房

光影魔术手的"数码暗房"工具中提供了多种图像处理方法，如胶片效果、人像处理、个性效果、风格化和颜色变化等。我们以把图片设置成"影楼风格"为例，介绍光影魔术手的使用方法。

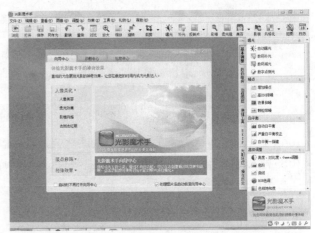

图20.45 光影魔术手操作界面

01 单击菜单栏上的"打开"按钮选择要处理的图片，或者单击"浏览"按钮打开如图20.46所示的"光影管理器"，在右侧的图像预览窗口中可以看到图像的缩略图，双击要处理的图片。

图20.46 光影管理器窗口

02 图片自动显示在光影魔术手的主窗口中，如图20.47所示。单击菜单栏上的"效果"按钮，在下拉菜单中选择"影楼风格人像照"命令，或者单击右侧"数码暗房"选项卡中的"影楼风格"按钮，弹出如图20.48所示的"影楼人像"对话框。

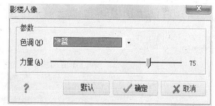

图20.47 选择"影楼风格人像照"命令   图20.48 "影楼人像"对话框

03 单击"色调"右侧的向下箭头，在下拉列表中有"冷蓝"、"冷绿"、"暖黄"和"复古"4种风格，拖动"力量"滑块可以改变相应色调的作用力度。例如，设置"色调"为冷蓝，"力量"为75，单击"确定"按钮，其效果如图20.49所示。

幻灯片放映时如何隐藏鼠标指针？

在开始播放的幻灯片中，单击右键，选择"指针选项"→"箭头选项"→"永远隐藏"命令。

图20.49 修改后的效果图

利用光影魔术手还可以实现其他的很多特殊效果，例如反转片效果、褪色旧相、浮雕画和数字滤色镜等。实现这些效果的操作方法和上面介绍的"影楼风格"大同小异，都可以通过"数码暗房"进行处理。

 建议用户在处理图片之前先备份原图，因为修改保存后会覆盖原图，或者将修改好的图片重命名之后再保存。

2. 为照片添加边框

当图片处理好之后，光影魔术手还可以给图片添加边框。具体操作步骤如下：

01 在主窗口中打开要处理的图片，单击"工具"菜单中的"撕边边框"命令，或者单击右侧"边框图层"选项卡中的"撕边边框"按钮，弹出如图20.50所示的"撕边边框"对话框。

图20.50 "撕边边框"对话框

02 在"撕边边框"对话框中可以对底纹的"类型"、"颜色"、"素材"以及"透明度"进行设置，在右侧的素材库中选择喜欢的边框样式，然后单击"确定"按钮。例如，将底纹类型设置为"蓝色滤镜"，其效果如图20.51所示。

 如何将网页文件保存为演示文稿？

启动PowerPoint 2010，打开该网页文件，打开"另存为"对话框，选择保存为"演示文稿"。

图20.51 "撕边边框"效果图

另外，还可以使用"多图边框"功能为多张照片添加边框，具体操作步骤如下：

01 在主窗口中打开要处理的照片，单击"工具"菜单中的"多图边框"命令，或者单击右侧"边框图层"选项卡中的"多图边框"按钮，弹出如图20.52所示的"多图边框"对话框。

图20.52 "多图边框"对话框

02 在右侧的素材库中单击需要的多图边框样式，然后单击左侧的"+"按钮，从弹出的对话框中选择相应的图片。

03 单击"预览"按钮可以在处理的过程中查看图片添加边框后的效果，处理完毕后单击"确定"按钮即可。效果图如21.53所示。

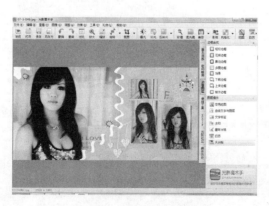

图20.53 多图边框效果图

密技偷偷报　　如何对拍摄的照片进行更高级的编修？

用Photoshop。

第21章

畅游Internet

Internet发展到现在，早已超越了刚出现的概念，成为了一个全球性的计算机网络系统。它由几万个规模不同的计算机网络组成，通过网络协议交换数据。Internet含有极其丰富的资源，人们可以利用Internet获取自己所需要的资料，足不出户就能够了解到世界各地的新闻，可以收发邮件、网上购物与在线游戏等。

21.1 Internet的接入方式

Internet的世界丰富多彩，然而要享受Internet提供的服务，则必须将计算机或整个局域网接入Internet。接入Internet有多种方式，用户可以根据实际情况进行选择。

- ADSL（非对称数字用户环路）入网：是一种能够通过普通电话线提供宽带数据业务的技术，它需要Modem。ADSL支持上行速率640kbps~1Mbps，下行速率1Mbps~8Mbps，其有效的传输距离范围在3~5公里之间。
- Cable Modem（线缆调制解调器）入网：通过Cable Modem利用有线电视网访问Internet。连接方式可分为2种：即对称速率型和非对称速率型。前者上行速率和下行速率相同，都在500kbps~2Mbps之间；后者的上行速率为500kbps~10Mbps，下行速率为2Mbps~40Mbps。
- LAN小区宽带：这种接入方式是利用以太网技术，采用光缆到楼，双绞线到家庭的方式，速率在10Mbps以上。
- 无线上网：包括手机上网、卫星上网、宽带无线接入上网和公众无线数据网CDPD上网等。

下面主要介绍目前大多数个人用户采用的ADSL宽带上网和无线网卡无线上网。

21.1.1 ADSL宽带上网

ADSL宽带上网是目前家庭用户使用最广泛的Internet接入方式之一，只要家中安装了电话，只需带好电话机主身份证原件（或其他有效证件），到当地电信部门（或其他的ISP）办理入网手续。填写申请表后，电信会提供由电脑生成的ISP账号和密码，记得妥善保存，这是第一次拨号连接时要用到的，密码记得以后要改。

用户需要一台ADSL调制解调器，从而将计算机连接到ADSL线路上。ADSL调制解调器可以是内置式的，也可以是外置式的，而外置式ADSL调制解调器可以连接到网卡或USB接口。通常情况下，向电信部门申请ADSL入网后，电信部门会提供ADSL调制解调器（一些电信部门不支持在其他地方买来的ADSL调制解调器）。图21.1所示的是连接网络的示意图。

如果ADSL调制解调器需要一块网卡，则需要在安装人员来安装ADSL之前购买一块接口为RJ-45的10Mbps或10/100Mbps自适应网卡。用户只需打开计算机的机箱，将购买的网卡插入机箱的扩展槽中即可。对

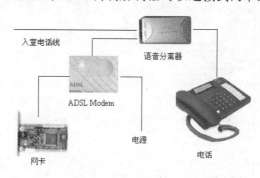

图21.1 连接网络的方法

密技偷偷报　哪种母版可以用来控制讲义的打印格式？

讲义母版。

于即插即用的网卡，打开计算机的电源开关，启动Windows 7后，系统会自动检测到它，按照提示操作，便能完成该网卡的驱动程序安装。

完成设备连接后，还需要借助Windows系统中的拨号程序连接Internet，具体操作步骤如下：

01 单击通知区域的"网络连接"图标，在弹出的窗口中选择"打开网络和共享中心"命令，进入如图21.2所示的"网络和共享中心"窗口。

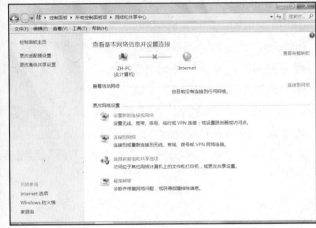

图21.2 进入"网络和共享中心"窗口

02 在"网络和共享中心"窗口的任务区域单击"设置新的连接或网络"链接，进入如图21.3所示的"设置连接或网络"对话框。

03 选择"连接到Internet"选项，单击"下一步"按钮，进入如图21.4所示的"连接到Internet"对话框。在弹出的对话框中选择连接Internet的方式，如单击"宽带（PPPoE）"。

图21.3 "设置连接或网络"对话框　　　　图21.4 "连接到Internet"对话框

菜鸟充电站　哪种母版可以作为演示者在演示文稿时的提示和参考，可以单独打印出来？
备注母版。

[04] 当用户向ISP申请宽带接入网络时，就可以从ISP那里获得相应的入网账号和密码，只要在ISP提供的信息窗口中输入相关的账号和密码，并且输入网络连接名称，单击"连接"按钮即可，如图21.5所示。

[05] 自动开始进行连接测试，当弹出如图21.6所示的对话框时，代表连接设置已经成功。单击"立即浏览Internet"自动连接到网络。

图21.5 输入用户名和密码

图21.6 连接测试

ADSL网络连接设置完成后，用户以后上网时，只需单击任务栏右侧的"网络连接"图标，选择要使用的连接设置，单击"连接"按钮（见图21.7），在弹出如图21.8所示的"连接"对话框中单击"连接"按钮，即可连接到网络。

图21.7 选择要使用的连接设置

图21.8 "连接"对话框

可以在幻灯片母版中插入影片吗？

可以。如在幻灯片母版中添加影片后，则该演示文稿每张幻灯片中的相同位置处会出现该影片图标。

通过小区宽带上网

如果所处的社区提供了小区宽带服务，只需使用网线将电脑网卡和网络接口连接起来，然后向物业管理处申请上网服务，工作人员就会提供联网认证程序，或者开通网络接口，或者提供共享上网设置的IP地址、子网掩码和网关等信息。至于具体的认证方法，每个社区都有所不同。

21.1.2 通过无线网络上网

目前ADSL是最普通的家用（或小型办公）上网方式，但是当有多台电脑要同时上网，又不想拉很长的网线应该怎么办呢？其实只要改用"无线网络"，就可以解决这个问题了。

1. 认识"无线网络"

要通过无线网络上网，必须购买一台无线路由器（Access Point，AP），而每台要使用无线网络的电脑必须安装无线网卡。一般在购买个人电脑时不会配备无线网卡，需要额外购买安装。而笔记本电脑大多已内置无线网络功能，不需要再购买与安装无线网卡，即可立即使用。

为了让用户更了解无线网络的传输方式，下面用如图21.9所示的示意图进行说明。

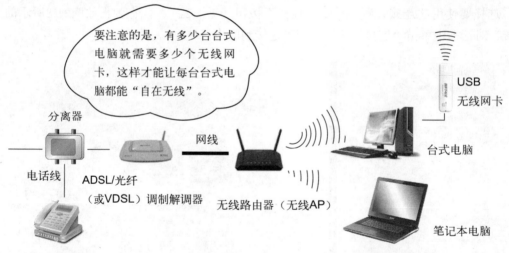

要注意的是，有多少台台式电脑就需要多少个无线网卡，这样才能让每台台式电脑都能"自在无线"。

图21.9 无线网络就是一个局域网，电脑只要连上同一台路由器，即可共享资源

有关无线路由器的安装与设置，可以参照所配送的说明书进行操作。下面介绍如何在一个已经架好的无线路由器的环境中，用Windows 7将电脑连接到无线网络。

2. 立即用无线网络上网

一般情况下，只要架设好无线路由器，并与ADSL调制解调器连接，任何具备无限上

菜鸟充电站 **如何调整演示文稿中插入声音的音量？**

选择音量图标，然后切换到"播放"选项卡，在"音频选项"组中单击"音量"按钮，即可调整音量的大小。

网功能的计算机都可以检测并连接到网络，具体操作步骤如下。

 01 单击通知区域的"网络连接"图标 ，查看当前可用的网络连接。

有些笔记本电脑的无线网络功能需要按快捷键或功能键才能打开，各款型号的笔记本电脑设置不一样，详情请参照具体的说明书。

02 找到要连接的无线路由器，单击"连接"按钮，如图21.10所示。

03 弹出如图21.11所示的"连接到网络"对话框，输入正确的密码，然后单击"确定"按钮，弹出如图21.12所示的已连接的窗口。

图21.10 查找要连接的AP　　图21.11 输入无线网络设置的密码　　图21.12 成功连接到无线

 3G/3.5G移动上网

对于那些经常出差在外的用户，可以选择3G/3.5G移动上网服务，能够随时随地连接到网络。目前有2种3G/3.5G移动上网的方式，一种是直接利用3G手机上网，即可在手机上浏览网页、收发邮件；另一种方式是将3G/3.5G的号码当作调制解调器（搭配无线移动网卡），让笔记本电脑通过3G/3.5G移动上网。

21.2 使用IE浏览网页

如今提到Internet，首先就应该想到WWW。WWW是World Wide Web的缩写，翻译为"万维网"，它是目前Internet上最方便也是最受欢迎的信息服务项目。信息资源以网页（或称为Web页）的形式存储在服务器中，用户通过WWW浏览器软件向WWW服务器发出请求，服务器根据用户的请求内容将存储在服务器中的某个信息返回给客户端，浏览器接收到网页后对其进行解释，最终将图、文、声并茂的网页呈现给用户。

使用WWW时，用户只需拥有WWW浏览器软件，就可以通过Internet连接到世界各地

 密技偷偷报　使用插入文件中的声音命令插入的声音和录制的声音有什么不同？

使用插入文件中的声音命令插入的声音是链接到演示文稿中，而录制的声音文件是被嵌入到演示文稿中。

的WWW服务器，目前最流行的WWW浏览器是Internet Explorer（IE）。Windows 7操作系统中就带有Internet Explorer 8。

21.2.1　Internet Explorer窗口简介

单击任务栏上的"启动Internet Explorer浏览器"按钮，即可启动IE浏览器并打开默认的主页（也称为"首页"），如图21.13所示是"MSN中国"首页。

图21.13 IE浏览器主页

21.2.2　网页浏览

启动IE后，可以看到网页上有许多超链接，当鼠标指针移到其上时，指针变成一只小手形。超链接可以是图片、动画或者文字等。单击超链接，就可以进入到新的网页中。

用户再次单击新网页中的超链接，又可以跳转到其他网页，依次沿着超链接前进，就像在"冲浪"一样。

 用户可以右击某个超链接，在弹出的快捷菜单中选择"在新窗口中打开"命令，这样就能够同时打开多个网页。

浏览网页最直接的方式是在"地址"栏中输入网址。如果用户从某些刊物或朋友那里获取到一个感兴趣的网址，例如，要浏览"好123网址之家"的网页，可以在"地址"栏中输入http://www.hao123.com并按Enter键，即可进入如图21.14所示的网页。

 可以更改超链接文本的颜色吗？

可以。用户可以通过幻灯片主题设计来更改超链接文本的颜色。

输入网址

图21.14 直接输入网址浏览网页

在打开一个网页时，可能会因为网络方面的某种原因使得网页传输速度很慢。如果决定不再浏览该网页而想终止传输过程时，则单击标准工具栏上的"停止"按钮 ×。

在终止传输过程后，想重载该网页，或者想知道一个动态网页的最新情况时，可以单击标准工具栏上的"刷新"按钮 ↻。

21.2.3 将网页打开在另一个选项卡中

在同一个浏览器工作窗口中打开多个网页，既节约了系统资源，又方便了不同网页之间的切换。具体操作步骤如下：

01 进入网站之后，右击网页中想要打开的超链接，在弹出的快捷菜单中选择"在新选项卡中打开"命令，如图21.15所示。

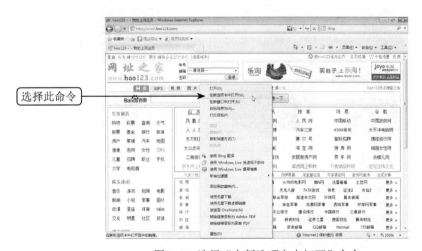

选择此命令

图21.15 选择"在新选项卡中打开"命令

密技偷偷报

能去除超链接文本下的下划线吗？

可以，直接对文本框而非文本设置超链接，则在文本下方不会出现下划线。

02 此时，就可以让超链接指向的网页与当前网页在同一个IE窗口中打开，如图21.16所示。

图21.16 以选项卡方式打开网页

03 如果要关闭某个选项卡，只需单击该选项卡右侧的"关闭选项卡"按钮。

04 在IE窗口中打开多个选项卡时，可以使用快速导航选项卡查找网页或关闭网页。单击 ⊞ 按钮，IE 8便以缩略图的形式显示目前打开的网页，并显示了网页的标题，如图 21.17所示。

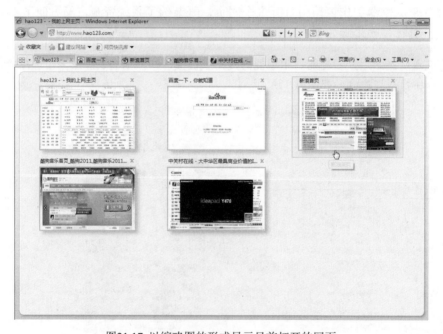

图21.17 以缩略图的形式显示目前打开的网页

 菜鸟充电站

什么是动作按钮？

动作按钮是一个现成的按钮，可以将其插入到演示文稿中，也可以为其定义超链接。

05 单击窗口中所显示的缩略图，即可打开该选项卡。

06 在同一个IE窗口中打开多个选项卡，选择关闭浏览器窗口时，会弹出如图21.18所示的对话框，询问是关闭所有选项卡还是关闭当前的选项卡。

图21.18 设置是否关闭所有选项卡

21.3 记录常用的网站

浏览网页时，许多网址都是长长的一大串，记忆力再好的人恐怕也无法将其全部记住。其实，可以将最常造访的网站设置为主页，或者将有兴趣的网站记录到"收藏夹"，这样随时都可以单击"收藏夹"按钮再次拜访了。

21.3.1 将最常造访的网站设为IE主页

打开浏览器后看到的第一页画面，称为主页。不论当前已经连接到世界各地的哪个网站，只要单击"主页"按钮 🏠 ▾，都会马上回到主页。基于此特性，通常我们会将最常逛的网站设为主页，例如，想在每次启动IE后就看到"百度"网站，可以将其设置为主页：

01 在IE的地址栏中输入百度网址（http://www.baidu.com）。

02 单击"主页"按钮右侧的向下箭头，在展开的列表中选择"添加或更改主页"选项，弹出如图21.19所示的"添加或更改主页"对话框。

图21.19 "添加或更改主页"对话框

 **密技偷偷报** IE浏览器快捷键——选择全部网页

Ctrl+A。

03 选中"将此网页用作唯一主页"单选按钮，然后单击"是"按钮。

21.3.2　将喜爱的网站记录到"收藏夹"

在网上冲浪时会遇到自己喜欢的网页，可以将它添加到"收藏夹"中。收藏夹实际上是存放常用地址的文件夹。下次想要浏览该网页时，就可以直接打开"收藏夹"文件夹，能够快速访问要浏览的网页。

1. 将网址添加到收藏夹中

如果要将网页的地址添加到收藏夹中，可以按照下述步骤进行操作：

01 进入要添加到收藏夹中的网页。

02 单击"收藏夹"按钮，从展开的下拉列表中选择"添加到收藏夹"选项（见图21.20），弹出如图21.21所示的"添加收藏"对话框。

图21.20 选择"添加到收藏夹"选项　　　　图21.21 "添加收藏"对话框

03 在"名称"文本框中显示了当前网页的名称。如果需要，也可以为该网页输入一个新名称。

04 在"创建位置"下拉列表框中选择网页地址的存放位置。

05 单击"添加"按钮，完成网页地址的添加。

2. 使用收藏夹快速访问喜欢的网页

如果要使用收藏夹快速访问所喜爱的网页时，可以按照下述步骤进行操作：

01 单击"收藏夹"按钮，显示如图21.22所示的"收藏夹"窗格。

02 单击"收藏夹"窗格内的任意文件夹，可以显示该文件夹中的网页名称。

03 单击所需的网页名称，即可打开想访问的网页。

IE浏览器快捷键——快速打开收藏夹

Ctrl+B 或 Ctrl+I。

单击即可
打开网站

图21.22 "收藏夹"窗格

21.4 共享Internet资源

Internet上的资源非常丰富，并且很多资源都是免费的。在浏览Internet时，用户一定想把对自己有用的资料保存、下载下来，使它们能够为自己服务。

21.4.1 保存网页、图片和文字

有时，网页的信息量很大，全面阅读要花费许多时间，可以先把它保存起来再慢慢阅读，能够节省上网的费用；有时，看到一幅精美的图片，也可以将它保存到磁盘中。

1. 保存网页

用户浏览到一篇比较好的文章时，可以先按Alt键，然后选择"文件"菜单中的"另存为"命令，弹出如图21.23所示的"保存网页"对话框，选择好保存文件的文件夹，输入文件名后，单击"保存"按钮。

图21.23 "保存网页"对话框

使用IE可以完整地保存整个网页，即包括图片和背景等。用户只需在"保存网页"对

密技偷偷报

IE浏览器快捷键——复制当前网页内容

Ctrl+C。

话框的"保存类型"列表框中选择"网页,全部"选项即可。

2. 保存图片

在浏览网页的过程中会发现许多漂亮的图片,可以将这些图片保存起来。具体操作步骤如下:

01 进入包含所要保存图片的网页。

02 要将图片保存为文件,请右击该图片,在弹出的快捷菜单中选择"图片另存为"命令(见图21.24),在弹出的"保存图片"对话框中输入保存位置和名称,然后单击"保存"按钮。

图21.24 选择"图片另存为"命令

3. 保存文字

当浏览网页的过程中找到需要的部分文字时,可以将这些文字复制到Word文档中保存下来。只要在网页中选择要复制的文字后右击,在弹出的快捷菜单中单击"复制"命令,然后新建一个Word文档并打开,右击选择"粘贴"命令即可。

 还可以先将文字复制到记事本中,再从记事本复制到Word文档中,使网页中的文字作为纯文字粘贴到Word文档中。

21.4.2 使用浏览器下载资源

一般而言,在Internet上允许下载的软件都是以压缩文件的形式链接到一个超链接。如果用户需要下载这些软件,只需在相应的下载位置单击超链接,就会打开一个文件下载对话框。

例如,在浏览器中下载NetAnts应用程序,具体操作步骤如下:

 IE浏览器快捷键——将当前页添加到收藏夹

Ctrl+D。

[01] 在Internet中找到可以下载NetAnts的相关网页，如图21.25所示就是一个提供下载NetAnts链接的网页。

单击下载网页

图21.25 提供下载NetAnts链接的网页

[02] 将鼠标指针移到链接地址文字上，当鼠标变成手形时单击，打开如图21.26所示的"文件下载"对话框。

[03] 单击"保存"按钮，打开如图21.27所示的"另存为"对话框。在"保存在"下拉列表中选择保存的位置，然后在"文件名"文本框中输入文件名。

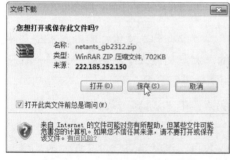

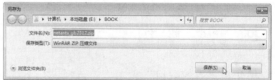

图21.26 "文件下载"对话框   图21.27 "另存为"对话框

[04] 单击"保存"按钮，打开如图21.28所示的下载进度框。

[05] 下载完毕后，打开如图21.29所示的"下载完毕"对话框。单击"关闭"按钮，关闭该对话框；单击"打开"按钮，可以打开下载的文件。

密技偷偷报   IE浏览器快捷键——在当前页中查找

Ctrl+F。

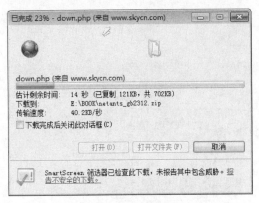

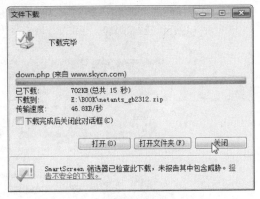

图21.28 下载进度框 图21.29 "下载完毕"对话框

21.4.3 使用下载工具下载资源

一般来说，使用浏览器下载文件比较慢。为了节约下载时间，用户可以使用专用的下载工具进行下载。目前常用的下载工具有网络蚂蚁（NetAnts）、Web迅雷与BT等。

1. 使用网络蚂蚁下载

网络蚂蚁利用多点连接、断点续传和计划下载等多种技术手段，使用户在现有的条件下，大大加快下载的速度。

使用网络蚂蚁进行下载的基本操作步骤如下：

01 在网络蚂蚁的窗口中，单击"编辑"菜单中的"添加任务"命令（见图21.30），打开如图21.31所示的"添加任务"对话框。

02 在"URL"文本框中输入要下载文件的地址；在"保存到"文本框中输入下载文件的保存路径，或者单击其右侧的按钮，在打开的"浏览文件夹"对话框中选择下载文件的保存路径；在"重命名"文本框中为下载的文件进行命名。

03 如果要下载文件所在的服务器需要认证，则应该选中"认证"复选框，然后输入用户名称和口令。

04 在"蚂蚁数目"文本框中选择进行下载的蚂蚁数目，也就是对一个文件分为几块同时进行下载。

05 如果选中"立即下载"复选框，单击"确定"按钮，则立即开始对文件进行下载；如果撤选该复选框，单击"确定"按钮，则该下载被列入下载列表，需要时再进行下载。

菜鸟充电站　IE浏览器快捷键——查看历史记录

Ctrl+H。

图21.30 选择"添加任务"命令　　　　　　图21.31 "添加任务"对话框

在网络蚂蚁主界面窗口中，单击左侧虚拟文件夹列表中"任务状态"下的"运行中"选项，则会在右侧的窗口中显示出当前正在下载的任务列表，如果用户要暂时停止某个任务的下载，则在列表中选中它，然后单击工具栏上的"停止正在下载的任务"按钮。

单击左侧虚拟文件夹列表中"任务状态"下的"正常"选项，则会在右侧的窗口中显示出准备下载的或暂停下载的任务列表。选中要下载的任务，单击工具栏上的"开始下载任务"按钮，即可开始该任务的下载。

2. 使用Web迅雷下载

Web迅雷使用的多资源超线程技术基于网格原理，能够将网络上存在的服务器和计算机资源进行有效的整合，构成独特的迅雷网络，通过迅雷网络能够以最快的速度传递各种数据文件。

首先应该安装迅雷软件，用户可以到网上下载并根据说明进行安装，如图21.32所示。

与网络蚂蚁相比，迅雷的最大特点就是能够在网上搜索资源，在"狗狗搜索"前面的文本框中输入要搜索的资源名称，例如输入"士兵突击"，单击"狗狗搜索"按钮，则会打开迅雷的搜索引擎，显示出搜索的结果。

图21.32 Web迅雷主页

密技偷偷报　**IE浏览器快捷键——键入网址进入想去的网页**

Ctrl+L。

单击要下载的资源，则会进入如图21.33所示的下载页面，在页面中单击下载链接，打开如图21.34所示的"新的下载"对话框。在"存储目录"文本框中选择存放的位置，在"另存名称"文本框中输入存储的名称，单击"开始下载"按钮，即可开始下载。

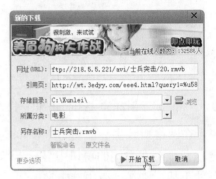

图21.33 下载页面   图21.34 "新的下载"对话框

如果用户知道要下载资源的路径，可以直接创建新的下载任务。在主界面中单击"新建"按钮，打开"新的下载"对话框，在"网址"文本框中输入资源的下载路径即可。用户还可以右击下载链接，在弹出的快捷菜单中选择"使用Web迅雷下载"命令，这种方法适用于单个链接或者该页面内全部链接下载。

第22章

网络新生活

　　随着科技的发展，网络渐渐渗透到我们的生活中。网络世界精彩纷呈，日新月异，许多新事物、新概念、新名词不断的涌现出来，一种新的文化——网络文化已经形成。上网已经不仅仅是一种时尚，它已经成为人们日常工作和生活的一部分。而本章的目的，就是带领读者进入网络给我们带来的丰富多彩的新生活。

22.1 收发电子邮件

电子邮件（E-mail，俗称"伊妹儿"）是Internet上使用最广泛、最频繁的服务之一，它将电脑的文字处理功能与网络的通信功能相结合，可以把电子文件通过网络传送到收件人的系统中。电子邮件之所以受到广大用户的喜爱，主要是因为它在信息传递方面具有快捷、廉价等特点。

22.1.1 申请免费电子邮件地址

使用传统的邮件，要给某个人发信时，必须要知道这个人的家庭地址。与此类似，要通过Internet发送电子邮件，必须要知道收件人的电子邮件地址。

Internet电子邮件地址可以分为两部分：账号和服务器名称，两部分之间用符号@（在英语中读作"at"）分隔。

电子邮件地址的形式如下：

laura0825@126.com

其中，laura0825是账号，而126.com是服务器名称。对于同一个服务器上的用户来说，他们的服务器名称都是一样的，而账号都是不一样的。某些收件人的账号名可能就是他的名字，另一些收件人的账号名可能是一些特殊的编码。账号名由用户自己确定并提供给Internet服务商。

因此，要收发电子邮件，首先要拥有一个电子邮件地址。获取电子邮件地址的渠道很多，一般的ISP都会提供电子邮件服务，他们给你一个电子邮件地址，当用户取得电子邮件地址时，在ISP邮件服务器中会相应地建立一个用户专用的电子邮箱。

如果ISP不能为用户提供电子邮件地址，或者想拥有多个电子邮件地址，也可以到其他地方申请一个电子邮件地址。在Internet上，有许多站点都提供了免费邮箱和收费邮箱的服务。收费邮箱的空间虽然较大，但要向网民收取一定的费用。

下面以在"网易126免费邮"站点申请电子邮件地址为例来介绍免费电子邮件地址的申请方法。具体操作步骤如下：

01 进入"网易126免费邮"主页（http://www.126.com），如图22.1所示。

02 单击"注册"按钮，进入填写注册资料网页，带"*"号处是必须填写的，如图22.2所示。

菜鸟充电站　　**IE浏览器快捷键——刷新当前页**

Ctrl+R 或 F5。

图22.1 "网易126免费邮"主页

图22.2 填写注册资料

03 按要求和提示填写注册资料后，勾选"我已阅读并接受"服务条款"和"隐私权保护和个人信息利用政策"复选框并单击"创建账号"按钮，邮件服务器对填写的信息进行检查，如果没有错误，则弹出如图22.3所示的"注册确认"网页。

04 输入正确的字符，则弹出如图22.4所示的"注册成功"网页。

图22.3 注册确认网页

图22.4 "注册成功"网页

许多站点经常进行改版，申请过程可能稍有不同。用户只需按照屏幕的提示，回答相应的问题即可。

22.1.2 利用网页方式收发电子邮件

通过IE浏览器登录邮箱收发电子邮件是一种常用而且简单的收发邮件的方法，因为这种方法不需要安装邮件程序，也不需要进行任何设置，只需登录自己申请的邮箱。具体操作步骤如下：

01 在"网易126免费邮"主页中，输入用户名和密码，然后单击"登录"按钮，如图22.5所示。

密技偷偷报　　IE浏览器快捷键——保存当前页

Ctrl+S。

02 进入如图22.6所示的网页，让用户利用浏览器收发电子邮件。

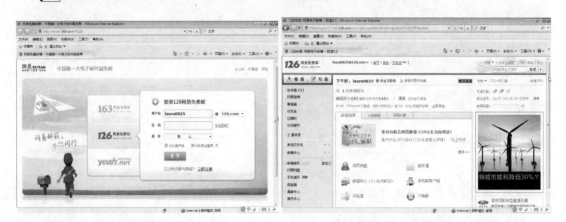

图22.5 输入用户名和密码　　　　　　　　　图22.6 利用浏览器收发电子邮件

03 单击窗口左上方的"写信"按钮，进入"写信"网页。在"收件人"文本框中输入收件人的地址；在"主题"文本框中输入信件的标题；在下方的编辑框中输入信件的具体内容，如图22.7所示。

04 如果要将一个文件跟随邮件一起发送，则单击窗口中的"添加附件"链接，打开如图22.8所示的"选择要上载的文件"对话框。查找并选择所要粘贴的附件文件，单击"打开"按钮，返回到"写信"网页。

05 单击"发送"按钮，即可将邮件送出。发送成功后，会给出邮件已发送成功的提示信息，如图22.9所示。

图22.7 写信　　　　　　　　　　图22.8 "选择要上载的文件"对话框

06 如果要查看自己的邮箱中是否有新邮件，可以单击窗口左上方的"收信"按钮，进入"收件箱"网页，其中列出了邮件标题列表，如图22.10所示。

IE浏览器快捷键——快速关闭当前窗口

Ctrl+W。

图22.9 "邮件发送成功"网页　　　　　　图22.10 "收件箱"网页

07 单击某个标题，即可查看该邮件的具体内容，如图22.11所示。

图22.11 阅读邮件

22.1.3　使用Foxmail收发电子邮件

通过以上的介绍，用户只要会用浏览器，就能够收发电子邮件。不过，必须处在与Internet连接的状态下才能书写和阅读邮件。

下面介绍使用Foxmail收发电子邮件，用户可以登录http://fox.foxmail.com.cn/下载并安装该软件。

1.将账户加入Foxmail

要收发Internet上的信件，必须先让Foxmail知道你的邮件服务器以及电子邮件地址等相关信息。用户需要将账户添加到Foxmail中。具体设置步骤如下：

01 在Foxmail安装完毕后，第一次运行时，系统会自动启动向导程序，引导用户添加第一个邮件账户，弹出如图22.12所示的对话框。输入电子邮件地址和密码以及帐户显示名

密技偷偷报　**IE浏览器快捷键——前进/后退一页**

Alt+←/→。

称等，用户还可以自行指定邮件的保存路径。

02 单击"下一步"按钮，弹出"指定邮件服务器"对话框，输入接收电子邮件服务器类型和待发电子邮件服务器名称，如图22.13所示。

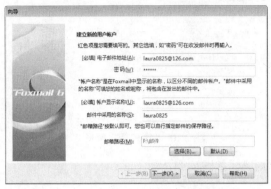

图22.12 创建新的用户账号

图22.13 输入服务器名称

03 单击"下一步"按钮，弹出如图22.14所示的"帐户建立完成"对话框，单击"测试用户设置"按钮，检测帐户设置是否正确（见图22.15），同时用户还可以通过"选择图片"按钮来设置自己的图片。

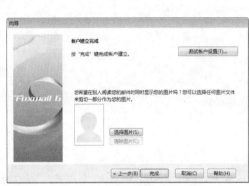

图22.14 帐户建立完成

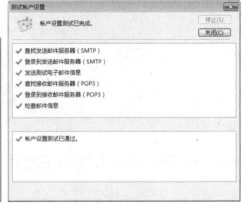

图22.15 测试帐户设置

04 单击"完成"按钮，弹出如图22.16所示的Foxmail窗口。

菜鸟充电站 IE浏览器快捷键——打开地址栏

F4。

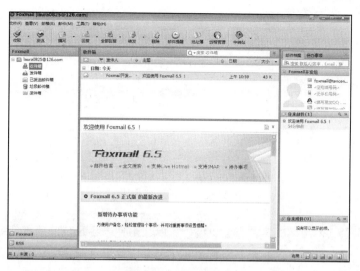

图22.16 Foxmail窗口

如果用户还有其他的帐户需要添加，可以在Foxmail窗口的"邮箱"菜单下选择"新建邮箱帐户"命令（见图22.17），弹出和图22.12一样的对话框，按照上述的步骤操作，即可添加新的帐户。

图22.17 选择"新建邮箱账户"命令

 如果要修改某个邮件账户，首先选中该账户，然后在"邮箱"菜单下选择"修改邮箱账户属性"命令，在弹出的属性对话框中重新进行设置。

2. 创建新邮件

创建新邮件的具体操作步骤如下：

01 启动Foxmail，单击工具栏上的"撰写"按钮，弹出如图22.18所示的"写邮件"窗口。

 IE浏览器快捷键——切换到全屏或常规窗口

F11。

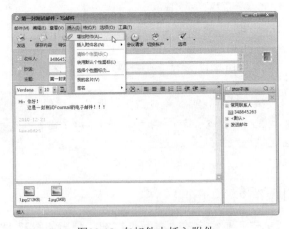

图22.18 "写邮件"窗口

提示 如果觉得这样的信件有些单调，可以在邮件内容区域使用"信纸"增加邮件的情趣。单击"撰写"右边的小箭头选择"信纸"命令，然后再选择一种喜爱的信纸样式应用到邮件中。

---

02 在"收件人"文本框中输入收件人的电子邮件地址，在"抄送"文本框中输入需要接收邮件副本的人的电子邮件地址，多个地址之间用分号隔开。

03 在"主题"文本框中输入邮件的标题。

04 将插入点移到邮件正文区中输入正文。邮件中的正文可以用"格式"工具栏中的各项选项进行格式设置，其用法与Word一样。

05 如果要在邮件中插入图片，则选择"插入图片"按钮，在打开的"图片"对话框中指定图片文件所在的路径和文件名，然后单击"打开"按钮，即可将图片插入到邮件中。

06 如果用户要附带发送一个文件，则选择"插入"→"增加附件"命令，在打开的"添加附件"对话框中指定要插入的文件，然后单击"打开"按钮，即可在邮件中插入该附加文件，如图22.19所示。

图22.19 在邮件中插入附件

 菜鸟充电站

IE 8内置了加速器——Bing翻译

将所选的文字翻译为其他语言。

3. 发送和接收邮件

邮件写好后，如何发送给对方呢？其实很简单，只需单击工具栏上的"发送"按钮，如果已上网，则会立即发送；如果未上网，则自动把邮件存储到待发的文件夹"发件箱"中。如果要发送存储在发件箱中的邮件或者取回新邮件，可以按照下述步骤进行操作：

01 选中要使用的邮箱账户，单击工具栏上的"发送"按钮，Foxmail自动把邮箱中未发送的邮件发送出去，如图22.20所示。

02 如果要接收邮箱账户中的新邮件，只需选中一个账户，单击工具栏上的"收取"按钮，Foxmail自动接收邮箱中的新邮件，如图22.21所示。

图22.20 进度对话框

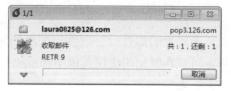

图22.21 收取邮件

4. 阅读邮件

单击Foxmail窗口中的"收件箱"文件夹（其后的括号显示新邮件数量），弹出预览邮件窗口。该窗口左半部分是邮件文件夹，右边上半部分是邮件列表窗格，收到的所有信件都在此列表中，右边下半部分是邮件预览窗格。当用户在邮件列表窗格中单击一个邮件时，该邮件便显示在邮件预览窗格中，如图22.22所示。

在邮件列表窗格中，没有阅读的邮件显示成粗体字，而且发件人前面有一个没有打开的信封标志 ✉ 。标题前有"！✉"图标表示是急件，有"✉📎"图标表示邮件中附加有文件。

单击要阅读的邮件，它的正文就出现在下方的预览窗格中，该邮件的名称会显示成正常的字体，发件人前面的标志也变成打开的信封。

如果觉得在预览窗格中查看邮件不方便，请在邮件列表区中双击该邮件，会出现邮件阅读窗口，如图27.23所示。单击"前一封"按钮或"后一封"按钮，可以阅读上一封邮件或下一封邮件。

密技偷偷报

IE 8内置了加速器——Bing地图

查找所选地名的地图以及周边交通、美食等信息。

图22.22 预览邮件

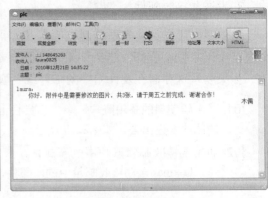

图22.23 邮件阅读窗口

如果朋友寄来的邮件带有附件，则附加文件会以图标的形式显示在"附件"框中。右击该图标，可以在弹出的快捷菜单中选择"打开"或"另存为"命令。

5. 回复邮件

如果读了某封邮件后，觉得有必要给发件人回复的话，可以使用回复功能。具体操作步骤如下：

01 在邮件列表区中选择要回复的邮件。

02 单击工具栏上的"回复"按钮，弹出回复邮件窗口，如图22.24所示。在该窗口的"收件人"文本框中自动列出了回复邮件的地址，原邮件的主题前加有Re：字样，原邮件的发件人、发送时间、收件人、抄送和主题被自动添加到回复邮件的正文编辑区内供用户编写时参照。

03 写好回信内容后，单击"发送"按钮，将回复邮件发送到收件人的邮箱中。

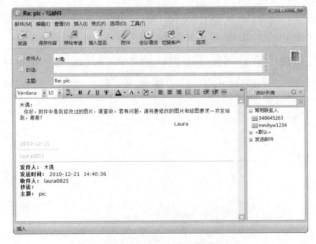

图22.24 回复邮件窗口

菜鸟充电站　IE 8内置了加速器——Bing搜索

以所选的文字作为关键词，在搜索引擎中搜索相关内容。

6. 转发邮件

如果觉得别人寄给自己的邮件有必要转发给其他人阅读，可以使用Foxmail的转发功能。具体操作步骤如下：

01 在邮件列表区中选择要转发的邮件。

02 单击工具栏上的"转发"按钮，出现转发邮件窗口，原邮件的主题前加有Fw：字样。如果要把一封邮件作为附件转发，可以选择"邮件"菜单中的"作为附件发送"命令，打开一个新邮件窗口，并且原来的邮件显示为窗口底部的一个附件图标。

03 在"收件人"文本框中输入收件人的电子邮件地址。如果要把邮件转发给多个收件人，可在每个收件人的电子邮件地址之间输入一个分号；如果要把邮件作为附件转发，可在"主题"框中输入一个主题。

04 在正文编辑区中，对要转发的邮件输入一段说明性文字。

05 单击"发送"按钮，将转发邮件发送到收件人的邮箱中。

22.2　即时通信工具——QQ和 Windows Live Messenger的使用

由于人们使用互联网越来越频繁，市场上也随即出现了一些即时通讯工具，即通过即时通讯技术来实现在线聊天、交流的软件，即时通讯比传送电子邮件所需时间更短，比电话更方便，无疑是网络年代最便捷的通讯方式。目前中国最流行的有QQ、Windows Live Messenger（原名为MSN）、POPO、UC等，而国外主要使用ICQ、Windows Live Messenger等。本节主要介绍QQ和Windows Live Messenger的简单使用方法。

22.2.1　通过QQ与亲友通信

腾讯QQ是深圳市腾讯计算机系统有限公司开发的一款基于Internet的即时通信软件。它支持在线聊天、视频电话、点对点断点续传文件、共享文件、网络硬盘和QQ邮箱等多种功能。并可与移动通信终端等多种通信方式相连。

1. 申请QQ账号

在网络上每个QQ使用者都是通过QQ号码来实现相互通讯与交流的，每个人拥有惟一的QQ号码，就如同手机号码一样。申请QQ号码的方式有很多，可以用手机、声讯电话、网上支付等方式申请。当然，也可以通过网上申请免费QQ号码。

用户可以登录网站http://im.qq.com/qq/2010/standard/下载并安装软件，软件安装完毕后弹出如图22.25所示的登录界面。

密技偷偷报

为IE浏览器设置多个主页

打开"Internet选项"对话框，在"主页"列表框中输入每个网页并按Enter键分隔。

图22.25 QQ登录界面

如果用户还没有QQ号码，需要申请一个新的号码，在网络连接的状态下单击登录界面右边的"注册新账号"链接，自动打开如图22.26所示的"申请QQ账号"页面，单击"立即申请"按钮，弹出账号用户资料填写页面（见图22.27）。

图22.26 申请QQ号码页面

图22.27 填写资料

填写完毕后单击"确定"按钮，此时弹出一个"申请成功"页面，页面上的号码就是新申请的QQ号码，如图22.28所示。

图22.28 QQ号码申请成功

菜鸟充电站　IE浏览网页时，可能遇到某些网页的图片和文字错位的现象。

使用IE兼容性视图功能，单击"工具"按钮，选择"兼容性视图"命令。

2. 查找和添加好友

第一次登录QQ时QQ里面是空的，并没有什么聊天对象，只有将好友添加到QQ中才能与其进行聊天。下面讲解添加QQ好友的方法。

01 返回登录界面输入刚申请的账号和密码后，单击"登录"按钮，弹出如图22.29所示的QQ窗口。

02 单击下方的"查找"按钮，在弹出如图22.30所示的"查找联系人"对话框中输入好友的QQ号码。

03 找到后单击"添加好友"，如图22.31所示，待对方接受了添加邀请后对方的QQ出现在用户的好友列表中。

图22.29 QQ窗口

图22.30 "查找联系人"对话框

图22.31 添加好友

提示 单击QQ头像，在弹出的"我的资料"对话框中，用户可以对自己的基本资料、QQ空间和QQ秀等相关信息进行设置。

上面介绍的是主动查找并添加好友的方法，有时别人也会向我们提出加为好友的申请，会在屏幕的右下角看到一个小喇叭在不停地跳动，那是提醒你在网络上有消息来了。单击小喇叭图标，弹出"添加好友"对话框，选中"同意并添加对方为好友"单选按钮，然后单击"确定"按钮。

3. 通过QQ及时交流

添加好友后，在"我的好友"组中可以看到好友的头像。如果头像是彩色的表示好友

密技偷偷报 IE提供隐私浏览模式——InPrivate浏览
单击"安全"按钮，选择"InPrivate浏览"选项，所有相关的记录将不会被保留。

正在网上；如果头像是灰色的可能好友并没有上网，也可以发送离线消息给好友，等好友以后上线的时候再回复。

图22.32 聊天窗口

01 登录QQ后，双击要聊天的好友头像，弹出如图22.32所示的聊天窗口，此时可以与朋友进行交流了。在聊天的窗口的下方输入聊天内容，然后单击"发送"按钮。

02 如果双方配备了摄像头、话筒、音箱或者耳麦，可以在聊天窗口中单击工具栏的"开始视频会话"图标 ，对方接受了视频请求，用户便可以看到对方的视频画面。

03 如果需要发送文件给对方，可以在聊天窗口中单击"传送文件"按钮 ，弹出"打开"对话框，选择需要传送的文件，单击"打开"按钮，弹出如图22.33所示的发送文件请求提示。如果对方不在线，也可以单击"发送离线文件"链接，等对方上线之后便可以接收。当对方发送文件过来时，在右下角会出现文件接收提示，如图22.34所示。单击"接收"链接即可接收对方发送的文件。

图22.33 发送文件

图22.34 文件接收提示

提示 如果用户想要查询以前的聊天记录，可以单击聊天窗口的"消息记录"按钮，查看以前的聊天记录。

22.2.2 使用Windows Live Messenger与好友交流

Windows Live Messenger（原名为MSN）是一款由微软公司开发的即时通信工具，其

菜鸟充电站

Cookie是什么？

Cookie是Web服务器保存在电脑硬盘上的一个非常小的文本资料，它可以记录用户ID、密码等信息。

功能与QQ相仿。由于免打扰功能比较强，而且Windows 7之前的Windows系统均内置了该通讯软件，所以不少企业将它作为商务交流的首选工具。

　　首先用户可以先在http://www.windowslive.cn/get/网站下载及安装，待其安装完毕后在登录窗口输入账号和密码进行登录。如果用户还没有MSN号，可以在https://signup.live.com网站注册一个新的号码（见图22.35）。

　　注册成功后，返回登录窗口输入账号和密码进行登录，即可打开此账户的Windows Live Messenger主窗口，如图22.36所示。

图22.35 注册页面　　　　　　　图22.36 Windows Live Messenger主窗口

1. 添加好友账户至联系人列表

要与朋友交流，还需要把朋友的账号添加到自己的账号中，具体操作步骤如下：

01 单击主窗口的"添加联系人"按钮，弹出如图22.37所示的"添加联系人"对话框，输入联系人账户。

02 单击"下一步"按钮，弹出如图22.38所示的"发送邀请"对话框，可以填写一些自己的消息，以便对方确认自己的身份。

在IE中调整上网的安全级别

在IE工具栏中单击"工具"按钮，选择"Internet选项"，单击"安全"选项卡，拖动滑块调整安全级别。

图22.37 添加联系人对话框

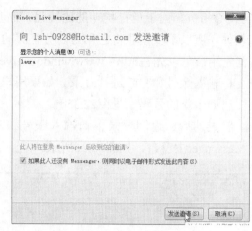

图22.38 发送邀请

[03] 单击"发送邀请"按钮，弹出如图22.39所示的"添加成功"对话框。

[04] 此时，对方便添加到联系人列表了，如图22.40所示。如果需要修改该联系人的信息，右击该联系人，在弹出的快捷菜单中选择"编辑联系人"命令编辑联系人信息，然后单击"保存"按钮。

图22.39 添加成功对话框

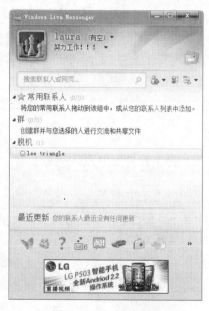

图22.40 联系人列表

2. 发送即时信息、语音和视频

当联系人已经在线上，就可以即时交流了：

[01] 在主窗口中双击联系人，打开如图22.41所示的"对话"窗口，在底部空白输入框中输

在IE中屏蔽弹出广告

单击"工具"按钮，选择"弹出窗口阻止程序"｜"启用弹出窗口阻止程序"命令。

入文字，然后按Enter键，即可向对方发送文字信息。

图22.41 开始文字交流

02 要与联系人通话，只需在对话窗口中单击"通话"按钮，给对方发出邀请，对方接受后就可以开始通话了，如图22.42所示。要结束通话时，可以单击"结束通话"链接。

03 要与联系人视频（已经安装了摄像头），只需在对话窗口中单击"视频"按钮，给对方发出邀请，对方接受邀请后就可以开始视频了，如图22.43所示。

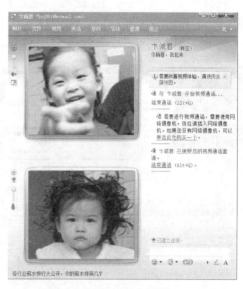

图22.42 与对方通话　　　　　　　　图22.43 与对方视频

04 要发送文件，则单击对话窗口的"文件"按钮，选择"发送一个文件和照片"选择要

密技偷偷报

在IE中启用/禁用仿冒网站筛选

单击"安全"按钮，选择"SmrtScreen筛选器" | "检查此网站"命令。

发送的文件即可。

22.3　写博客、上传相册

近年来，博客成为互联网上最热门的话题之一，咱们也赶一下时髦，在网上写一些博客与好友分享。博客，即Blog，其全名实际上是指Web log的缩写，log本来的意思是指"航海日志"，后来泛指任何类型的流水记录，Web是指互联网，所以说Blog就是"网络日志"。实际上，个人博客网站就是网民们通过互联网发表各种言论的虚拟场所。盛行的"博客"网站内容通常五花八门，从新闻内幕到个人思想、诗歌、散文甚至科幻小说，应有尽有。

22.3.1　注册博客

下面以网易博客为例介绍如何注册博客的具体操作步骤：

01 连接上网，打开网页http://blog.163.com，进入网易博客的首页，单击"立即注册"链接，如图22.44所示。

02 切换到"注册网易博客"页面，单击"注册网易博客新账号"按钮，如图22.45所示。

图22.44　网易博客

图22.45　注册网易博客

03 进入"注册网易通行证"页面，输入通行证用户名和密码，并在其中填写个人资料，然后单击"创建账号"按钮，如图22.46所示。

让浏览器关闭时自动清理临时文件

在"Internet选项"对话框中单击"高级"选项卡，选中"关闭浏览器时清空'Internet临时文件'文件夹"复选框。

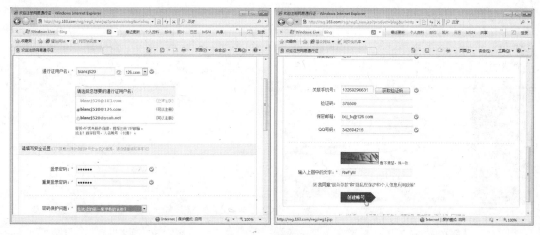

图22.46 创建账号

04 进入"请您验证注册信息"页面，单击"下一步"按钮，如图22.47所示。

05 进入"激活博客账号"页面，输入昵称、博客名称、博客个性地址以及对照输入验证码，然后单击"立即激活"按钮，如图22.48所示。

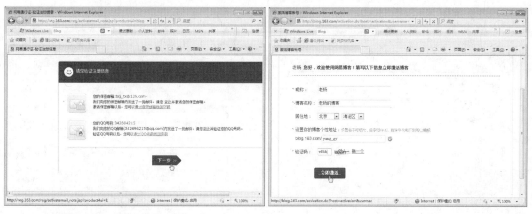

图22.47 "请您验证注册信息"页面　　　　图22.48 "激活博客账号"页面

06 进入"注册成功"页面，其中显示的用户名和博客地址要记下来。自己写了博客后，需要将博客地址发给好友，请他们来看文章。

22.3.2 在博客中写日志

刚才已经成功地拥有博客地址，现在将介绍如何在博客中写日志。

01 打开浏览器，输入http://blog.163.com进入网页博客的首页（也可以把这个网址保存到收藏夹中，下次可以直接调用），输入用户名和密码，登录网易通行证，如图22.49所示。

02 进入个人博客的页面，如果要修改博客描述，可以单击左侧"博客管理"组中的"博客设置"链接，然后在"博客描述"框中输入描述性的内容，然后单击"保存设置"

357

什么是浏览器插件？

浏览器插件是指随浏览器启动及使用过程中自动执行的程序。

按钮，如图22.50所示。

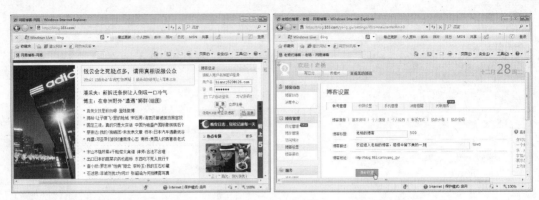

图22.49 输入用户名和密码　　　　　　　　　图22.50 博客设置

03 接下来，就可以写日志了。只需单击个人博客页面中的"写日志"按钮，即可进入如图22.51所示的编辑日志页面。

04 此时，就像在Word或记事本中写文章一样，输入标题，然后输入文本，并且可以选中文本，利用上方的按钮设置文本的格式，如图22.52所示。

图22.51 编辑日志　　　　　　　　　图22.52 输入日志内容

05 写完博客日志的正文后，移到此页面的下方，可以分别输入标签（也就是这篇日志中一些概述的词）、选择日志分类以及查看权限等选项，然后单击"发表日志"按钮即可，如图22.53所示。

06 正式发表后，就可以在网页中看到刚才写的日志内容，如图22.54所示。

菜鸟充电站　　**禁用或删除IE加载项**

单击"工具"按钮，单击"管理加载项"命令，控制某些加载项被禁用或删除。

图22.53 单击"发表日志"按钮

图22.54 发表后的日志

 博客其实就是一种与朋友们交流的方式，所以在不断装饰、更新自己的博客的同时一定要记得多去朋友们的博客逛一逛、多留言，这样，朋友们也会经常来光顾你的博客。

22.3.3 将好照片发布到博客中

将自己外出旅游拍的一些好照片发布到博客中，让更多的好友通过网络来欣赏。

01 按照前面的方法进入个人博客的页面，单击"传相片"按钮，如图22.55所示。

02 进入"博客相册"页面，可以向其中添加相片，如图22.56所示。

图22.55 单击"传相片"按钮

图22.56 添加相片

03 弹出"选择要上载的文件"对话框，找到存放照片的文件夹，然后可以在列表框中按住鼠标左键拖动，一次选中12张照片，并单击"打开"按钮，如图22.57所示。

04 此时，这些照片出现在添加相片下方的列表框中，如图22.58所示。

 **禁止下载未签名的ActiveX控件**

在"Internet选项"对话框中打开"安全"选项卡，单击"自定义级别"按钮，找到"下载未签名的ActiveX控件"进行控制。

图22.57 选择要上载的文件

图22.58 添加了相片

05 如果要为这些照片创建一个相册，可以单击"创建新相册"链接，弹出"创建相册"对话框，输入相册名称和相册描述，然后单击"创建"按钮，如图22.59所示。

06 接下来，单击"开始上传"按钮，将照片上传到博客中，如图22.60所示。

图22.59 创建相册

图22.60 将照片上传到博客中

07 照片上传完成后，进入博客相册页面，还可以为每张照片添加描述，或者直接单击页面最下方的"完成"按钮，如图22.61所示。

08 至此，完成了相册的创建，如图22.62所示。这时，只需将该网址复制给好友，好友就可以打开该网页欣赏照片了。

菜鸟充电站 **什么是网页快讯？**

网页快讯是一项相当实用的信息获取方式，用户可以通过它来获取新闻、博客、社区的最新文章。

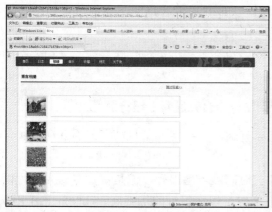

图22.61 为相册添加描述　　　　　　图22.62 欣赏发布的相册

当然，可以只告诉好友自己注册的博客地址，例如，本例只需输入 http://blog.163.com/yang_gy/。好友打开你的博客首页后，只需分别单击"日志"和"相册"，就可以全面欣赏你写的日志和发布的照片。

22.4 网上银行

网上银行是银行与Internet相结合的一种技术。通过网上银行，用户可以足不出户就进行开户、销户、查询、转账以及网上支付等操作。目前大部分银行都开通了网上银行服务。

22.4.1 开通网上银行

每家银行开通网上银行的方法都有所不同，主要划分为以下三大种类。

第一类：直接通过互联网开通网上银行

在四大国有银行中，中国工商银行与中国建设银行支持用户直接通过互联网开通网上银行。

这种开通方式最方便，用户只需在相关的申请页面中根据提示填写身份信息、银行卡密码以及设置网上银行使用的密码，即可开通网上银行。

需要注意的是，在互联网上直接开通网上银行，除了密码之外，缺乏其他的安全保障措施，所以开通后仅提供账户查询、公积金查询、企业年金查询和工资条查询等查询服务，而无法办理转账、买卖股票基金等涉及资金进出的业务。

第二类：互联网设置与手机短信验证开通网上银行

先在互联网开通然后通过手机短信验证，在国有四大银行中，仅中国建设银行支持这

什么不ICRA？

ICRA是为了让儿童安全地使用互联网的国际性非营利组织。IE 8使用的内容审查是基于ICRA的内容分级系统。

种网上银行开通方式。与第一类开通方式相比，这种开通方式增加了验证手机短信的步骤，安全性有一定的提高。

同时，它支持小额度的转账和支付业务，比较适合不想去银行排队开通，又想安全的普通用户使用。

第三类：用户持有效证件及银行卡、存折到银行柜台开通网上银行

用户持有效证件及银行卡、存折到银行柜台开通网上银行，是目前主流的开通方式，国有四大银行均支持这种方式。

与前两种方式相比，这种开通方式虽然要花时间跑一趟银行，但是银行专业人员可以为用户解答开通、安全方面等问题，而且在开通时可以在银行购买银盾、U盾等USB Key或电子口令牌等安全增强设备，进一步提高账户的安全性。因此，建议上网炒股、炒汇、买卖基金或网上购物的用户使用该方式开通网上银行。

下面以开通中国工商银行网上银行为例，介绍网上银行的一般使用方法。

22.4.2 登录网上银行

用户开通了网上银行业务后，就可以在电脑上登录网上银行了（请一定登录正式的网上银行站点）。下面以工商银行为例，介绍如何登录并使用网上银行。

`01` 打开IE浏览器，输入工商银行的网址"www.icbc.com.cn"，然后按回车键，进入工商银行首页，如图22.63所示。在页面左侧单击"个人网上银行登录"按钮。

`02` 在弹出的页面中，介绍了工商银行网银登录的具体方法，仔细阅读后单击"登录"按钮，如图22.64所示。

图22.63 中国工商银行首页

图22.64 单击"登录"按钮

`03` 如果是第一次使用网上银行，浏览器会在信息栏提示需要安装"ActiveX控件"，用鼠标在信息栏上单击，从中选择"为此计算机上的所有用户安装此加载项"命令，如图22.65所示。

菜鸟充电站 解决系统自动使用其他浏览器打开网页的问题

在"Internet选项"对话框中打开"程序"选项卡，然后在"默认的Web浏览器"区单击"设置为默认值"按钮。

网上银行的网站都需要控件，以保证用户在登录和使用网上银行时的安全，必须安装控件才能登录。

04 此时，将自动下载控件并刷新页面，同时信息栏询问是否允许此加载项，鼠标单击后选择"运行加载项"命令，如图22.66所示。

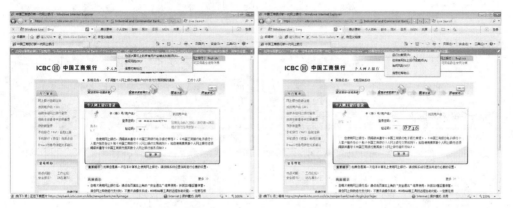

图22.65 提示安装控件　　　　　　　　图22.66 选择"运行加载项"命令

05 弹出"安全警告"对话框，单击"运行"按钮，如图22.67所示。
06 此时，进入"个人网上银行登录"网页，分别输入卡号（账号）、密码和验证码后，单击"登录"按钮登录网上银行，如图22.68所示。

图22.67 运行控件　　　　　　　　图22.68 登录页面

22.4.3　网上银行的基本使用方法

例如，进入网上银行后，可以查看账户余额以及资金流水账情况：

01 进入"中国工商银行"用户页面，单击"我的账户"按钮，如图22.69所示。

 **IE 8的选项卡不见了怎么办**

在"Internet选项"对话框中单击"常规"选项卡，在"选项卡"区单击"设置"按钮，选中"启用选项卡浏览"复选框。

02 页面下方会显示个人的银行卡号及账户类型，单击"余额明细"按钮，如图22.70所示。

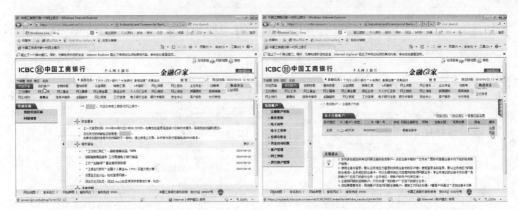

图22.69 单击"我的账户"　　　　　　图22.70 单击"余额明细"

03 在"起止日期"文本框中分别输入或者直接选择日期，然后单击"查询"按钮，如图22.71所示。

04 此时，页面中会显示查询的日期范围内所有的账户收支情况，如图22.72所示。

图22.71 输入要查询的日期　　　　　　图22.72 显示详细的收支记录

菜鸟充电站 **如何解决IE浏览器无法启动的问题**

在"Internet选项"对话框中单击"高级"选项卡，然后单击"重置"按钮，使之恢复到初始状态。

第23章

电脑维护与杀毒

电脑在使用过程中难免会出现故障。而造成这些故障的原因是多方面的。要想解决电脑故障，需要掌握一些电脑故障方面的知识。另外，随着网络的普及和飞速发展，使得电脑病毒得以空前的繁荣，其传播速度和危害程度都是惊人的。因此，借助于杀毒软件和病毒防火墙对病毒进行查杀和防范无疑是最为便捷有效的途径。

本章将学习一些有关电脑故障的分类、维修的基本原则、电脑病毒和木马的防治、电脑维护的常见技巧、保护好自己的文件和系统等。

23.1　电脑病毒和木马的防治

电脑和网络的普及给人们的工作、学习和生活提供了方便，但同时网络也会给人们带来安全威胁。因此，电脑安全成为初学者必须了解的知识。

23.1.1　正确理解电脑病毒

什么是"电脑病毒"？具有法律性和权威性的定义是："编制或者在电脑程序中插入的破坏电脑功能或者毁坏数据，影响电脑使用，并能自我复制的一组电脑指令或者程序代码"。

电脑病毒是一组人为设计的程序，这些程序隐藏在电脑系统中。通过自我复制进行传播，满足一定条件即被激活，从而给电脑系统造成一定损害甚至严重破坏。电脑病毒不单单是电脑学术问题，而且是一个严肃的社会问题。

电脑病毒主要来源于：从事电脑工作的人员和业余爱好者的恶作剧、寻开心制造出的病毒；软件公司及用户为保护自己的软件不被非法复制而采取的报复性惩罚手段；旨在攻击和摧毁电脑信息系统和电脑系统而制造的病毒，蓄意进行破坏；用于研究或有益目的而设计的程序，由于某种原因失去控制产生了意想不到的结果。

1. 电脑病毒的传播途径

电脑病毒主要通过以下途径进行传播。

● 通过磁介质盘（软盘、U盘或硬盘）。
● 通过光介质盘（盗版光盘）。
● 通过网络（因特网、局域网）。

2. 电脑病毒的一般症状

时下电脑感染病毒的途径，已经由原来的磁盘带入，变为现在承受多种渠道同时攻击，几乎到了防不胜防的地步。有些病毒行踪诡秘、深藏不露；更多的则显山露水，用户只要细心观察，不难抓住其蛛丝马迹，及早防范，可免遭其害。下面列出一些常见的电脑病毒的症状。

● 出现蜂鸣声或其他异样的声音，运行速度慢。
● 磁盘文件数目无故增多，磁盘空间迅速减少。
● 以前能正常运行的软件，经常发生内存不足的错误。
● 执行程序文件时出现无法预料的结果。
● 硬盘不能正常引导系统。
● 电脑的引导时间发生变化。

页面字体无法正常显示

右击页面空白处，在弹出的快捷菜单中选择"编码"｜"其他"命令，再选择所需的字体即可。

- 电脑经常出现死机或不能正常启动。
- 提示一些不相干的信息、发出一段音乐、鼠标自己在动或进行游戏算法等。
- 屏幕上出现异常现象。例如，屏幕上出现异常图形、Windows桌面图标发生变化或出现异样的亮点，有时会出现异样的雪花点。
- 打印机发生异常现象。例如，打印机的运行速度明显降低，打印机在调入汉字驱动程序后不能正确打印汉字等。
- 随着病毒制造者的技术越来越高，病毒的欺骗性、隐蔽性也越来越强，制造病毒和反病毒双方的较量不断深入。只要在实践中细心观察，就能够发现电脑的异常现象。

23.1.2 正确理解木马

木马是由客户端和服务端组成的。其中，客户端由木马植入者掌握；而服务端跟随共享程序、普通文档、网页代码等悄悄入侵受害者电脑。黑客通过操控客户端即可偷窃木马服务端电脑的游戏账户、网上银行账户以及用户的私密文件等。

木马具有以下几个方面的特点。

- 具有隐蔽性：木马包含于正常程序中，当用户执行正常程序时，启动自身，在用户难以察觉的情况下，完成一些危害用户的操作。
- 具有自动运行性：木马为了控制服务端，它必须在系统启动时即跟随启动，所以它必须潜入到用户电脑的启动配置文件中。
- 具有自动恢复功能：现在很多木马程序的功能模块不再由单一的文件组成，而是具有多重备份，可以相互恢复。当用户删除了其中的一个，再运行其他程序时，木马程序又悄然出现。
- 能自动打开特别的端口：木马程序潜入用户的电脑中的目的主要不是为了破坏用户的系统，而是为了获取用户系统中有用的信息，当用户上网时与远端客户进行通信，这样木马程序就会用服务器客户端的通信手段把信息告诉黑客们，以便黑客们控制用户的机器，或实施进一步的入侵企图。
- 具有功能的特殊性：通常的木马功能都是十分特殊的，除了普通的文件操作以外，还有些木马具有搜索cache中的口令、扫描口令、扫描目标机器人的IP地址、进行键盘记录、远程注册表的操作以及锁定鼠标等功能。

23.1.3 做好电脑病毒与木马的防范

电脑病毒与木马程序需要在平时使用电脑的过程中进行防范，提前预防的效果比任何功能强劲的杀毒软件都好。因此，在日常使用电脑的过程中要有意识地注意电脑的防护。

- 不滥用来历不明的光盘和U盘；尽量做到专机专用，专盘专用；不做非法的复制；安装病毒预警软件或防毒卡。

密技偷偷报　业界流行的电脑维修基本方法（一）——观察法
观察法即用眼看、鼻闻、耳听、手摸等方法检测硬件是否存在故障。

- 用户应该尽量下载来路明确的软件，对从网上下载的软件最好检测后再用。不要阅读来自陌生人的电子邮件。
- 不要访问黑客或色情网站。
- 系统软件官方提供了很多漏洞补丁，用户需要及时为系统打补丁。
- 及时关注流行病毒以及下载专杀工具。
- 注意局域网共享安全，局域网电脑中的共享文件最好设置密码和只读权限。

23.1.4 反病毒软件的使用

目前在市面上流行的反病毒软件有许多种，如瑞星、360、金山毒霸、Norton AntiVirus等，它们对于病毒的防、杀都起到了一定的作用。下面简要介绍几种预防和查杀工具的使用。

1. Windows 7防火墙

多年来，Windows操作系统总是摆脱不了安全性不足、容易被黑客入侵以及遭受病毒攻击等问题的困扰。因此，在Windows 7操作系统中进一步加强了防火墙等功能。

防火墙是一种监视和防止恶意程序的软件，它依据用户对防火墙的设置，仅允许内部要求或开放的信息进入。设置Windows 7防火墙的具体操作步骤如下：

01 单击"开始"→"控制面板"命令，在打开的控制面板窗口中单击"系统和安全"链接，如图23.1所示。

02 单击如图23.2所示的"Windows防火墙"选项。

图23.1 单击"系统和安全"链接

图23.2 单击"Windows防火墙"

03 在弹出的窗口中单击左侧窗格的"打开或关闭Windows防火墙"选项，如图23.3所示。

04 在弹出的如图23.4所示的"自定义设置"对话框中，用户可以分别对专用和公用网络位置进行设置，两个网络中都选中"启用Windows防火墙→Windows防火墙阻止新程序时通知我"复选框，然后单击"确定"按钮，保存此操作。

菜鸟充电站 业界流行的电脑维修基本方法（二）——清洁法
当电脑出现故障时，对电路板进行清洁，除去硬件的灰尘或金手指上的氧化层等。

图23.3 单击"打开或关闭Windows防火墙"选项　　　　图23.4 "自定义设置"对话框

如果要关闭已启用的系统防火墙，按照上述步骤打开"自定义设置"对话框，然后选中"关闭Windows防火墙"单选按钮即可。

当Windows防火墙处于打开状态时，大部分程序都被防火墙阻止访问网络。如果要允许某个程序与网络通信，可以单击"Windows防火墙"界面左侧窗格的"允许程序或功能通过Windows防火墙"选项，打开之后在窗口中可以看到常用的网络软件都显示在列表中，如图23.5所示。如果要添加其他的程序，单击右下角的"允许运行另一程序"按钮，在弹出的如图23.6所示的对话框中选择允许访问网络的程序。

图23.5 "允许的程序"选项卡　　　　图23.6 "添加程序"对话框

2. 瑞星杀毒软件2011

"瑞星杀毒软件2011版"由国内信息安全厂商瑞星正式发布。2011版的最大特色就是完全重新编写的杀毒引擎大大提高了杀毒速度。

双击桌面上的"瑞星杀毒软件"图标，弹出如图23.7所示的瑞星杀毒软件界面。瑞星2011采用了全新的界面，与以往版本有很大的不同。新界面设计华丽，看上去精美了很多，与之前版本最大的不同是，"主页"不再出现，首页即显示杀毒界面。安全状态指示器也被设计成了仪表盘样式，通过不同颜色指示电脑的风险级别并被转移到了界面的右

业界流行的电脑维修基本方法（三）——敲击法

敲击法用在怀疑电脑中某部件有接触不良故障时使用，通过振动或橡胶锤敲打使故障复现。

侧，还提供一键修复功能，方便用户实时掌握瑞星的保护状态。单击"全盘杀毒"按钮，将按照默认设置检查整个电脑中是否有病毒存在，如图23.8所示。

图23.7　瑞星杀毒软件界面　　　　　　　　图23.8　开始查杀病毒

当发现有病毒存在时，会出现如图23.9所示的查毒结果。

图23.9　"发现病毒"对话框

另外，还可以单击"自定义查杀"选项，在弹出的"选择查杀目标"对话框中选择要扫描的对象，例如"我的电脑"、"硬盘"或"本地邮件"等，然后单击"开始查杀"按钮，即可检查指定的目标中是否感染病毒。

3. 360杀毒软件

360杀毒软件是360安全中心出品的一款免费杀毒软件。它整合了BitDefender病毒查杀引擎和360安全中心研发的木马云查杀引擎。360杀毒完全免费，无需激活码是它最大的特点。

菜鸟充电站　　**业界流行的电脑维修基本方法（四）——插拔法**

发生芯片或板卡与插槽接触不良导致的电脑故障。将芯片或板卡卸下重新安装后即可正常。

360杀毒软件的使用

双击桌面上的"360杀毒"图标，弹出如图23.10所示的360杀毒软件界面。包括病毒查杀、实时防护、产品升级3个选项卡，单击可以展开对应的功能页面。

图23.10 360杀毒软件界面

与其他杀毒软件类似，360的"病毒查杀"选项卡也有"快速扫描"、"全盘扫描"、"指定位置扫描"3种查杀模式。用户可以根据需要选择合适的查杀模式。

当查杀完毕，并且发现病毒或者威胁的时候（见图23.11），勾选要处理的病毒或者威胁复选框，单击下方的"开始处理"按钮，待其处理完毕后，在如图23.12所示的窗口中查看处理结果，并单击"确定"按钮。

图23.11 查杀结果

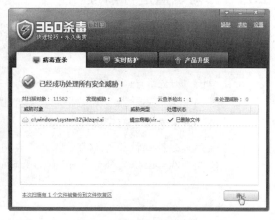

图23.12 病毒处理结果

单击"实时防护"选项卡（见图23.13），可以开启"文件系统防护"、"聊天软件防护"、"下载软件防护"、"U盘防护"以及"木马防火墙"，单击右侧的"详细设置"按钮可以对其进行详细设置，如图23.14所示。

密技偷偷报   业界流行的电脑维修基本方法（五）——替换法

替换法是指用相同规格的无故障的配件替换可能存在故障的配件。

图23.13 实时防护　　　　　　　　　图23.14 实时防护设置

打开"产品升级"选项卡，将软件病毒库升级到最新版本。

 23.2　电脑维护的常用技巧

要维持电脑的高效运行，使电脑始终处于良好的状态，需要定期对硬盘进行维护和整理。Windows系统中自带了一些磁盘维护工具，能够帮助用户进行磁盘清理以及对硬盘进行碎片整理。

23.2.1　对磁盘进行清理

在电脑使用一段时间后，随着安装的软件和下载的文件的增加，硬盘空间也会随之减少。此时，用户可以通过"磁盘清理"来删除硬盘中没用的文件。具体的操作步骤如下。

|01| 单击"开始"→"所有程序"→"附件"→"系统工具"→"磁盘清理"命令，在弹出的"选择驱动器"对话框中，单击"驱动器"列表框右侧的向下箭头，在展开的下拉列表中选择要清理的磁盘驱动器，然后单击"确定"按钮，如图23.15所示。

|02| 程序开始自动计算可以在C盘上释放的空间，在打开如图23.16所示的"磁盘清理"对话框中选择要删除的文件类型，单击"确定"按钮即可。

业界流行的电脑维修基本方法（六）——升温降温法

若电脑工作较长时间出现故障，可用升温法检查电脑；降温法是人为降低可疑部件的湿度。

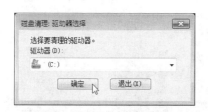

图23.15 "驱动器选择"对话框　　　图23.16 "磁盘清理"对话框

23.2.2 时常整理磁盘

当计算机磁盘在经历过很多次的增删文件后，未用到的扇区就会分布得很零散，文件保存在硬盘上的位置也会不连续，这样就会影响系统读文件的速度。此时，用户可以利用"磁盘碎片整理"工具来提高其读写效率。具体的操作步骤如下：

01 单击"开始"→"所有程序"→"附件"→"系统工具"→"磁盘碎片整理程序"命令，启动磁盘碎片整理程序，如图23.17所示。

02 选中要进行整理的磁盘后，单击"分析磁盘"按钮分析磁盘的断离情况（见图23.18），待分析完毕后用户可以根据需要选择是否进行磁盘整理。

图23.17 "磁盘碎片整理程序"对话框　　　图23.18 磁盘碎片分析

03 然后再单击"磁盘碎片整理"按钮进行整理。

业界流行的电脑维修基本方法（七）——最小系统法

最小系统法是保留系统运行的最小环境，而把网卡、声卡等从插槽中取下，测试电脑是否正常。

23.2.3 让"超级兔子"帮助整理电脑

除了使用操作系统自带的系统维护工具外，用户还可以使用"超级兔子"对系统进行清理与优化，只需通过网络从网上下载该软件并安装即可。

"超级兔子"能够帮助用户完成清除电脑中的垃圾文件、注册表、电脑使用痕迹、IE记录等操作。清除垃圾文件的方法如下：

01 双击桌面上的"超级兔子"图标，启动"超级兔子"。

02 单击超级兔子窗口中的"系统清理"选项，如图23.19所示。

03 单击左侧的"清理垃圾文件"链接，然后选择要清理的驱动器，如图23.20所示。

图23.19 单击"清理垃圾"链接　　　　　　图23.20 选择清理方式

04 单击"开始扫描"按钮，软件开始搜索垃圾文件，并将搜索结果显示在列表框内，如图23.21所示。

05 扫描完成后，单击"全选"按钮，可以将所有的垃圾文件选中，然后单击"立即清理"按钮，如图23.22所示。

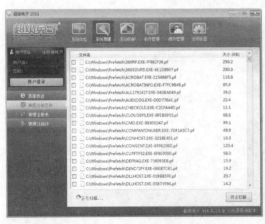 

图23.21 开始扫描垃圾文件　　　　　　图23.22 清理垃圾文件

业界流行的电脑维修基本方法（八）——比较法

比较法可在两台电脑间进行比较，以判断故障电脑在环境设置、硬件配置方面的不同，从而找出故障部位。

23.3 保护好自己的文件和系统

有道是"不怕一万，就怕万一"，存储在电脑系统中的数据内容无论采取什么安全措施，都有可能遭遇突发事件的袭击而意外损坏或丢失。本节学习一些有关系统备份与还原的基本知识，包括使用"系统还原"将系统还原到之前的状态、使用Windows 7系统创建映像文件来帮助硬盘恢复到原始的状态等。

23.3.1 尝试使用"系统还原"备份与还原系统

系统还原是指安装、删除程序后，将系统程序、注册表等内容所做的改变进行还原。Windows 7系统安装好之后，系统还原工具就自动发挥作用了，当系统发生异常时，就可以直接选择windows已创建的还原点进行还原，而不影响现有的文档和文件。

1. 创建系统还原点

系统还原是根据曾经创建的还原点进行恢复的，还原点可以由操作系统自动建立，也可以由用户手动创建。

在Windows 7系统中创建还原点的具体操作步骤如下：

01 单击"开始"按钮，在弹出的"开始"菜单中右击"计算机"选项，在弹出的快捷菜单中选择"属性"命令。

02 在弹出的"系统属性设置"窗口中，单击左侧的"系统保护"链接，打开"系统属性"对话框，选择"系统保护"选项卡。

03 在"保护设置"选项组中，选中Windows 7系统所在的磁盘分区选项，然后单击"配置"按钮，如图23.23所示。

04 打开"系统保护本地磁盘"对话框，由于只想对Windows 7的安装分区进行还原操作，可以选中"还原系统设置和以前版本的文件"单选按钮，如图23.24所示。单击"确定"按钮返回到"系统属性"对话框。

图23.23 单击"配置"按钮

图23.24 还原设置

电脑故障排除原则（一）——先软后硬

处理故障时，先排查软件故障，确定不是软件故障时，再从硬件方面着手检查。

05 单击"创建"按钮，在弹出的对话框中输入识别还原点的描述信息，然后单击"创建"按钮，如图23.25所示。

06 系统将开始创建还原点，还原点创建完成后，弹出提示已成功创建还原点的对话框，单击"关闭"按钮即可，如图23.26所示。

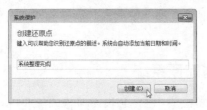

图23.25 "创建还原点"对话框

图23.26 成功创建还原点

2. 还原系统

一旦Windows 7系统遇到错误不能正常运行时，可以使用"系统还原"功能恢复系统，具体操作步骤如下：

01 在"系统属性"对话框中，选择"系统保护"选项卡，单击"系统还原"选项组中的"系统还原"按钮，如图23.27所示。

02 在打开的"系统还原"对话框中选中"选择另一还原点"单选按钮，然后单击"下一步"按钮，如图23.28所示。

图23.27 单击"系统还原"按钮

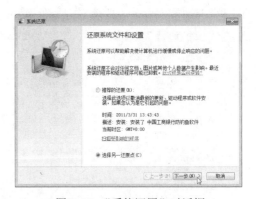

图23.28 "系统还原"对话框

03 此时，所有可选择的还原点都显示在对话框中，选择用户需要的还原点，单击"下一步"按钮，如图23.29所示。

04 再次确认要还原的还原点，确认无误后单击"完成"按钮，如图23.30所示。

菜鸟充电站　　**电脑故障排除原则（二）——由外到内**

遵循"由外到内，由大到小"的原则逐步缩小排查范围，最终找到故障所在。

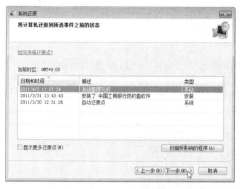

<table><tr><td>图23.29 选择还原点</td><td>图23.30 再次确认还原点</td></tr></table>

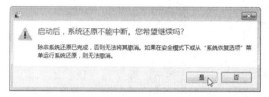 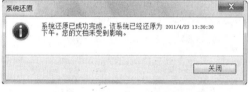

05 在弹出的再次确认的对话框中单击"是"按钮，系统自动开始还原，如图23.31所示。在进行系统还原之前，建议将已打开的程序关闭，以免还原过程中发生问题。

06 当系统还原成功后重新启动，会弹出如图23.32所示的对话框。

图23.31 确认关闭所有打开应用后，单击"是"　　图23.32 系统还原成功对话框

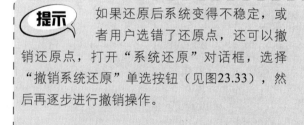 

提示 如果还原后系统变得不稳定，或者用户选错了还原点，还可以撤销还原点，打开"系统还原"对话框，选择"撤销系统还原"单选按钮（见图23.33），然后再逐步进行撤销操作。

图23.33 选择"撤销系统还原"

23.3.2 使用Windows 7系统备份与还原系统

用户通常会安装许多程序来辅助工作，然而当系统遭到病毒攻击、磁盘损坏等意外，在修复系统后，往往也得重装安装程序，实在很麻烦。其实，可以先将包含系统与程序的磁盘分区（例如C:）备份成"映像文件，之后如果系统不正常，就能利用它来还原整个系统分区以及其中的程序。

1. 创建系统映像文件

由于整个磁盘分区的容量通常多达数10GB，如果要创建映像文件，请先准备容量足够

电脑故障排除原则（三）——从简单到复杂
应从最简单的故障开始排除，再考虑是否由于复杂的故障引起。

的外接硬盘，或者数量够多的DVD光盘，以免操作失败。接下来可以通过"备份与还原"窗口进行以下操作：

01 在"控制面板"窗口中，单击"备份您的计算机"链接，如图23.34所示。

02 在弹出的"备份和还原"窗口中，单击左侧的"创建系统映像"链接，如图23.35所示。

图23.34 单击"备份您的计算机"链接　　　　图23.35 单击"创建系统映像"链接

03 在打开的如图23.36所示的"创建一个系统映像"对话框中选择要保存备份的位置。单击"下一步"按钮。

 推荐用户使用外接式硬盘保存系统映像文件，如果选择刻录在DVD上需要不断更换光盘，还原时也一样麻烦。

04 在打开的如图23.37所示的对话框中选择要创建映像文件的磁盘分区，系统默认会选择Windows系统所在的磁盘驱动器，并且不可取消。设置完成后单击"下一步"按钮。

图23.36 选择要保存备份的位置　　　　图23.37 选择要创建映像文件的磁盘分区

 病毒查杀注意事项（一）

及时断开网络连接。发现病毒入侵后，先断开网络连接，以免造成数据被窃取或病毒进一步传播。